普通高等院校测绘课程系列规划教材

数字化测图教程

（第二版）

主审 齐 华

主编 刘福臻 李玉宝 余代俊

U0205622

西南交通大学出版社
·成 都·

内容提要

本书根据理论联系实际的原则，从野外数据采集、数据传输、内业编辑三个方面对全野外数字化测量和数字化图的绘制进行了阐述。全书分 10 章，先介绍了数字化测图的概念，计算机绘图基础知识，数据的采集、传输和内业的编辑，再结合 CASS 软件详细介绍了数字化的编辑方法，然后简单讲述了图幅的管理和图纸的打印，最后介绍了土地利用中的数字测图。

本书是在作者从事测绘工程专业教学和数字化测图理论研究与实践的基础上编写的。该书实用性很强，除可作为测绘工程专业、地理信息系统专业、土木工程专业等学生的教材外，也可供从事数字化测绘工作的工程技术人员参考。

图书在版编目（ＣＩＰ）数据

数字化测图教程 / 刘福臻，李玉宝，余代俊主编.
—2 版. —成都：西南交通大学出版社，2016.8（2023.6 重印）
普通高等院校测绘课程系列规划教材
ISBN 978-7-5643-4753-6

Ⅰ. ①数… Ⅱ. ①刘… ②李… ③余… Ⅲ. ①数字化测图 – 高等学校 – 教材　Ⅳ. ①P231.5

中国版本图书馆 CIP 数据核字（2016）第 142744 号

普通高等院校测绘课程系列规划教材
数字化测图教程
（第二版）

主编　刘福臻　李玉宝　余代俊

责 任 编 辑	柳堰龙
封 面 设 计	何东琳设计工作室
出 版 发 行	西南交通大学出版社 （四川省成都市二环路北一段 111 号 西南交通大学创新大厦 21 楼）
发行部电话	028-87600564　028-87600533
邮 政 编 码	610031
网　　　址	http://www.xnjdcbs.com
印　　　刷	成都蓉军广告印务有限责任公司
成 品 尺 寸	185 mm × 260 mm
印　　　张	21
字　　　数	518 千
版　　　次	2016 年 8 月第 2 版
印　　　次	2023 年 6 月第 13 次
书　　　号	ISBN 978-7-5643-4753-6
定　　　价	44.00 元

课件咨询电话：028-81435775
图书如有印装质量问题　本社负责退换
版权所有　盗版必究　举报电话：028-87600562

普通高等院校测绘课程系列规划教材
编审委员会

编审委员会主任： 黄丁发

编审委员会副主任： 郑加柱　方渊明

编委会成员：（以姓名笔画为序）

第二版前言

本书第二版在第一版的基础上，根据科学技术的发展，进行了大幅的改编。特别是随着 CASS 软件的更新换代，原来第一版的 CASS 7.0 版本目前已经迅速被 CASS 9.0 取代。本书根据数字化测量的实际过程，结合理论联系实际的原则，从外业数据采集、数据传输、内业成图三个方面对全野外数字化测量和数字化成图的过程进行了阐述，介绍了数字化测图的基本概念及 AutoCAD 绘图的基础知识，还介绍了全站仪和 GPS 数据的采集、传输、内业编辑的过程和方法，同时结合 CASS 9.0 软件详细介绍了数字化成图内业的具体编辑方法，最后简单介绍了图幅的管理和图幅的打印。

本书第二版由刘福臻副教授（西南石油大学）、李玉宝教授（西南科技大学）、余代俊副教授（成都理工大学）参加编写和修订。此外，陈德富、王琴（南方测绘仪器有限公司成都分公司）为本书的修订提供了丰富的资料，并提出了宝贵的修改意见。全书由刘福臻副教授主持修订并完成全书的统稿工作，由齐华教授担任本书主审。

本书第二版参考和引用了一些文献资料，在此向有关作者表示感谢。此外，西南交通大学出版社秦薇编辑为本书出版做了大量工作，其专业水平和敬业精神令人叹服，在此深表谢意。

第二版中出现的疏漏，请读者批评指正。

作　者

2016 年 6 月

第一版前言

伴随着 21 世纪计算机技术以及现代测绘技术的飞速发展，人造卫星、GPS、电磁波测距、遥感等高新技术在测绘领域广泛应用，使得测绘科技得到前所未有的发展，一跃而成为现代信息科学的重要组成部分之一。在数字化测量方面，全数字化测绘方法以其巨大的经济技术优势，已经基本上替代了传统的白纸测图方法，标志着数字化测量理论与实践取得了革命性进步。鉴于目前数字化测图理论与方法具有广阔的发展前景，本书综合了编者多年来从事数字化测量的经验，结合课堂教学的教案和讲稿，并侧重于具体工程，秉承学以致用的原则，简要介绍了数字化测量的基本过程，阐述了数字化测绘成图的理论与实际操作。本书涉及数字化基本知识、计算机绘图知识、数字化数据传输、内业编辑等一系列技术理论与方法。本书内容深入而具体，不仅可作为测绘工程、地理信息系统等专业部分课程教学的必备书籍，对于从事数字化测绘工程的专业技术人员也有一定的参考价值。

本书由西南石油大学的刘福臻副教授主编；西南交通大学的齐华教授、内蒙古赤峰勘察院的李永和工程师，西南石油大学的戴小军、肖东升、贾宏亮、熊俊楠、史德刚以及成都信息工程学院的段英杰等老师参加编写和修订。其中：刘福臻编写第 1、2、7、8、9、12 章，主持全书编写并完成全书统稿、定稿工作；齐华编写第 3 章和第 4 章；李永和编写第 5 章；戴小军、肖东升、贾宏亮、熊俊楠、史德刚、段英杰参加了第 6、10、11 章的编写工作。此外：南方测绘仪器有限公司成都分公司的陈德富、陈波为本书的编写提供了丰富资料；西南交通大学的范东明教授、西南科技大学的李玉宝副教授参与了本书的审阅工作，并提出了宝贵的修改意见；新都职业技术学校语文教研组的任世琴老师对全书进行了文字校对；四川省省级教改项目"测绘工程专业实践教学环节改革研究与实践"为本书出版提供部分资金支持，在此一并表示衷心感谢！

本书在编写过程中，参阅了大量文献，并引用了其中的一些资料，在此谨向有关作者表示感谢！

尽管作者在本书的写作过程中倾注了极大的热情，付出了艰辛的劳动，但是受专业水平局限，失误在所难免，在此恳请广大读者批评指正。

刘福臻

2008 年 2 月于成都

目　　录

第 1 章　数字化测图概述

1.1　数字化测图概念

1.1.1　数字化测图简介

随着电子技术和计算机技术日新月异地发展及其在测绘领域的广泛应用，20 世纪 80 年代产生了电子速测仪、电子数据终端，并逐步构成了野外数据采集系统。将其与内外业机助制图系统结合，形成了一套从野外数据采集到内业制图全过程的、实现数字化和自动化的测量制图系统，通常称为数字化测图（简称数字测图）或机助成图。广义的数字化测图主要包括：全野外数字化测图（或称地面数字化测图、内外一体化测图）、地图数字化成图、摄影测量和遥感数字化测图。本书主要讲解全野外数字化测图技术。

1.1.2　数字化测图的基本思想

1. 传统的地形测图（白纸测图）

传统的地形测图实质上是将测得的观测值（数值）用图解的方法转化为图形。这一转化过程基本是在野外进行的，即使是原图的室内整饰一般也要在测区驻地完成，因此劳动强度较大；与此同时，这个转化过程还使测得的数据所能达到的精度大幅度降低。然而在信息剧增，日新月异的今天，一纸之图已难以承载诸多图形信息，加之变更、修改也极不方便，因此这种传统的地形测图已经难以适应当前经济建设与发展的需要。

2. 数字化测图

数字化测图就是要实现丰富的地形空间信息数字化和作业过程的自动化或半自动化，尽可能缩短野外测图时间，减轻野外劳动强度，将大部分作业内容安排到室内去完成。与此同时，将大量手工作业转化为电子计算机控制下的机械操作，这样既能减轻劳动强度，又不会降低观测精度。

3. 数字化测图的基本过程

先采集有关的绘图信息并及时记录在数据终端（或直接传输给掌上电脑或便携机等设备），再在室内通过数据接口将采集的数据传输给电子计算机，并由计算机对数据进行处理，然后经过人机交互的屏幕编辑，形成绘图数据文件，最后由计算机控制绘图仪自动绘制所需的地形图，并由硬盘、光盘等储存介质保存成电子地图。

数字化测图的基本过程见图1-1。

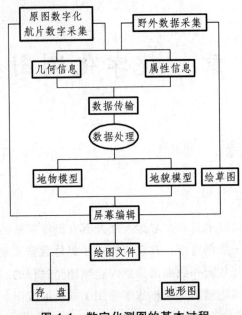

图1-1 数字化测图的基本过程

1.1.3 数字化测图必须采集的测图信息

1. 地图图形的描述

所有地图图形都可以分解为点、线、面三种图形要素。其中，点是最基本的图形要素，这是因为一组有序的点可以连成线，而线可以围成面。但要准确地表示地图上点、线、面的具体内容，还要借助一些特殊符号、注记来表示。独立地物可以由地物定位点及其符号表示，线状地物、面状地物由各种线划、符号或注记表示，而等高线则由高程值及特定的地貌符号表达。

2. 测量的基本工作是测定点位

传统方法是用仪器测得点的三维坐标，或者测量水平角、竖直角及距离来确定点位，然后绘图员按坐标（或角度与距离）将点展绘到图纸上。跑尺员根据实际地形向绘图员报告测得是什么点（如房角点），这个（房角）点应该与哪个（房角）点连接等，绘图员则当场依据展绘的点位按图式符号将地物（房屋）描绘出来。就这样一点一点地测绘，一幅地形图也就生成了。

数字化测图时必须采集测图信息，包括点的定位信息、连接信息和属性信息。

进行数字化测图时不仅要测定地形点的位置（坐标），还要知道是什么点，是属于道路还是房屋，当场记下该测点的编码和连接信息，显示成图时，利用测图系统中的图式符号库，只要知道编码，就可以从库中调出与该编码对应的图式符号成图。

3. 地图图形的数据格式

地图图形要素按照数据获取和成图方法的不同，可以分为矢量数据和栅格数据两种。矢量数据是图形的离散点坐标（X，Y，Z）的有序集合；栅格数据是图形像元值按矩阵形式的集合。数字化测图通常采用矢量数据格式。

1.1.4　数字化测图需要解决的问题

归纳起来，数字化测图所要解决的问题是：

（1）使采集的图形信息和属性信息为计算机所识别。

（2）由计算机按照一定的要求对这些信息进行一系列处理。

（3）将经过处理的数据和文字信息转换成图形，由屏幕或绘图仪输出各种所需的图形。

（4）按照一定的要求自动实现图形数据的应用问题。

1.2　数字化测图系统

1.2.1　数字化测图系统的定义

数字化测图系统是以计算机为核心，在外连输入、输出设备硬件和软件的支持下，对地形空间数据进行采集、输入、处理、成图、绘图、管理、输出的测绘系统。

1.2.2　数字化测图系统的分类

（1）按输入方法可区分为原图数字化成图系统、航测数字成图系统、野外数字化测图系统、综合采样（集）数字化测图系统。

（2）按硬件配置可区分为全站仪配合电子手簿测图系统、电子平板测图系统等。

（3）按输出成果内容可区分为大比例尺数字化测图系统、地形地籍测图系统、地下管线测图系统、房地产测量管理系统、城市规划成图管理系统等。

1.2.3　数字化测图系统的组成及配置

数字化测图系统主要由数据输入、数据处理和数据输出三部分组成，如图 1-2 所示。

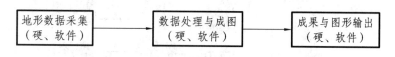

图 1-2　数字化测图系统组成

目前，大多数数字化测图系统内容丰富，具有多种数据采集方法和多种功能，应用广泛。一个完整的数字化测图系统结构如图 1-3 所示。

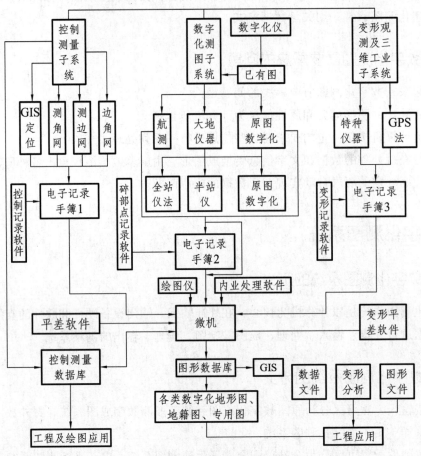

图 1-3　数字化测图系统结构

数字化测图系统所需硬件的基本配置及其连接方式如图 1-4 所示。

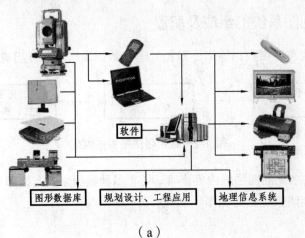

（a）

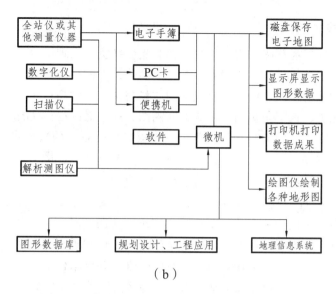

（b）

图 1-4　数字化测图系统硬件配置与连接方式

1.2.4　数字化测图系统与地理信息系统的关系

地理信息系统（Geographic Information System，GIS）是在计算机软、硬件支持下的与采集、存储、管理、描述及分析地球表面与空间地理分布有关的数据的空间信息系统。它已在城市规划、管理、监测、建设和决策等方面得到了广泛运用。

现阶段，利用基础 GIS 平台建立一个应用系统时，通常采取以下步骤：

（1）周密完善的系统设计：根据实际情况，面向最终目标进行底层开发工作。

（2）面向最终目标。利用基础 GIS 进行二次开发，使 GIS 数据得到广泛应用。

（3）数据的输入与更新工作。

而 GIS 数据的获取、更新、维护等工作主要由测绘行业承担。地面数字化测图就是在这种背景下发展起来的，并日益成为获取大比例尺数字地图及城市各类地理信息系统以及为保持其现势性所进行的空间地理信息系统数据更新的主要手段。

1.2.5　数字化测图主要经历的两种模式

1. 数字测记模式

最初由外业电子手簿记录，同时配合人工画草图和标注符号，然后交由内业，依据草图人工编辑图形文件，自动成图。之后发展为测注模式不变，但方式变化，利用智能化的外业采集软件，不仅记录点位，而且记录成图的全部信息，人工键入减少，使测记法效率更高，数字化测图也更加实用。

对于这种阶段下的数字测绘，GIS 数据获取只能将原有的图纸利用 GIS 或其相关软件提供的矢量化方法进行转化。这种数字化过程会由于图纸变形、设备的精度及人为因素等造成的误差而影响数据精度。传统方法作业的地形图同 GIS 的关系如下：

野外测量→内业描图→上交成果图纸→矢量化→GIS

2. 电子平板模式

在该阶段，野外现场测图，实时成图。尤其是便携机的出现，给数字化测图提供了广阔的发展空间。利用便携机现场读取仪器数据，用高分辨率的显示屏作为图板，即测即显，外业实时成图，实时编辑，纠正错误，使成图的质量与精度大大超过了白纸测图。随着商用软件的出现和不断完善，数字化测图不仅要面向测图，而且必须面向 GIS，因而出现了测图的成图数据同 GIS 交换的工具软件。以下为电子平板出现后 GIS 的数据获取方式：

野外测量→上交成图或数据盘→数据转换→GIS

这种方式使 GIS 数据获取的精度与速度大大提高。

GIS 建立后，系统的数据要具有一定的现势性，即数据要及时反映最新现实情况。数据的更新可以采用电子平板中特有的测图功能"掏出"数据。测图后再利用"掏入"进行野外补充，从而达到测图的更新，使数据保持连续性、完整性和现势性。尤其是部分商用软件，如南方 CASS、武汉中地开发的 MAPSUV，不仅按照 GIS 要求使测图与 GIS 的层次对应，而且采用公共数据变换格式，并开发研制了 GIS 前端软件，即将原始数据按 GIS 的概念进行处理，使测图系统同 GIS 方便接轨。其示意如下：

野外数字化测图→数字化测图系统→GIS 前端软件→GIS

虽然数字化测图数据采集与 GIS 数据要求有一定的差距，但随着科技的发展和测绘工作者的努力，数字化测图必将同 GIS 一道取得更大进步。

1.3　数字化测图的优点

大比例尺数字化测图极大地冲击了传统的平板仪或经纬仪的白纸测图方法，大有取代白纸测图之势，这是因为数字化测图具有以下诸多优点。

1. 点位精度高

传统的经纬仪配合小平板、半圆仪白纸测图，地物点平面位置的误差主要受解析图根点的展绘误差和测定误差、测定地物点的视距误差、方向误差、地形图上的地物点的刺点误差的影响，综合影响使地物点平面位置的测定误差图上约为 ±0.59 mm（1∶1000 比例尺）。主要误差源为视距误差和刺点误差。经纬仪视距高程法测定地形点高程时，即使在较平坦地区（$0° \sim 6°$），视距为 150 m，地形点高程测定误差也达 ±0.06 m，而且随着竖直角的增大，高程测定误差会急剧增加。

用数字化测图，测定地物点的误差在距离 450 m 内约为 ±22 mm，测定地形点的高程误差在 450 m 内约为 ±21 mm。若距离在 300 m 以内，则测定地物点误差约为 ±15 mm，测定地形点的高程误差约为 ±18 mm。可见，数字化测图的精度明显高于白纸测图。

2. 便于成果更新

数字化测图的成果是将点的定位信息和绘图信息存入计算机，当实地有变化时，只需输入变化信息的坐标、代码，经过编辑处理，很快便可以得到更新的图，从而可以确保地面的可靠性和现势性，正可谓"一劳永逸"。

3. 避免因图纸伸缩带来的各种误差

表示在图纸上的地图信息随着时间的推移，会因图纸变形而产生误差，数字化测图的成果是以数字信息保存的，避免了对图纸的依赖性。

4. 能以各种形式输出成果

计算机与显示器、打印机联机时，可以显示或打印各种需要的资料信息；与绘图仪联机，可以绘制出各种比例尺的地形图、专题图，以满足不同用户的需要。

5. 成果的深加工利用

数字化测图分层存放，可使地面信息无限存放，不受图面负载量的限制，从而便于成果的深加工利用，拓宽了测绘工作的服务面，进一步开拓了市场。比如 CASS 软件总共定义了 26 个层（用户还可根据需要定义新层）。房屋、电力线、铁路、植被、道路、水系、地貌等均存于不同的层中，通过关闭层、打开层等操作提取相关信息，便可方便地得到所需的测区内各类专题图、综合图，如路网图、电网图、管线图、地形图等。又如在数字地籍图的基础上，可以综合相关内容补充加工成不同用户所需要的城市规划用图、城市建设用图、房地产图以及各种管理用图和工程用图。

6. 作为 GIS 的重要信息源

地理信息系统（GIS）具有方便的信息查询检索功能、空间分析功能以及辅助决策功能，在国民经济、办公自动化及人们日常生活中都得到广泛应用。然而，要建立一个 GIS，花在数据采集上的时间和精力约占整个工作量的 80%。要充分发挥 GIS 的辅助决策的功能，就需要现势性强的地理信息资料。而数字化测图能提供现势性强的地理基础信息，再经过一定的格式转换，其成果即可直接进入 GIS 的数据库，并更新 GIS 的数据库。因此，一个好的数字化测图系统应该是 GIS 的一个子系统。

1.4 数字化测图的基本过程

不论是测绘地形图，还是制作种类繁多的专题图、行业管理用图，只要是测绘数字图，都必须包括数据采集、数据处理和图形输出三个基本阶段。

1.4.1 数据采集

数据采集主要有以下几种方法：

➢ GPS 法，即通过 GPS 接收机采集野外碎部点的信息数据。

➢ 航测法，即通过航空摄影测量和遥感手段采集地形点的信息数据。

➢ 数字化仪法，即通过数字化仪在已有地图上采集信息数据。

➢ 大地测量仪器法，即通过全站仪、测距仪、经纬仪等大地测量仪器实现野外碎部点数据采集。

目前我国主要采用数字化仪法、航测法和大地测量仪器法采集数据，前两者主要用于室内作业采集数据，大地测量仪器法用于野外采集数据。

1. 野外数据采集

野外数据采集就是用全站仪或测距仪、经纬仪等大地测量仪器进行实地测量，并将野外采集的数据自动传输到电子手簿、磁卡或便携机，现场自动记录。

2. 原图数字化采集

原图（见图 1-5）数字化通常有两种方法：数字化仪数字化和扫描仪数字化。目前，我国主要采用扫描矢量化来数字化原图，再对原图进行修测，可较快地得到数字化图。

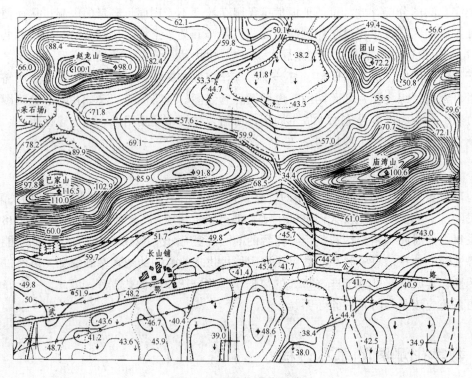

图 1-5　原图数字化采集

3. 航片数据采集

航片数据（见图 1-6）采集就是利用测区的航空摄影测量获得的立体像对，在解析测图仪上或在经过改装的立体量测仪上采集地形特征点，自动转换成为数字信息。航片数据采集已经从解析摄影测量发展到了全数字化摄影测量，并且与遥感和地理信息系统进一步结合。目前已经有很成熟的数字摄影测量系统。这种方法工作量小，采集速度快，是我国测绘基本图的主要方法。

（a）

（b）

图 1-6 航片数据采集

1.4.2 数据处理

数据处理阶段是指在数据采集以后到图形输出之前对图形数据的各种处理。数据处理主要包括数据传输、数据预处理、数据转换、数据计算、图形生成、图形编辑与整饰、图形信息的管理与应用等。经过数据处理后，可产生平面图形数据文件和数字地面模型文件。

数据处理是数字化测图的关键阶段。在数据处理时，既有对图形数据进行的交互处理，也有批处理。数字化测图系统的优劣取决于数据处理的功能是否完善。

1.4.3 成果输出

输出图形是数字化测图的主要目的，通过对层的控制，可以编制和输出各种专题地图（包括平面图、地籍图、地形图、管网图、带状图、规划图等），以满足不同用户的需要。

1.5 数字化测图作业模式

由于软件设计的思路不同，使用的设备不同，数字化测图有着不同的作业模式（见图1-7），但可区分为数字测记模式和电子平板测绘模式。

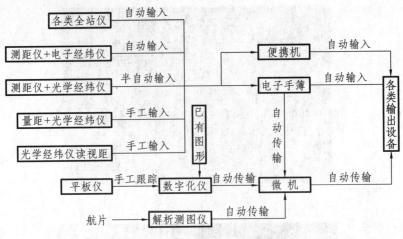

图 1-7　数字化测图的作业模式

1. 主要作业模式

如图 1-7 所示，数字化测图主要有七种作业模式，具体描述如下：

（1）第一种作业模式是测记式，为绝大部分软件所支持。该模式使用电子手簿自动记录观测数据，作业自动化程度较高，可以较大地提高作业工作的效率。采用这种作业模式的主要问题是地物属性和连接关系的采集。

（2）第二种作业模式适合暂时还没有条件购买全站仪的用户，它采用手工键入观测数据到电子手簿，其他与第一种作业模式相同。

（3）第三种作业模式的基本做法是先用平板测图方法测出白纸图，然后在室内用数字化仪将白纸图转为数字地图。

（4）第四种作业模式是我国早期数字化测图的主要作业模式。

（5）第五种作业模式即平板模式，它的基本思想是用计算机屏幕来模拟图板，用软件中内置的功能来模拟铅笔、直线笔、曲线笔，完成曲线光滑、符号绘制、线性生成等工作。这种模式适合条件较好的测绘单位，多用于房屋密集的城镇地区的测图工作。

（6）第六种作业模式将现代化通信手段与电子平板结合起来，由持便携式电脑的作业员在跑点现场指挥立镜员跑点，并发出指令遥控驱动全站仪观测，观测结果传输到便携机，并在屏幕上自动展点。

（7）第七种作业模式的基本方法是：用解析测图仪或经过改造的立体坐标量测仪量测像片点的坐标，并将量测结果传送到计算机上，形成数字化测图软件能支持的数据文件。

2. 我国数字化测图的主要作业模式

➢ 全站仪+电子手簿测图模式。

➢ 普通经纬仪+电子手簿测图模式。

➢ 平板仪测图+数字化仪数字化测图模式。

➢ 旧图数字化成图模式。

➢ 测站电子平板测图模式。

➢ 镜站遥控电子平板测图模式。

➢ 航测像片量测成图模式。

1.6　数字化测图的发展与展望

1.6.1　数字化测图的发展

1. 数字化测图发展概述

数字化测图首先是由机助地图制图开始的。机助地图制图技术起始于 20 世纪 50 年代，发展到 70 年代末和 80 年代初，自动制图系统主要包括数字化仪、扫描仪、计算机及显示系统四部分，使用数字化仪数字化成图成为主要的自动成图方法。20 世纪 50 年代末，航空摄影测量都是使用立体测图仪及机械连动坐标绘图仪，采用模拟法测图原理，利用航测像对测绘出线划地形图。到 60 年代有了解析测图仪，80 年代末 90 年代初，又出现了全数字摄影测量系统。大比例尺地面数字化测图，是 20 世纪 70 年代在轻小型、自动化、多功能的电子速测仪问世后，在机助制图系统的基础上发展起来的。

2. 我国大比例尺数字化测图系统的发展历程

20 世纪 80 年代初到 1987 年为第一阶段，主要是引进国外大比例尺测图系统的应用与开发及研究阶段。该阶段我国研制的数字化测图的代表作是北京市测绘院研制的"DGJ 大比例尺工程图机助成图系统"。

1988—1991 年为第二阶段，这一阶段成功研制出数十套大比例尺数字化测图系统，并都在生产中得到应用。

1991—1997 年为总结、优化和应用推广阶段，提出了一些新的数字化测图方法。

1997 年后为数字化测图技术的全面成熟阶段，数字化测图系统成为 GIS（地理信息系统）的一个子系统。我国测绘事业开始步入数字化测图时代。

1.6.2　数字化测图的展望

目前要在我国全面实现数字化测图还有许多困难，主要问题是资金问题、人才问题和观念问题，而不是技术问题。进口仪器（全站仪和自动绘图仪等）价格昂贵，使测绘成本大大提高。我国测绘技术人员对传统测绘技术掌握较好，但由于缺少进修机会，很多测绘技术人员对数字化测图技术还很陌生，数字化测图产品的使用与管理更缺乏人才。另外，在推广数字化测图过程中，一定要更新观念，充分认识到数字化测图的优点。数字化测图必须突破"图"的概念，而突出"数"的概念，测量数据一定要全息保存，测量数据应全社会共享。

今后，数字化测图的发展方向应该是一种无点号、无编码的镜站电子平板测图系统。测站上的仪器照准镜站反光镜后，自动将经处理的三维坐标形式的数据，用无线电输入电子平板，并展点和注记高程。这种自动化测图系统，克服了一直困扰我们的编码困难和编码机内处理麻烦的缺陷，成为今后数字化测图的主要系统。尤其是最近几年推出的三维激光扫描系统（以加拿大的 Optical 公司为代表），能在极短的时间内对地物、地貌进行高分辨率、高精度（1 700 万像素、2 mm）的扫描，通过专业处理软件即可对扫描的云量数据进行处理，得到全三维的立体图像。这种测量方式无疑会给数字化测图带来冲击，是今后 10 ~ 20 年内发展的主流。读者可自行参阅有关这方面的资料进行了解和学习。

全站仪和 RTK 技术是目前数字化测图野外地面测量方法中最常用的设备之一，它能自动记录观测数据，并且进行数据存储。但由于全站仪和 RTK 的数据记录格式与数字化测图的数据格式不一样，因此需要进行格式转换，这个转换一般是借助全站仪软件和 GPS 软件或数字化测图软件进行的。

第 2 章　全　站　仪

2.1　全站仪概述

2.1.1　全站仪的概念及应用

1. 全站仪的概念

由于电子测距仪、电子经纬仪及微处理机的产生与性能的不断完善，20 世纪 60 年代末出现了把电子测距、电子测角和微处理机结合成一个整体，能自动记录、存储并具备某些固定计算程序的电子速测仪。因该仪器在一个测站点能快速进行三维坐标测量、定位和数据自动采集、处理、存储等工作，较完备地实现了测量和数据处理过程的电子化和一体化，所以被称为"全站型电子速测仪"，通常又称为"电子全站仪"或简称"全站仪"。

早期的全站仪由于体积大、质量大、价格昂贵等因素，其推广应用受到很大限制。自 20 世纪 80 年代起，由于大规模集成电路和微处理机及其半导体发光元件性能的不断完善和提高，全站仪进入到蓬勃的发展阶段，其表现特征是小型、轻巧、精密、耐用，并具有强大的软件功能。特别是 1992 年以来，新颖的电脑智能型全站仪不断投入世界测绘仪器市场，如索佳（SOKKIA）SET 系列、拓普康（TOPCON）GTS700 系列、尼康（NIKON）的 DTM－700 系列、徕卡（LEICA）的 TPS 1000 系列等，使操作更加方便快捷、测量精度更高、内存量更大、结构造型更精美合理。

2. 全站仪的应用

如今，全站仪的应用范围已不再仅仅局限于测绘工程、建筑工程、交通与水利工程、地籍与房地产测量，在大型工业生产设备和构件的安装调试、船体设计施工、大桥水坝的变形观测、地质灾害监测及体育竞技等领域中也得到了广泛应用。

全站仪的应用具有以下特点：

（1）在地形测量过程中，可以将控制测量和地形测量同时进行。

（2）在施工放样测量中，可以将设计好的管线、道路、工程建筑的位置测设到地面上，实现三维坐标快速施工放样。

（3）在变形观测中，可以对建筑（构筑）物的变形、地质灾害等进行实时动态监测。

（4）在控制测量中，导线测量、前方交会、后方交会等程序功能操作简单、速度快、精度高，其他测量程序功能方便、实用、应用广泛。

（5）在同一个测站点，可以完成全部测量的基本内容，包括角度测量、距离测量、高差测量，实现数据的存储和传输。

（6）通过传输设备，可以将全站仪与计算机、绘图仪相连，形成内外一体的测绘系统，从而大大提高地形图测绘的质量和效率。

全站仪具有角度测量、距离（斜距、平距、高差）测量、三维坐标测量、导线测量、交会定点测量和放样测量等多种用途。内置专用软件后，功能还可以进一步拓展。市面上常见的全站仪如图 2-1 所示。

徕卡全站仪　　　　索佳全站仪　　　　拓普康全站仪

尼康全站仪　　苏光全站仪　　宾得全站仪　　南方全站仪

图 2-1　各种类型的全站仪

2.1.2　全站仪测量原理

全站仪的主要功能和作用是角度测量、距离（斜距、平距、高差）测量、三维坐标测量、导线测量、交会定点测量和放样测量，测量原理如图 2-2 所示。

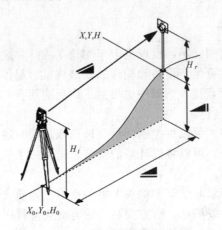

图 2-2　全站仪测量原理

◢—位于仪器横轴和反射棱镜中心或激光点（TCR）之间已作气象改正的斜距；
◢—表示已作气象改正的水平距离；◢—测站和觇标点之间的高差；
H_r—反射棱镜高；H_i—仪器高；X_0—测站 X 坐标；Y_0—测站
Y 坐标；H_0—测站高程；X，Y—目标点坐标；
H—目标点高程

2.1.3　全站仪的主要轴线

全站仪的轴线关系到测量的精度，其几何关系对机械加工、制作的要求很高。其主要轴线如图 2-3 所示。

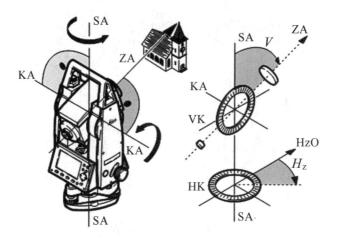

图 2-3　全站仪的主要轴线

ZA—视准轴，望远镜视准轴＝从十字丝到目镜中心的轴线；SA—竖轴，
望远镜照准部绕垂直方向旋转的轴；KA—横轴，望远镜绕水平
方向的轴；V—天顶距；VK—垂直度盘，有编码刻度，
用于读取垂直角；HK—水平度盘，有编码刻度，
用于读取水平角；H_z—水平角

2.2　全站仪的操作

在开始测量前，必须对全站仪进行全面了解，才能达到事半功倍的效果，才能保证测量的精度。同时，提高对全站仪灵活运用的熟练程度也是提高工作效率的必要手段。市面上所有的全站仪的测量原理和方法都是相同的，只是在操作中稍有不同，只要熟练掌握其中一种全站仪的操作，其他全站仪的应用也会得心应手。本书以 LEIKA TC 402 全站仪为例进行介绍，其外观如图 2-4 所示。

2.2.1　TC 402 全站仪主要部件

徕卡系列的全站仪同其他品牌的全站仪几乎一样，结构如图 2-5 所示。由于采用了无限微动技术和激光对中技术，因此显得略有不同。

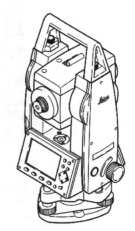

图 2-4　TC 402 全站仪外观

1. TC 402 全站仪的主要部件（见图 2-5）

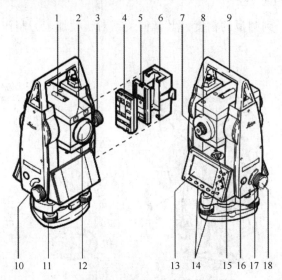

图 2-5　TC 402 全站仪结构

1—粗瞄器；2—内装导向光装置（选件）；3—垂直微动螺旋；4—电池；
5—GEB111 电池盒垫板；6—电池盒；7—目镜；8—调焦环；
9—螺丝固定的可拆卸器提把；10—RS232 串行接口；
11—角螺旋；12—望远镜目镜；13—显示屏；
14—键盘；15—圆水准器；16—电源开关；
17—热键；18—水平微动螺旋

2. 界面介绍（见图 2-6）

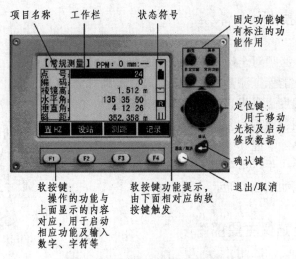

图 2-6　TC 402 全站仪界面

界面上各按键的功能和作用简要介绍如下：

固定键：

➤ 翻页：对话框有多页，按该键翻页查看。

➤ 菜单：执行机载程序、设置、数据管理、检验校正、通信设置、系统信息和数据传输。

- ➤ 自定义：可将功能中的任一项赋予自定义键，以方便使用。
- ➤ 功能：支持测量工作的一些快速执行的功能。
- ➤ 退出/取消：退出目前窗口或取消输入。
- ➤ 确定：确定键，确认输入或选择。
- ➤ 热键：有三种设置，即测距、测存、关闭在菜单的系统设置中配置。

在 LEIKA TC 402 全站仪中包括如图 2-7 所示的菜单树。

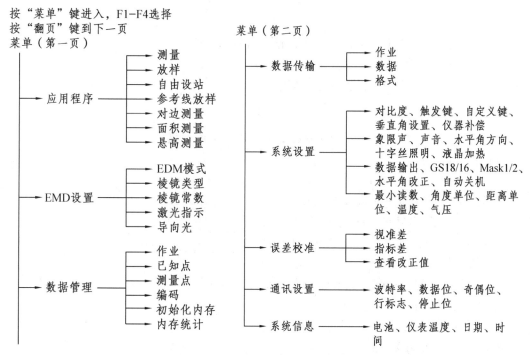

图 2-7 TC 402 全站仪中的菜单树

2.2.2　TC 402 全站仪的具体操作

在开始应用测量程序之前，要预先设置作业。设置作业就是全部数据都存在如同子目录一样的作业里，作业包含不同类型的测量数据（例如测量数据、编码、已知点、测站等），可以单独管理，也可以分别读出、编辑或删除（见图 2-8）。

[◆] 已有设置；[ ] 没有设置

图 2-8 TC 402 放样设置

设置作业后，进入到设置测站。测站点坐标可以人工输入，也可以在仪器内存中读取。

1. 读取内存中已知点的点号

（1）选择内存中已知点的点号。

（2）输入仪器高。

➢ 传递：启动高程传递功能。

➢ 确认：按输入的数据设置测站。

2. 人工输入

➢ 坐标：弹出人工输入坐标对话框，输入点号和坐标。

➢ 保存：保存测站坐标，并且输入仪器高。

➢ 确认：按输入的数据设置测站。

3. 定向

在定向过程中，水平方向值可以通过手工输入方式或根据已知点的坐标进行设置。

方法 1：手工输入。

➢ F1：输入任意水平方向值。

➢ 输入水平方向、棱镜高度和点号。

➢ 测量：启动测量并设置定向。

➢ 记录：设置定向并记录水平方向值。

方法 2：用坐标进行定向。

方向值的确定也可以使用具有已知坐标点的目标进行。

➢ F2：启动用坐标进行定向。

➢ 输入定向点号并确认找到的点。

➢ 输入并确认棱镜高。

最多可以用 5 个已知点进行定向，图 2-9 为定向示意图。设置好后，开始进行应用程序的操作。应用程序里主要包含以下内容：

测量、放样、对边测量、面积测量、自由设站、悬高测量。

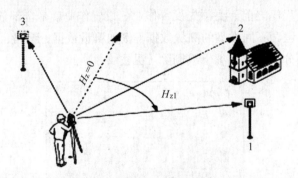

图 2-9　定向示意图

（1）测量。测量程序对测量的点数没有限制。测量程序和常规测量相比，只是引导设置、测站设置、定向和编码等方面有所不同。

步骤如下：

➤ 输入点号，需要时输入编码和棱镜高。

➤ 测量：触发测量并进行记录。

➤ 单个点号：在单个点及连续点号间切换。

（2）放样。放样程序可根据放样点的坐标或手工输入的角度、水平距离和高程计算放样元素，放样的差值会连续显示。

从内存提取坐标放样的步骤如下：

➤ 选择要放样的点。

➤ 测距：开始测量并计算显示测量点与放样点的放样参数差。

➤ 记录：记录显示的值。

➤ 极坐标：输入极坐标放样元素（方向值的水平距离）。

➤ 放点：简单地输入放样点的坐标放样，不输入点号也不记录数据。

① 极坐标法放样。极坐标法放样中几个偏差的含义包括：

1：目前放棱镜的点。

2：要放样的点。

▲H_z：角度偏差，放样点在目前测量点右侧时为正。

▲◢：距离偏差，放样点在更远处时为正。

▲◢|：高程偏差，放样点在更高处时为正。

图 2-10 为极坐标法放样示意图。

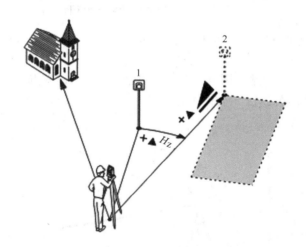

图 2-10　极坐标法放样示意图

② 正交法放样。放样点与目前测量点间的位置偏差以纵向偏差和横向偏差表示，图 2-11 为正交法放样示意图。

③ 坐标差法放样。基于坐标系的放样，偏差量为坐标差，图 2-12 为坐标差法放样示意图。

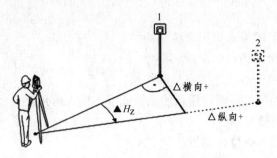

图 2-11 正交法放样示意图

1—目前放棱镜的点；2—要放样的点；△纵向—纵向偏差，放样点在更远处时为正；
△横向—横向偏差，放样点在目前测量点右侧时为正

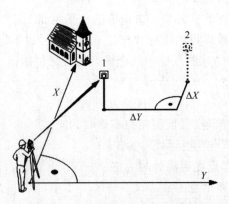

图 2-12 坐标差法放样示意图

1—目前放棱镜的点；2—要放样的点；ΔX—放样点和目前测量点之间的 X 坐标差；
ΔY—放样点和目前测量点之间的 Y 坐标差

（3）自由设站。自由设站是用至少 2 个已知点最多 5 个已知点通过边角后方交会计算求得测站点的设站数据，图 2-13 为自由设站示意图。

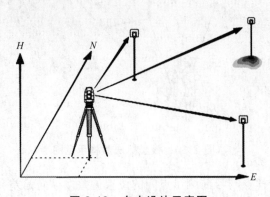

图 2-13 自由设站示意图

下列数据采集是许可的：

① 仅测水平角和垂直角；② 距离、水平角、垂直角都测；③ 有些点仅测水平角和垂直角，有些点水平角、距离和垂直角都测。

操作流程如图 2-14 所示。

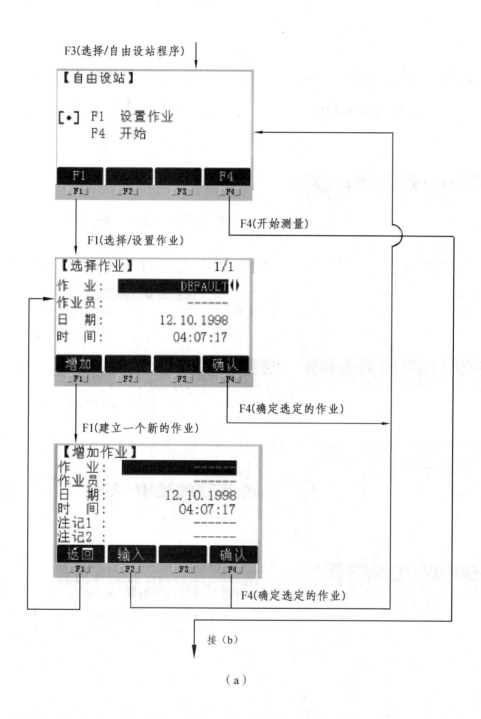

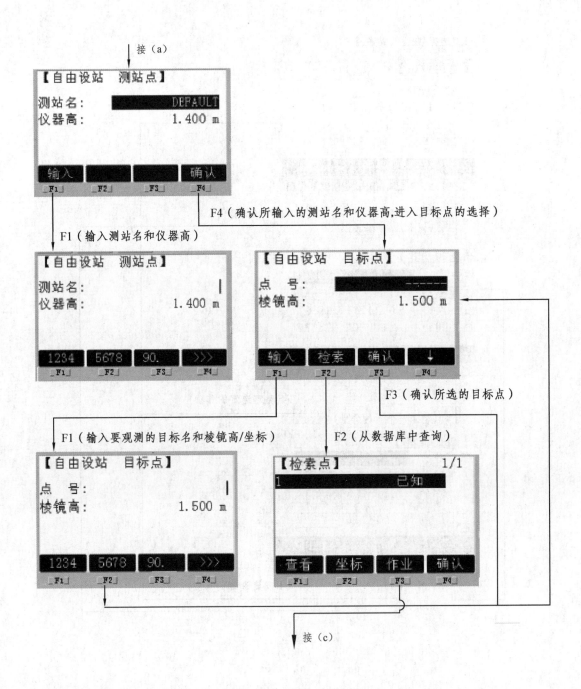

（b）

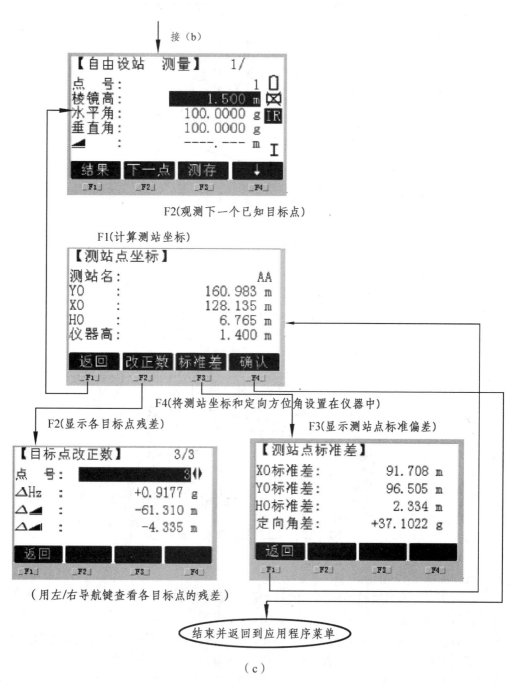

图 2-14 自由设站操作流程图

（4）对边测量。用对边测量程序可以实时计算 2 个目标点的斜距、水平距离、高差和方位角，参与计算的点可以是实时测得，从内存中选取，也可以是从键盘人工输入，图 2-15 为对边测量示意图。

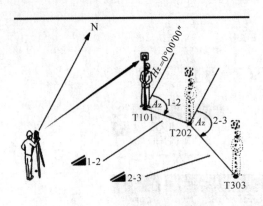

图 2-15　对边测量示意图

用户可以有折线对边和射线对边两种选择：

➤ F1：折线对边（$A—B$，$B—C$）。

➤ F2：射线对边（$A—B$，$A—C$）。

射线对边测量示意图如图 2-16 所示。

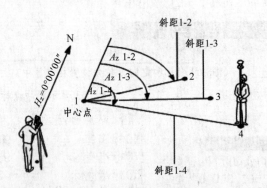

图 2-16　射线对边测量示意图

操作流程如图 2-17 所示。

（5）悬高测量。有些棱镜不能到达的被测点，可先直接瞄准其下方的基准点上的棱镜，测量平距，然后瞄准悬高点，测出高差，如图 2-18 所示。

照准悬高点，即可显示悬高点（点 2）与基点（点 1）的高差，悬高点的高程和平距。

要重新确定基点，请按 F1（基点）；要退出，按 ESC。

操作流程如图 2-19 所示。

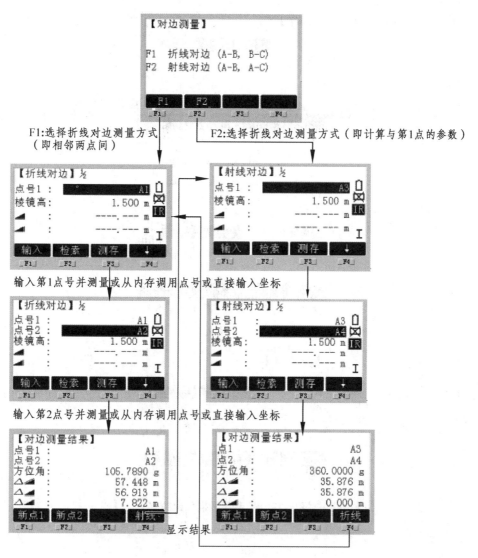

图 2-17 对边测量流程图

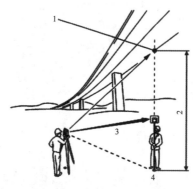

图 2-18 悬高测量示意图

1—悬高点；2—高差；3—斜距；4—立镜点（在悬高点的正下方）

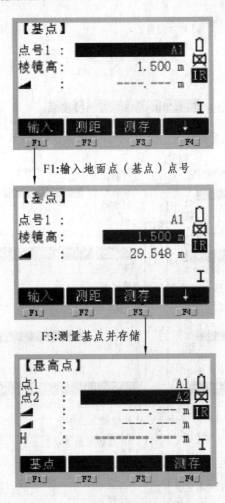

图 2-19　悬高测量操作流程图

第 3 章　数据传输与数据处理

3.1　数据传输

　　野外采集的数据通常要从全站仪传输到计算机进行处理，而不同的全站仪有不同的随机软件，对于 LEICA 全站仪而言，较常采用的软件为徕卡测量办公室（Leica Survey Office）。这是一种功能全面而又实用的办公软件，本章以 2.11 版本为例进行讲解。通过徕卡测量办公室，人们可以方便地对徕卡全站仪和数字水准仪的测量数据进行管理。徕卡测量办公室具有许多功能，这些功能可以分为两个主要类型：主工具和工具软件。

3.1.1　主工具 (Main Tools)

> 数据交换管理器。
> 坐标编辑器。
> 代码管理器。
> 软件上载。

3.1.2　TPS 300/700 和 DNA 工具软件 TPS 300/700 & DNA Tools

> 格式管理器。
> 配置管理器。
> DNA GSI 转换器。

　　在外部功能软件（External Tools）里，徕卡测量办公室还允许用户集成自己的程序。本部分主要向读者介绍徕卡测量办公室的显示界面和特点，软件的详细功能则可以通过激活在线帮助（HELP）按钮进行访问，其界面如图 3-1 所示。

　　数据要从全站仪顺利地传输到计算机，必须设置正确的通信参数。

（a）

（b）

图 3-1　Leica Survey Office 主界面

3.1.3　定义通信参数

（1）在"设置"菜单里，单击"通信设置"，弹出窗口如图 3-2 所示。

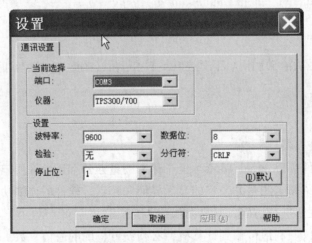

图 3-2　设置窗口

（2）在"当前选择"对话框里，有两项选择，在"端口"列表框里，可以选择通信接口的编号，如 COM3，在仪器"Instrument"列表里，根据连接仪器的类型，可以选择仪器的系列。

（3）在"设置 Settings"对话框里，可以设置与串口连接仪器通信参数相一致的"波特率 Baudrate""奇偶检验 Parity""停止位 Stop Bits""数据位 Data Bits"和"分行符 End"，作为选择，还可以单击"默认 Defaults"，将串口通信参数设置成仪器系列的缺省值。

（4）单击确认"OK"完成设置。

校验位，又称奇偶校验位，是指数据传输时接在每个 7 位二进制数据信息后面发送的第 8 位，它是一种检查传输数据正确与否的方法。即将 1 个二进制数（校验位）加到发送的二进制信息串后，让所有二进制数（包括校验位）的总和总保持是奇数或是偶数，以便在接收单元检核传输的数据是否有误。

校验位通常有五种校验方式：无校验、偶校验、奇校验、标记校验、空号校验。

（1）无校验。这种方式规定发送数据信息时，不使用校验位。这样就使原来校验位所占用的第 8 位成为可选用的位，这种方法通常用来传送由 8 位二进制数（而不是 7 位 ASCII 码数据）组成的数据信息。

（2）偶校验。这是一种最常用的方法，它规定校验位的值应与前面所传输的二进制数据信息有关，并且应使校验位和 7 位二进制数据信息中"1"的总和总为偶数。

（3）奇校验。使校验位和 7 位二进制数据信息中"1"的总和总为奇数。例如：字母 A 和数字 4 的数据信息为 11000001 和 00110100。

（4）标记校验。这种方法规定校验位总是二进制"1"，而与所传输的数据信息无关。虽有校验位存在，但只是简单地填补位置，无实际意义。

（5）空号校验。这种方法规定校验位总是二进制数"0"，无实际意义。

数据传输有串行传输和并行传输两种方式。它们的概念与队列行进的一路纵队和几路纵队是类似的。

① 串行传输，当采用串行方式通信时，数据信息是按二进制位的顺序是由高到低一位一位地在一条信号线上传送的（见图 3-3）。

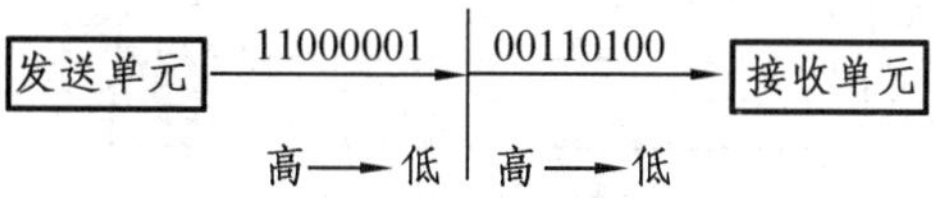

发送单元　11000001　00110100　→　接收单元

高——低　高——低

图 3-3　串行传输

② 并行传输，是指通过多条数据线将数据信息的各位二进制数同时并行传送，每位数各占用一条数据线（见图 3-4）。

③ 串行与并行传输的比较。

➢ 串行传输：传输速度慢，设备要求简单，价格低廉。

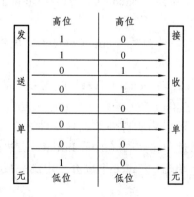

图 3-4　并行传输

➢ 并行传输：通信速度快，但要求各位数据同时发送，并按同一速度传送，接收单元才能收到完整而准确的信息，因此制作成本较高。

注意：应确保所选串行口的通信参数与所连接的仪器相一致。在徕卡测量办公室里，一个功能块里定义的通信参数，例如数据交换管理器，适用于其他所有功能块。

3.1.4 外部工具

徕卡测量办公室允许用户集成一个以上的软件，这些软件在主菜单里注册后，划分为外部工具类。

3.1.5 定　制

在"设置 Settings"菜单里，单击"用户定制 Customize"，弹出如图 3-5 所示的对话框。

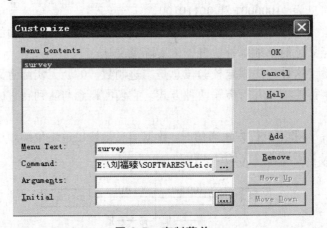

图 3-5　定制菜单

在"定制 Customize"对话框里，注册的软件显示在"软件列项 Menu Text"里，"定制 Customize"对话框里的其他可选项如下：

➢ 增加 Add，注册新的软件。

➢ 移去 Remove，移去所选的外部工具软件。

➢ 向上 Move Up，在"软件列项 Menu Contents"里将上一行标示的外部工具软件作为当前选项。

➢ 向下 Move Down，在"软件列项 Menu Contents"里将下一行标示的外部工具软件作为当前选项。

➢ 软件名 Menu Text，"软件名 Menu　Text"可输入外部工具软件的名字。

➢ 命令 Command，可通过单击"命令 Command"右边的省略号选择自己想注册的软件。

➢ 内容提要 Arguments，可以为所选外部工具软件键入内容提要（可选项）。

➢ 初始目录 Initial，可通过单击"初始目录 Initial"右边的省略号选择软件的初始目录，单击"OK"，进行注册/保存，单击"Cancel"放弃。定制完成后会在窗口中增加"外部工具"菜单栏。

3.1.6　数据交换管理器

数据交换管理器用于连接仪器（可以是仪器内存，也可以是仪器卡槽或外部卡槽里的存储卡）与计算机以交换数据（如坐标文件、代码表、格式文件、配置文件等）。图 3-6 显示了数据交换管理器的程序窗口，它由两个菜单树（树状控件）组成。

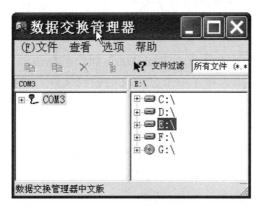

图 3-6　数据交换管理器菜单

左菜单树表明了连接在所选串行口上仪器的类型，以及文件夹和文件等内容；右菜单树显示了计算机的盘符、文件夹和文件。用户可以对计算机菜单树上的文件进行筛选，在数据交换管理器里，数据可以很容易地上载至仪器；反之，也可以下载至计算机。下载时要注意已知点和测量点的文件名不能重复，否则会覆盖数据。

3.2　数据编辑

3.2.1　坐标编辑器

使用坐标编辑器可以建立和保存坐标列表，坐标列表包括：点号、东坐标 Y、北坐标 X、高程 H、代码和属性。这些内容可以选自不同类型的坐标列表文件，即 IDEX、GSI-8/16 和 ASCII 文件。在本功能模块里，使用文件输入向导，进行任何结构的 ASCII 文件的输入都是十分方便的。

在坐标编辑器里，坐标文件包括的所有的数据以列表的形式出现。每一行代表具有特定值的点号，它可以包括一个代码和多达 8 个属性。在坐标编辑器里，可以使用多种编辑功能。

注意：坐标编辑器里电子表格的使用与 Excel 很相似，可以互相粘贴，十分方便。

1. 建立新的坐标列表

在"文件 File"菜单里，单击"新文件 New"，弹出显示空白电子表格的窗口。将数据输入至相应的列里，包括点号、坐标、高程、代码和 1~8 个属性。

2. 打开坐标文件

在"文件 File"菜单里，单击"打开 O"。

在"文件类型 File of Type"列表里，单击准备打开的文件类型（IDEX、GSI 或所有文件 All Files）。如果单击了"所有文件"，在下面的"模板 Template"列表框里可以选择一个模板。

在"查找范围 Look In"列表框里，单击包含坐标文件的盘符或文件夹。

在列表框里，单击准备打开的坐标文件。

单击"OK"打开。

注意：IDEX 或 GSI 文件，一经选择，就会在坐标编辑窗口里打开并显示出来。

当选择 ASCII 文件时，在"模板 Template"列表里单击"<none>"将会调出"文件输入向导 File Wizard"，如果选择了一个已定义的模板文件，将会打开和显示相应的 ASCII 文件。

3. ASCII 文件输入向导

利用 ASCII 文件输入向导可以将 ASCII 文件输入到坐标编辑器里。有关坐标点位的所有信息必须保存在一行，项目可由专用字符进行分隔，或者用空格来分隔成固定宽度的列。

输入向导由四个步骤组成，具体过程如下：

步骤 1：

如果 ASCII 文件的列由专用字符，如制表符、分号、逗号或空格分隔，选择"自由 Free"，如图 3-7 所示。

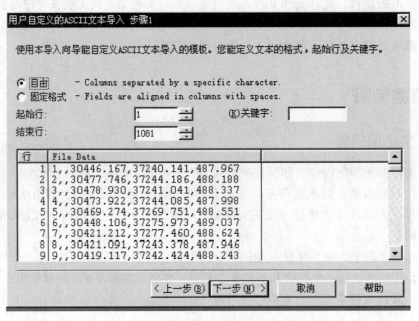

图 3-7　用户自定义的 ASCII 文本导入步骤 1

如果 ASCII 文件的列项是用空格分隔成的固定的列来定位，选择"固定格式 Position"，在"起始行 Start Import at Row"输入框里，定义将要输入的第一行的编号（缺省选择为 ASCII 文件的第一行）。在"结束行 Stop Import at Row"输入框里，定义将要输入的最后一行的编号（缺省选择为 ASCII 文件的最后一行）。在"关键字 Keyword"输入框里，键入可选的关键字。这意味着只有包含关键字的行才会被输入。一个关键字可由一个以上的数字、字母、字符组成。

单击"下一步 Next>",进入输入向导的下一步骤,单击"返回<Back"回到前一步。

步骤 2:

如果在上一步骤里选择了"自由 Free":

根据准备输入的 ASCII文件的格式,选择一个以上的列分隔符。可选的分隔符有制表符 Tab、分号 Semicolon、逗号 Comma 和空格 Space,如图 3-8 所示。

如果所选项不适合文件里的分隔符,可选择"其他 Other"并在此复选框的右边输入框里键入其他分隔符;如果连续的分隔符意味着一个,可以选择"把连续的分隔符视同一个 Treat Consecutive Delimiters as One",如果在上一步骤里选择了"固定格式 Position",列分隔符可以插入、移去和删除。

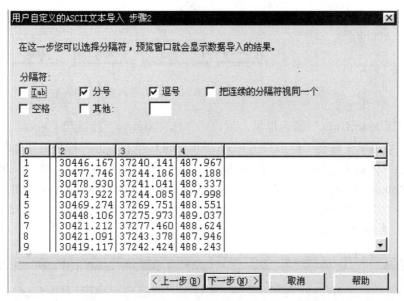

图 3-8　用户自定义的 ASCII 文本导入步骤 2

插入(Insert):在数据预览窗口里单击准备插入分隔符的位置。

移动(M):在数据预览标题里单击分隔符,鼠标指针变为十字时将其拖至新的位置。

删除(D):在数据预览窗口里的列边界上双击分隔符进行删除。

单击"下一步 Next>",进入文本输入向导的下一步骤,单击"返回<Back"回到前一步。

注意:数据预览窗口表明了怎样以列的形式显示文件内容,在进入到下一步前应保证每一列包含有正确的数据。

步骤 3:

现在,所有的数据都已以列进行显示,如图 3-9 所示。本步骤里可以定义坐标的长度单位。此外,为了进入到数据输入的最后一步,还必须给每列的数据赋予标题。尽管每行里的数据的顺序并不重要,然而,X 坐标却必须与 Y 坐标在一起。

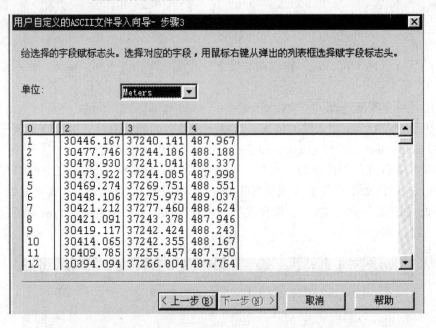

图 3-9 用户自定义的 ASCII 文件导入向导步骤 3

在"单位 Linear Units"输入框里，可以选择米（Meters）或英尺（Feet）（US）。

给每列的数据赋予标题（标志头）。在数据预览窗口里，右击列标题位置，在弹出的列表里选择相应的列标题（点号、X坐标、Y坐标、高程、代码和 1~8 个属性）。选择弹出列表里的"删除 Removed"项可删除标题，选择弹出列表里的"都删除 Remove All"项可删除全部标题。单击"下一步 Next>"，进入文本输入向导的下一步骤，单击"返回<Back"回到前一步。如图 3-10 和图 3-11 所示。

图 3-10 用户自定义的 ASCII 文件导入向导赋予点号

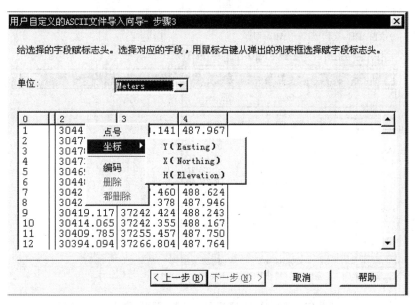

图 3-11　用户自定义的 ASCII 文件导入向导赋予 Y, X

注意：没有赋予标题的列不会被输入，像图 3-11 中的 H 列。

步骤 4：

当前输入格式可以存进模板，其步骤如下（见图 3-12）。

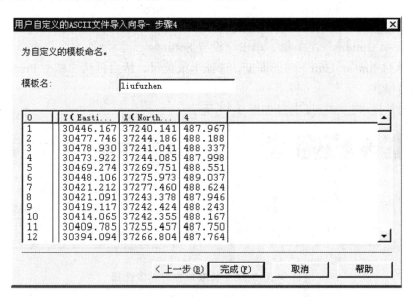

图 3-12　用户自定义的 ASCII 文件导入向导完成模板

① 在"模板名 Template Name"输入框里，键入模板的名字；② 单击"完成 Finish"结束输入即可完成；③ 单击"返回<Back"回到前一步。

注意：被定义的模板可以用来打开其他具有相似结构的 ASCII 文件，而不是用来打开模板文件本身。定义的模板可以在"打开文件 Open File"里的"模板 Template"列表框里进行选择。

完成后显示的结果如图 3-13 所示。

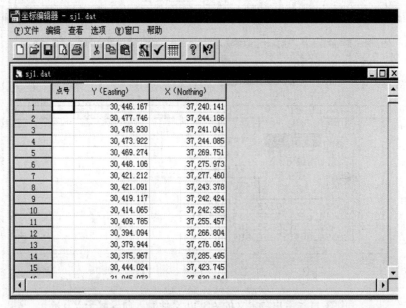

图 3-13　转换成 DAT 格式后的坐标编辑器

3.2.2　坐标编辑

1. 坐标设置

可以定义坐标文件的长度单位和精度。

➢ 在"选项 Options"菜单里，单击"设置 Settings…"。

➢ 在"单位 Linear Unit"列表框里，选择米或英尺，然后再从"精度 Precision"列表框里选择小数的位数。

可选择的长度单位和精度选择如图 3-14 所示。

单 位	精 度
米 Meter	0.001 0.000 1 0.000 01
英尺 Feet（US）	0.001 0.000 1

图 3-14　长度单位与精度选择

2. 数据检查

在"选项 Options"菜单里，通过单击"检查数据 Check Data"可以在坐标文件里检查出无效的数据，如图 3-15 所示。无效的数据可能包括：

➢ 无点号"Point Id"。

➢ 有东坐标但无北坐标。

➢ 有北坐标但无东坐标。

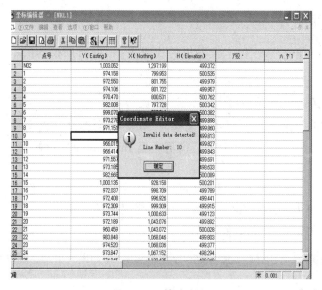

图 3-15　检查数据

3. 列显示

通过下述步骤可以隐藏/显示一列以上的坐标列表：

➢ 在"选项 Options"菜单里，单击"列 Columns…"。

➢ 在"列 Columns…"对话框里（见图 3-16），选择准备隐藏/显示的列，选中者显示，不选的不显示。

图 3-16　可隐藏或显示的列

3.2.3 代码管理器

代码管理器可以建立/修改徕卡仪器里的代码表。根据所用仪器的不同,代码表可以由层、代码和属性组成。

1. 建立新的代码表

➢ 在"文件 File"菜单里,单击"新文件 New",会弹出"代码块类型"对话框。

➢ 在"代码块类型"对话框里选择"仪器类型 Instrument Class"和"代码块类型 Codelist Type"。

➢ 单击"确认",弹出"新代码块 New Codelist"对话框(见图 3-17)。

➢ 在"总体情况 General"标记页里,键入代码表的名字。

➢ 单击"确认 OK",建立新代码表。

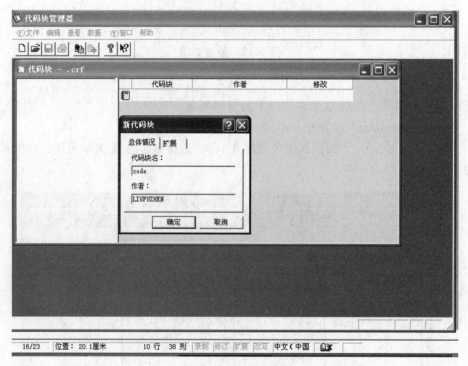

图 3-17 建立代码表

代码表类型如表 3-1 所示。

表 3-1 代码表类型

类　　型	TPS 300 系列
基础 Basic	WI 41-49 自由编码。 基础代码由代码、赋予可选缺省值(属性值)的 1~8 个属性组成。对每一代码来说,属性值可以单独定义
高级 Advanced	除基础的代码外,高级代码里还提供下列功能:代码说明的定义、可编辑的属性名、属性类型、值类型

2. 建立新的代码

（1）在菜单树上选中代码文件（底色变蓝）后，在"数据 Data"菜单上单击"新文件>新的代码 New>New Code"，见图 3-18。

（2）在"代码 New Code"对话框里的"代码 Code"输入框，键入新代码的名字，最大可包括 8 位数字/字母/字符。

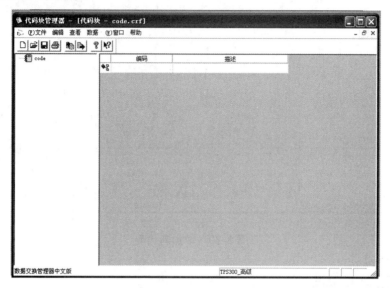

图 3-18 建立新代码

➤ 在"快捷键 Short Cut"输入框，键入新代码的快捷键，最大可包括 2 位数字。

➤ 在"说明 Description"输入框，键入对新代码的描述，最大可包括 16 位数字/字母/字符。

➤ 在"类型 Type"列表框，选择一种类型（自由 Free、点 Point、线 Line 或多边形 Polygon），可提供的选项依赖于所选代码表的类型，如图 3-19 所示。

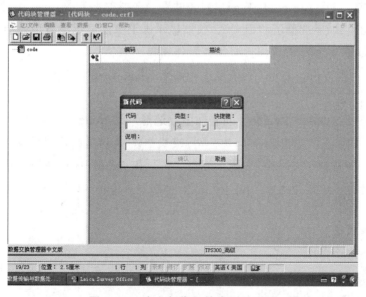

图 3-19 建立新代码的类型及说明

按 Enter 键增加新的代码，如图 3-20 所示。

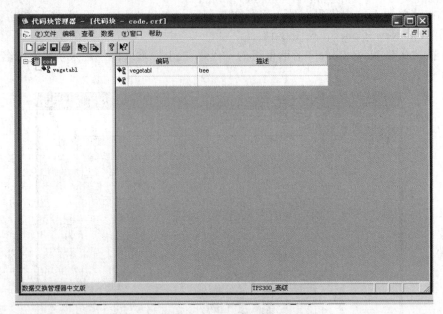

图 3-20　增加新代码

3.2.4　建立新的属性

（1）在菜单树窗格里，选中准备赋予新属性的代码符号，然后在"数据 Data"菜单上单击"新文件>新的属性 New Attribute"。

（2）在"新的属性 New Attribute"对话框里的"属性名 New Attribute"输入框里键入名字，最大可包括 30 个数字/字母/字符。

（3）在"属性类型 Attribute Type"列表框里，选择"正常 Normal""必要 Mandatory"或"固定 Fixed"。如果选择了"固定"，仪器显示屏上只能显示缺省值并会自动赋予属性；如果选择了"必要"，意味着该属性必须在野外编辑。

（4）在"值类型 Value Type"列表框里，选择"字串 Text""实数 Real"或"整数 Integer""范围 Range"。

（5）在"值范围 Value Region"列表框里，选择"无 None""选择列表 Choice List"或"范围 Range"。如果在上一步选择了"实数"或"整数"，这里则可以任选一种列表框里的内容。如果在上一步选择了"字串"，则只能在"无"和"选择列表"二项中任选其一。

（6）如果选择了"选择列表"或"范围"，单击"属性值 Attribute Values"标志进行下一步的输入。

下面说明各项的具体含义：

➢ 增加：增加新值。

➢ 删除：从列表中删除一个值。

➢ 导入：加载新的代码。

> 导出：以扩展名为 idx 输出文件。
> 插入：插入新的属性。
> 值范围：输入范围的始末值。

注意：对于"固定 Fixed"值，则必须定义它的缺省值，否则仪器上不会出现设置的属性值。

单击"确定"完成建立，如图 3-21 所示。

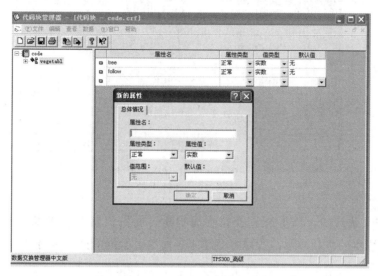

图 3-21　代码块中属性的编辑

3.2.5　软件上载功能块

软件上载功能块可用来从 PC 机上传送系统软件至 TPS 300 或 DNA 仪器，也可以用来传送系统固件、系统语言、EDM/ATR 固件、应用程序或配置文件至 TPS 1000 系列或 RCS 1100 系列。

该功能模块还可以用来浏览 TPS 1000 系列或 TPS 1100 系列仪器的总体情况、运行环境和安装的应用软件。

传送软件至 TPS 300/700 系列或 DNA 仪器：

（1）在"应用 Utilities"菜单里，单击"传输文件 Transfer files..."。

（2）在"盘符 Drivers"列表框里，选择含有相应软件的盘符。

（3）在"目录 Directories"列表框里，选择含有相应软件的目录。

（4）在"组件 Components"列表框里，选择准备上载的组件。

（5）单击"传输 Transfer"开始上载，如图 3-22 所示。

注意：安装系统固件和 EDM/ATR 固件期间，应确保正常供电。建议在开始传送前将电池充满。

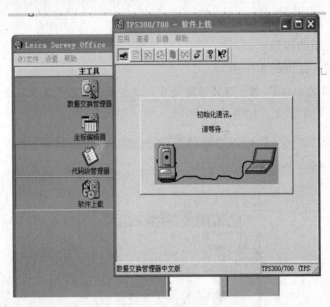

图 3-22　软件上载

一旦软件上载开始，该上载过程就不能中断，而且仪器的连接也不能断开。

随着软件版本的更新升级，操作将会越来越简单，数据的处理也将会越来越方便。

第 4 章　CASS 9.0 地形地籍成图软件概述

4.1　CASS 9.0 系统简介

　　CASS 系列地形地籍成图软件，是广州南方测绘仪器公司基于 AutoCAD 平台推出的数字化测绘成图（GIS 前端数据处理）系统。该系统操作简便、功能强大、成果格式兼容性强，被广泛应用于地形、地籍成图、工程测量应用、空间数据建库、市政监管等领域，全面面向 GIS，彻底打通数字化成图系统与 GIS 接口，使用骨架线实时编辑、简码用户化、GIS 无缝接口等先进技术。自 CASS 软件推出以来，已经成长成为用户量最大、升级最快、服务最好的主流成图系统。CASS 系统始终保持与 AutoCAD 的同步升级，软件各版本配套见表 4-1。

表 4-1　CASS、AutoCAD 及操作系统配套表

CASS 版本号	AutoCAD 版本号	操作系统系统
CASS 1.0	AutoCAD 10.0	DOS
CASS 2.0	AutoCAD 12.0	DOS
CASS 3.0	AutoCAD 14.0	Windows 95
CASS 4.0	AutoCAD 2000/14.0	Windows 95/98/2000
CASS 5.0	AutoCAD 2002/2000/ 14.0	Windows NT4.0/9x/Me/2000/XP
CASS 6.0	AutoCAD 2004	Windows NT4.0/9x/2000/XP
CASS 7.0	AutoCAD 2006/2005/2004/2002	Windows NT4.0/9x /2000/XP
CASS 7.1	AutoCAD 2007/2006/2005/2004/2002	Windows NT4.0/9x /2000/XP
CASS 2008	AutoCAD 2008/2007/2006/2005/2004/2002	Windows NT4.0/9x /2000/XP
CASS 9.0	AutoCAD 2010/2008/2007/2006/2005/2004/2002	WindowsNT4.0/9x/2000/XP/vista/7/8

　　CASS 9.0 是 CASS 软件的最新升级版本（2010 年 2 月）。以 AutoCAD 2010 为技术平台，

充分运用 AutoCAD 2010 平台的最新技术，CASS 9.0 版本相对于以前各版本除了平台、基本绘图功能上作了进一步升级之外，根据最新发表的图式、地籍等标准，更新完善了图式符号库和相应的功能；增加了属性面板等大量的超值贴心的工具。全面采用真彩色 XP 风格界面，重新编写和优化了底层程序代码，大大完善了等高线、电子平板、断面设计、图幅管理等技术，并使系统运行速度更快更稳定。同时，CASS 9.0 运用全新的 CELL 技术，使界面操作、数据浏览管理、系统设置更加直观和方便。在空间数据建库、前端数据质量检查和转换上，CASS 9.0 提供更灵活、更自动化的功能。特别是为适应当前 GIS 系统对基础空间数据的需要，该版本对于数据本身的结构也进行了相应的完善。

下面以 CASS 9.0 基于 AutoCAD 2010 为例，介绍软件的主界面和基本操作。

4.2　CASS 9.0 的安装和更新

（1）CASS 9.0 的运行硬件环境。

① 处理器（CPU）。

a. 32 位：Windows XP，Intel Pentium 4 或 AMD Athlon Dual Core，1.6 GHz 或更高，采用 SSE2 技术；Windows Vista，Intel Pentium 4 或 AMD Athlon Dual Core，3.0 GHz 或更高，采用 SSE2 技术。

b. 64 位：AMD Athlon 64，采用 SSE2 技术；AMD Opteron，采用 SSE 技术；Intel Xeon，支持 Intel EM64T 并采用 SSE2 技术；Intel Pentium 4，支持 Intel EM64T 并采用 SSE2 技术。

② 内存（RAM）：2 GB。

③ 图形卡：1024×768 真彩色，需要一个支持 Windows 的显示适配器。对于支持硬件加速的图形卡，必须安装 DirectX 9.0c 或更高版本。从"ACAD.msi"文件进行的安装并不安装 DirectX 9.0c 或更高版本。必须手动安装 DirectX 以配置硬件加速硬盘：安装 750 MB。

④ 硬盘安装：32 位，安装需要使用 1 GB；64 位，安装需要使用 1.5 GB。

⑤ 定点设备：鼠标、数字化仪或其他设备。

⑥ CD-ROM：任意速度（仅对于安装）。

（2）软件环境，见表 4-1。

（3）安装 CASS 9.0 的步骤是：先安装 AutoCAD 2010，并运行一次，再安装 CASS 9.0。

注意：首先要运行 AutoCAD 2010 一次后，再装 CASS 9.0。

4.2.1　AutoCAD 2010 的安装

AutoCAD 2010 的主要安装过程如下：

将 AutoCAD 2010 软件光盘放入光驱后执行安装程序，稍等片刻后，弹出图 4-1 所示的信息，可以选择安装语言，响应后单击"安装产品（I）"按钮，软件依次弹出安装各个阶段的界面，用户按提示操作即可。

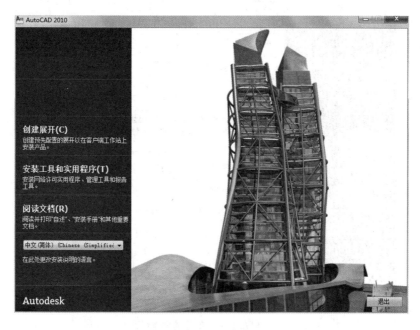

图 4-1 安装窗口

其中图 4-2 显示的操作界面提示选择要安装的产品，选择 AutoCAD 2010，单击"下一步（N）"按钮。

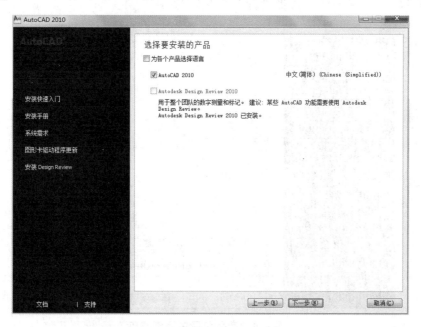

图 4-2 产品选择窗口

图 4-3 所示操作界面为接受许可协议，选择"国家或地区（0）"后，单击"我接受（A）"，单击"下一步（N）"。

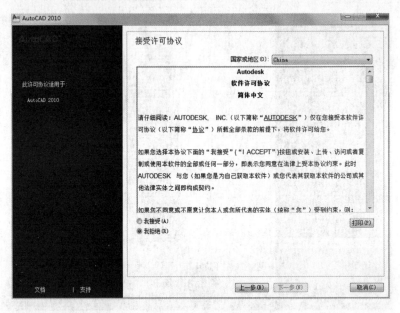

图 4-3　许可协议窗口

图 4-4 所示的操作界面要求输入产品序列号，产品密钥，用户需要将印刷在 AutoCAD 产品外包装上的产品序列号正确地输入，确定此软件使用者的姓名、单位名称等信息。输入这些信息后单击"下一步（N）"方能进行下一步安装。

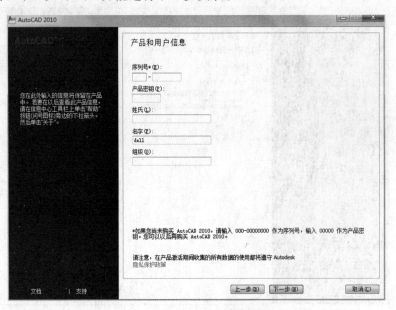

图 4-4　产品和用户信息窗口

图 4-5 所示操作界面为"查看-配置-安装"，用户根据需要将 AutoCAD 2010 安装到指定位置，单击"配置（O）"，按照图中选择配置，完成配置后开始安装。

图 4-6 为选择许可类型窗口。

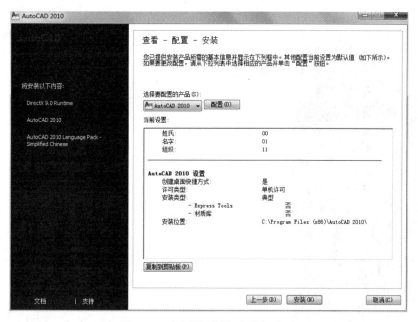

图 4-5　"查看-配置-安装"窗口

图 4-6　选择许可类型窗口

图 4-7 要求确定 AutoCAD 2010 的安装类型。用户可以在典型和自定义两种类型之间选择一种进行安装。典型安装属于较小容量的安装选择，若用户要在此基础上使用 CASS 9.0 软件，建议选择自定义选项，并在此基础上选择所有的安装选项。图 4-8 ~ 图 4-13 为后续安装过程。

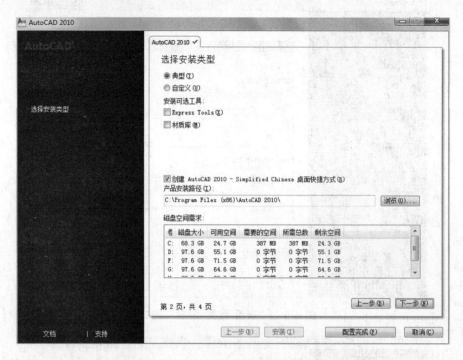

图 4-7　选择安装类型及路径窗口

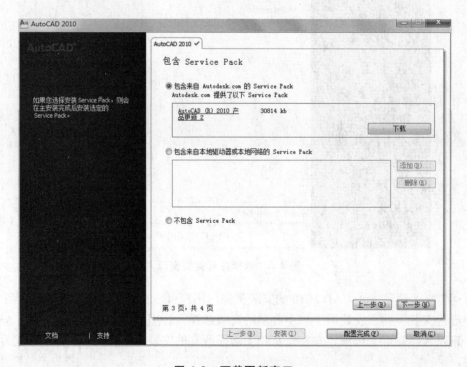

图 4-8　下载更新窗口

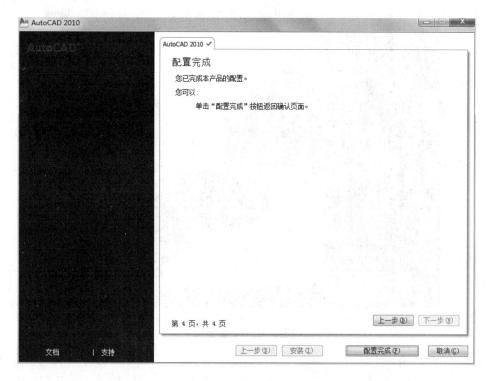

图 4-9　下载更新窗口

图 4-10　配置完成窗口

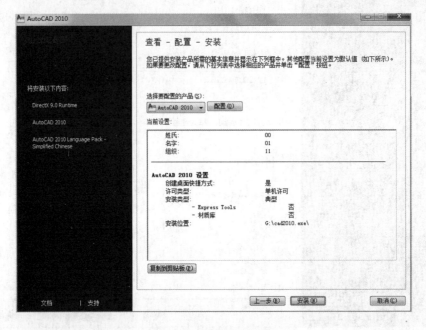

图 4-11　开始安装窗口

图 4-12　安装窗口

图 4-13　安装完成窗口

4.2.2　CASS 9.0 的安装

CASS 9.0 的安装应该在运行一次 AutoCAD 2010 后进行。打开 CASS 9.0 文件夹，找到 setup.exe 文件并双击它，随后即可得到图 4-14 所示的安装界面。

图 4-14　CASS 9.0 软件安装界面

在图 4-14 所示操作界面中单击"下一步"按钮，安装程序启动，用户只需按提示操作，即可完成软件安装工作，如图 4-15 ~ 图 4-17 所示。

Windows 9X/Me/2000/XP
AutoCAD 2000/2004/2005/2006/2007/2008/2010

图 4-15　CASS 9.0 软件安装界面

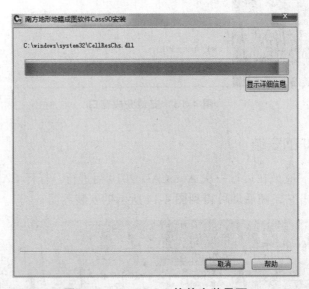

图 4-16　CASS 9.0 软件安装界面

图 4-17　CASS 9.0 软件安装界面

安装完成后屏幕弹出如图 4-18 所示的操作界面过后，显示安装完成。单击"完成"按钮，即结束 CASS 9.0 的安装。

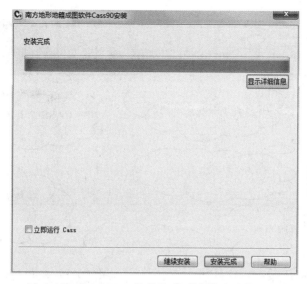

图 4-18　CASS9.0 软件安装"安装完成"界面

4.2.3　CASS 9.0 的更新

CASS 系统提供了安全的升级方式，用户可随时在南方公司网站下载最新的升级软件补丁，在补丁程序的安装过程中无须人工干预，程序能自动找到当前 CASS 的安装路径，完成升级安装。

4.3　CASS 9.0 主界面介绍

CASS 9.0 安装完毕后，安装加密狗驱动到 AutoCAD 2010 安装目录下，插上 CASS 9.0 软件"加密狗"，重启电脑后从桌面双击 CASS 9.0 的快捷图标，即进入 CASS 9.0 软件的主界面，如图 4-19 所示。

CASS 9.0 窗体的主要部分是图形显示区，操作命令分别位于四个部分：顶部菜单、右侧屏幕菜单、快捷工具按钮、图层窗口。每一菜单项及快捷工具按钮的操作均以对话框或底行提示的形式应答。CASS 9.0 的操作既可以通过点击菜单项和快捷工具按钮，也可在底行命令区以命令输入方式进行。

几乎所有的 CASS 9.0 命令及 AutoCAD 2010 的常用图形编辑命令都包含在顶部菜单中，菜单共有 13 个，分别是：文件、工具、编辑、显示、数据、绘图处理、地籍、土地利用、等高线、地物编辑、检查入库、工程应用、其他应用等。顶部菜单只能用鼠标激活，在任何情况下若想终止操作，可用 Ctrl + C 组合键或 ESC 键来实现。

由于顶部下拉菜单中的操作命令涵盖了全部快捷工具命令功能，而右侧屏幕菜单是 CASS 9.0 编辑、绘制地形图的专用工具菜单，将在第 5 章"CASS 9.0 数字地形图编辑及工程应用"中重点介绍，所以本章主要介绍屏幕下拉菜单中一些基本命令，其中顶部菜单等高线中的内容也放在第 5 章中介绍。

图 4-19　CASS 9.0 主界面

4.4　文件（File）

本菜单主要用于控制文件的输入、输出，对整个系统的运行环境进行修改设定等，如图 4-20 所示。

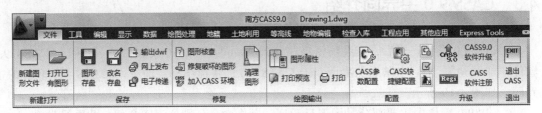

图 4-20　文件菜单栏

4.4.1　新建图形文件

功能：建立一个新的绘图文件。

操作：左键点取本菜单项，弹出对话框，如图 4-21。

提示：输入样板文件名 ［无（.）］＜acadiso.dwt＞：

若直接回车，则选择默认样本文件 acadiso.dwt。样板文件的意义在于，它包含了预先准备好的设置，设置中包括绘图的尺寸、单位类型、图层、线形及其他内容。使用样板文件可避免每次重复基本设置和绘图，快速地得到一个标准的绘图环境，从而节省工作时间。

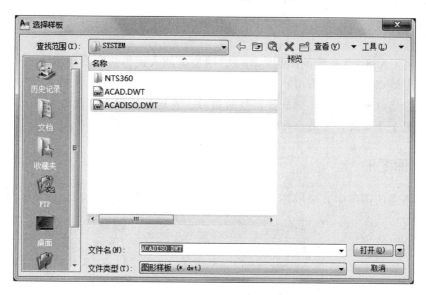

图 4-21　新建图形文件对话框

4.4.2　修复破坏的图形文件

功能： 无须用户干涉，自动修复毁坏的图形。

操作： 左键点取本菜单后，弹出一对话框，如图 4-22 所示。

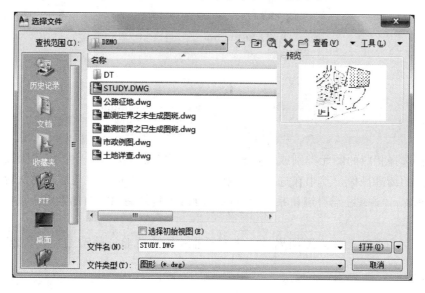

图 4-22　选取文件对话框

在搜索栏内找到要打开的文件并双击打开；或者在文件名一栏中输入要打开的文件名，然后点击"打开"键即可。

注意： 当系统检测到图形已被损坏，则打开损坏文件时，系统会自动启动本项菜单命令对其修复。若出现该损坏文件无法打开的情况时，请先建立一幅空白新图，然后通过"插入图"菜单命令（在"工具"栏下）将损坏图形插入试试。

4.4.3 加入 CASS 环境

功能：将 CASS 9.0 系统的图层、图块、线型等加入到当前绘图环境中。

操作：左键点取本菜单即可。

注意：当您打开一幅由其他软件制作的图后，在进行编辑之前最好执行此项操作。否则由于图块、图层等缺失，可能会导致系统无法正常运行。

4.4.4 清理图形

功能：将当前图形中冗余的图层、线型、字型、块、形等清除掉，如图 4-23 所示。

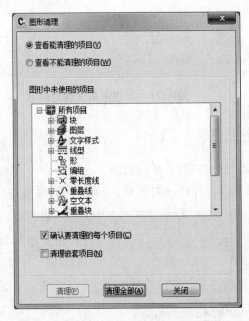

图 4-23 清理图形对话框

操作：选择相应的图元类别或者是某一类别下面需要删除的对象，按清除按钮就可完成对选择对象的清理操作。其中在选中一类删除时，系统会提示用户是逐一确认后删除，还是全部一次删除。"清理全部"键使系统根据图形自己判断并删除冗余的数据，同样系统也有相应的确认提示。

在此之后，系统会弹出图层属性管理对话框，用户可验证修改之后的图层设置及线型变化。

4.4.5 绘图输出（用绘图仪或打印机出图）

功能：配置绘图仪或打印机出图。

操作：执行此菜单后，会弹出一个对话框，如图 4-24 所示。

在此界面中，用户可以指定布局设置和打印设备设置，并能形象地预览将要打印的图形成果，然后可根据需要作相应的调整。

现详细介绍本界面上各个选项的作用以及如何利用本界面进行设置,打印出满意的图形。

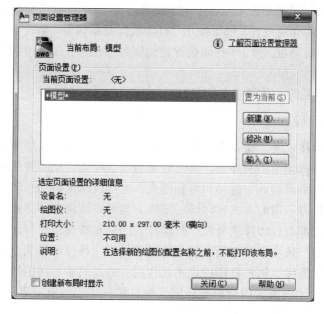

图 4-24　打印机配置对话框 1

4.4.5.1　布局名

显示当前的布局名称或显示选定的布局(如果选定了多个选项)。如果选择"打印"时的当前选项是"模型","布局名"将显示为"模型"。

将修改保存到布局:将在"打印"对话框中所作的修改保存到当前布局中。如果选定了多个布局,此选项不可用。

4.4.5.2　页面设置名

此下拉列表框显示了任何已命名和已保存的页面设置的列表。用户可以从列表中选择一个页面设置作为当前页面设计的基础,如果用户想要保存当前的页面设置以便在以后的布局中应用,可以在完成当前页面设置以后单击添加按钮。此时将弹出一个对话框,在相应的栏中输入页面设置名,然后按确定键。用户也可以在此菜单中删除已有页面设置或对其进行重命名。

4.4.5.3　打印设备

用户可以在此指定要用的打印机、打印样式表、要打印的一个或多个布局以及打印到文件的有关信息。

1. 打印机配置

(1)名称。显示当前配置的打印设备及其连接端口或网络位置,以及任何附加的关于打印机的用户定义注释。可用的系统打印机和 PC3 文件名的列表将显示在"名称"列表框中。在打印设备名称的前面将显示一个图标以便区别系统打印机和 PC3 文件。用户可以在此列表中选择一项作为当前的打印设备。

（2）特性。显示打印机配置编辑器（PC3 编辑器），用户可以从中查看或修改当前的打印机配置、端口、设备和介质设置。如果使用"打印机配置编辑器"修改 PC3 文件，将显示"修改打印机配置文件"对话框。关于"打印机配置编辑器"的使用方法，用户可以参考 AutoCAD 2010 的使用手册。

（3）提示。显示指定打印设备的信息。

2. 打印样式表（笔指定）

设置、编辑打印样式表，或者创建新的打印样式表。打印样式是 AutoCAD 2010 中新的对象特性，用于修改打印图形的外观。修改对象的打印样式，就能替代对象原有的颜色、线型和线宽。用户可以指定端点、连接和填充样式，也可以指定抖动、灰度、笔指定和淡显等输出效果。如果需要以不同的方式打印同一图形，也可以使用打印样式。

每个对象和图层都有打印样式特性。打印样式的真实特性是在打印样式表中定义的，可以将它附着到"模型"选项卡和布局。如果给对象指定一种打印样式，然后把包含该打印样式定义的打印样式表删除，则该打印样式不起作用。通过附着不同的打印样式表到布局，可以创建不同外观的打印图纸。用户想要详细了解打印样式表的有关事项，可参考 AutoCAD 2010 的使用手册。

（1）名称。列表显示当前图形或布局中可以配置的当前打印样式表。要修改打印样式表中包含的打印样式定义，请选择"编辑"选项。如果选定了多个布局选项，而且它们配置的是不同的打印样式表，列表框将显示"多种"。

（2）编辑。显示打印样式表编辑器。从中可以编辑选定的打印样式表。具体编辑方法用户可以参考 AutoCAD 2010 的使用手册。

（3）新建。显示"添加打印样式表"向导，用于创建新的打印样式表。具体创建方法用户可以参考 AutoCAD 2010 的使用手册。

3. 打印内容

定义打印对象为选定的"模型"选项还是布局选项。

（1）当前选项。打印当前的"模型"或布局选项。如果选定了多个选项，将打印显示查看区域的那个选项。

（2）选定的表。打印多个预先选定的选项。如果要选择多个选项，用户可以在选择选项的同时按下 CTRL 键。如果只选定一个选项，此选项不可用。

（3）所有布局选项。打印所有布局选项，无论选项是否选定。

（4）打印份数。指定打印副本的份数。如果选择了多个布局和副本，设置为"打印到文件"或"后台打印"的任何布局都只单份打印。

4. 打印到文件

打印输出到文件而不是打印机。

（1）打印到文件。将打印输出到一个文件中。

（2）文件名。指定打印文件名。缺省的打印文件名为图形及选项卡名，用连字符分开，并带有 .plt 文件扩展名。

（3）位置。显示打印文件存储的目录位置，缺省的位置为图形文件所在的目录。

（4）[...]。显示一个标准的"浏览文件夹"对话框，从中可以选择存储打印文件的目录位置。

4.4.5.4　打印设置

指定图纸尺寸和方向、打印区域、打印比例、打印偏移及其他选项。显示如图 4-25 所示。

1. 图纸尺寸及图纸单位

显示选定打印设备可用的标准图纸尺寸。实际的图纸尺寸通过宽（X 轴方向）和高（Y 轴方向）确定。如果没有选定打印机，将显示全部标准图纸尺寸的列表，可以随意选用。使用"添加打印机"向导创建 PC3 文件时将为打印设备设置缺省的图纸尺寸。图纸尺寸随布局一起保存并替换 PC3 文件的设置。如果打印的是光栅文件（例如 BMP 或 TIFF 文件），打印区域大小的指定将以像素为单位而不是英寸或毫米。

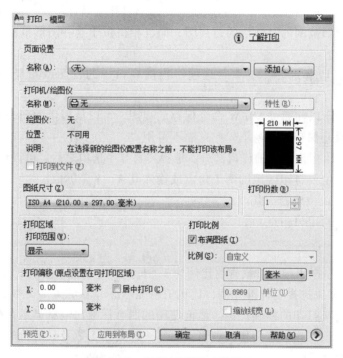

图 4-25　打印机配置对话框 2

（1）打印设备：显示当前选定的打印设备。

（2）图纸尺寸：列表显示可用的图纸尺寸。用户可根据工作的需要在这里选取合适的图纸尺寸。图纸尺寸旁边的图标指明了图纸的打印方向。

（3）可打印区域：基于当前配置的图纸尺寸显示图纸上能打印的实际区域。

2. 图形方向

指定打印机图纸上的图形方向，包括横向和纵向。用户可以通过选择"纵向""横向"或"反向打印"改变图形方向以获得 0°、90°、180° 或 270° 旋转的打印图形。图纸图标代表选定图纸的介质方向，字母图标代表图纸上的图形方向。

（1）纵向：图纸的短边作为图形图纸的顶部。

（2）横向：图纸的长边作为图形图纸的顶部。

（3）反向打印：上下颠倒地定位图形方向并打印图形。

3. 打印区域

指定图形要打印的部分。

（1）布局：打印指定图纸尺寸页边距内的所有对象，打印原点从布局的（0，0）点算起。只有选定了布局时，此选项才可用。如果"选项"对话框的"显示"选项卡中选择了关闭图纸图像和布局背景，"布局"选项将变成"界限"。

界限是指打印图形界限所定义的整个绘图区域。如果当前视口不显示平面视图，那么此选项与"范围"作用相同。只有当"模型"选项卡被选定时，此选项才可用。

（2）范围：打印图形的当前空间部分（图形中包含有对象）。当前空间中的所有几何图形都将被打印。打印之前 AutoCAD 可能重新生成图形以便重新计算当前空间的范围。

如果打印的图形范围内有激活的透视图，而且相机位于这一图形范围内，此选项与"显示"选项作用相同。

（3）显示：打印选定的"模型"选项、当前视口中的视图或布局中的当前图纸空间视图。

（4）视图：打印以前通过 VIEW 命令保存的视图。可以从提供的列表中选择一个命名视图。如果图形中没有保存过的视图，此选项不可用。

（5）窗口：打印指定图形的任何部分。选择"窗口"选项之后，可以使用"窗口"按钮，并使用定点设备指定要打印区域的两个角点或输入其 X，Y 坐标值。

指定第一个角点：指定一点。

指定对角点：指定另一点。

4. 打印比例

控制打印区域。打印布局时缺省的比例为 1：1。打印"模型"选项卡时缺省的比例为"按图纸空间缩放"。如果选择了标准比例，比例值将显示于"自定义"文本框中。

（1）比例：定义打印的精确比例。最近使用的四个标准比例将显示在列表的顶部。

（2）自定义：创建用户定义比例。输入英寸（或毫米）数及其等价的图形单位数，可以创建一个自定义比例。

（3）缩放线宽：线宽的缩放比例与打印比例成正比。通常，线宽用于指定打印对象线的宽度并按线的宽度进行打印，而与打印比例无关。

5. 打印偏移

指定打印区域偏离图纸左下角的偏移值。布局中指定的打印区域左下角位于图纸页边距的左下角，可以输入一个正值或负值以偏离打印原点。图纸中的打印单位为英寸或毫米。

（1）居中打印：将打印图形置于图纸正中间（自动计算 X 和 Y 偏移值）。

（2）X：指定打印原点在 X 方向的偏移值。

（3）Y：指定打印原点在 Y 方向的偏移值。

6. 打印选项

指定线宽打印、打印样式和当前打印样式表的相关选项。可以选择是否打印线宽。如果选择"打印样式",则使用几何图形配置的对象打印样式进行打印,此样式通过打印样式表定义。

(1)打印对象线宽:打印线宽。

(2)打印样式:按照对象使用的和打印样式表定义的打印样式进行打印。所有具有不同特性的样式定义都将存储于打印样式表中,并可方便地附着到几何图形上。此设置将代替 AutoCAD 早期版本的笔映射。

(3)最后打印图纸空间:首先打印模型空间几何图形。通常情况下,图纸空间几何图形的打印先于模型空间的几何图形。

(4)隐藏对象:打印布局环境(图纸空间)中删除了对象隐藏线的布局。视口中模型空间对象的隐藏线删除是通过"对象特性管理器"中的"消隐出图"特性控制的。这一设置将反映在打印预览中,但不反映在布局中。

4.4.5.5　预　览

完全预览:按图纸中打印出来的样式显示图形。要退出打印预览,单击右键并选择"退出"。

部分预览:快速并精确地显示相对于图纸尺寸和可打印区域的有效打印区域。部分预览还将预先给出 AutoCAD 打印时可能碰到的警告注意事项。最后的打印位置与打印机有关。

修改有效打印区域所作的改变包括对打印原点的修改。打印原点可以在"打印设置"选项的"打印偏移"选项中进行定义。如果偏移打印原点会导致有效打印的区域超出预览区域,AutoCAD 将显示警告。

图纸尺寸:显示当前选定的图纸尺寸。

可打印区域:基于打印机配置显示用于打印的图纸尺寸内的可打印区域。

有效区域:显示可打印区域内的图形尺寸。

警告:列表显示关于有效打印区域的警告信息。

说明:熟悉这些新特性可能需要一些时间,但一旦了解了它们,打印工作就会完得更快、更简单,一致性也比以往大大提高。各选项设置可详见打印帮助(在进入此对话框前,就会询问是否需要帮助,或之后按 F1 键取得帮助也可)。

4.4.6　图形属性

功能:查看已经打开的图形文件的基本信息,如图 4-26 所示。

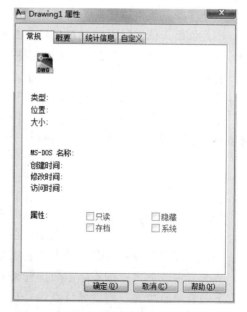

图 4-26　图形属性菜单

4.4.7　CASS 9.0参数配置

功能：用户通过 CASS 9.0 参数配置对话框设置 CASS 9.0 的各种参数。

操作：用鼠标左键点击本菜单，系统会弹出一个对话框，如图 4-27 所示。该对话框内左侧有九个选项卡：地籍参数下的"地籍图及宗地图""界址点"，测量参数下的"地物绘制""电子平板""高级设置"，以及独立的"图廓属性""投影转换参数""标注地理坐标""文字注记样式"。

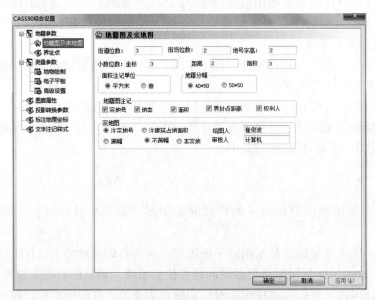

图 4-27　地籍图及宗地图设置对话框

1．地籍图及宗地图

街道位数和街坊位数：依实际要求设置宗地号街道、街坊位数。

地号字高：依实际需要设置宗地号注记地高度。

小数位数：依实际需要设置坐标、距离和面积的小数位数。

面积注记单位：设置宗地图内的面积注记单位。

地籍分幅：设置地籍图的图幅大小。

地籍图注记：提供各种权属注记的开关供用户选用。

宗地图：设置宗地图注记的内容和控制宗地图内图形是否满幅显示或只显示本宗地。控制是否显示建筑物占地面积和宗地号。

设置"绘图人"和"审核人"名称，批量分幅时由程序自动填写，无须人工修改。

2．界址点（见图 4-28）

界址点号前缀：设置统一的界址点前缀。

绘权属时标注界址点号：设置是否在手工绘制权属线同时标注点号。

界址点起点位置：设置界址点的起点是西北角，还是按绘图的起始点。

界址点编号方式：按实际需要选择编号范围和方向。

界址点编号方向：设置界址点编号按顺、逆时针方向。

界址点成果表：设置"制表"和"审校"名称。

图 4-28　界址点设置对话框

3. 地物绘制（见图 4-29）

高程注记位数：设置展绘高程点时高程注记小数点后的位数。

自然斜坡短坡线长度：设置自然斜坡的短线是按新图式的固定 1 mm 长度还是旧图式的长线一半长度。

电杆间是否连线：设置是否绘制电力电信线电杆之间的连线。

围墙是否封口：设置是否将依比例围墙的端点封闭。

填充符号间距：设置植被或土质填充时的符号间距，缺省为 20 mm。

陡坎默认坎高：设置绘制陡坎后提示输入坎高时默认的坎高。

高程点字高：设置高程点注记字体高度。

展点号字高：设置野外测点点号的字高。

文字宽高比：设置一般文字注记宽高比。

建筑物字高：设置房屋结构和层数注记文字字高。

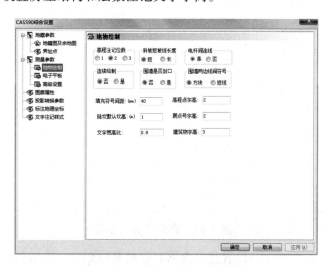

图 4-29　地物绘制设置对话框

4. 电子平板（见图4-30）

提供"手工输入观测值"和七种全站仪供用户在使用电子平板作业时选用。

展点类型：设置电子平板操作时，展绘高程值还是点号。

图 4-30　电子平板设置对话框

5. 高级设置（见图4-31）

生成和读入交换文件：可按骨架线或图形元素生成。

土方量小数位数：土方计算时，计算结果的小数位数设定。

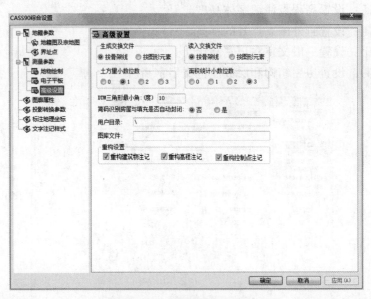

图 4-31　高级设置对话框

DTM三角形限制最小角：设置建三角网时三角形内角可允许的最小角度。系统默认为10°，若在建三角网过程中发现有较远的点无法联上时，可将此角度改小。

简码识别房屋是否自动封闭：设置简码法成图时，房屋是否封闭。

用户目录：设置用户打开或保存数据文件的默认目录。

图库文件：设置两个库文件的目录位置，注意库名不能改变。

6. 图廓属性（见图 4-32）

设置地形图框的图廓要素。CASS 9.0 使用的 2007 版图式，用户可根据自己的要求，编辑图廓要素的字体，注记内容。

注： CASS 9.0 使用的图式是 GB/T 20257.1—2007，此图式的标准图框内已无"测量员""绘图员"等信息。右下角只有"批注"项。图框定义具体请参考该图式。

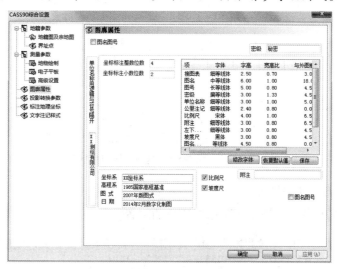

图 4-32　图廓属性设置对话框

7. 投影转换参数（见图 4-33）

设置当前图形的投影参数：包括中央子午线、带号、分带等。

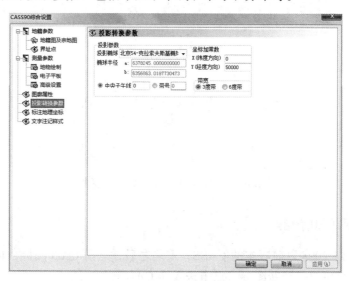

图 4-33　投影转换参数设置对话框

8. 标注地理坐标（见图 4-34）

设置坐标标注时的单位和精度、标注样式。

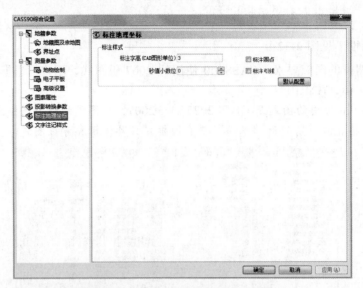

图 4-34　标注地理坐标设置对话框

9. 文字注记样式（见图 4-35）

设置属性面板中的"常用文字"相关注记的配置。

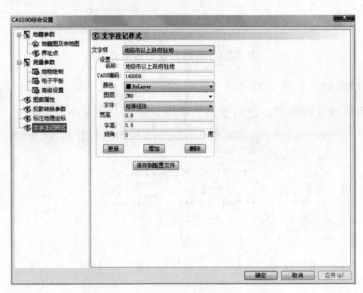

图 4-35　文字注记样式设置对话框

4.4.8　生成纯 CAD 快捷方式

功能： 针对 2008 以前版本的 CASS，安装之后，点击 CAD 图标，也会进入 CASS 界面。增加此功能，生成一个新图标，点击进入纯 CAD 环境。

操作：点击本菜单，CASS 会在桌面生成一个所用 CAD 版本的 CASS 图标。

4.4.9　CASS 快捷键配置

功能：配置常用功能的快捷键。与编辑 cass\system\acad.pgp 效果相同。

操作：点击本菜单，在下图对话框里输入快捷命令和该命令对应的命令全名，点击"保存到配置文件"即可。如图 4-36 所示。

图 4-36　快捷键设置对话框

4.4.10　AutoCAD 系统配置

功能：AutoCAD 2010 系统配置对话框可用于设置 AutoCAD 2010 的各种参数及其外部设备。

操作：用鼠标左键点击本菜单项，系统会弹出一个选项对话框，如图 4-37 所示。

图 4-37　AutoCAD 系统配置对话框

选项共有 9 项，使用者可以在此对 CASS 9.0 的工作环境进行设置。这里仅介绍一些比较常用的选项的设置方法，其余选项请参阅 AutoCAD 的操作手册。

1. 文件选项

指定 AutoCAD 搜索支持文件、驱动程序、菜单文件和其他文件的目录。还指定一些可选的用户定义设置，例如用哪个目录进行拼写检查，搜索路径，文件名和文件位置。

（1）支持文件搜索路径：指定 AutoCAD 用来搜索支持文件的目录。除了运行 AutoCAD 必需的文件以外，支持文件搜索路径中还包括字体文件、菜单文件、要插入的图形文件、线型文件和图案填充文件路径。在支持文件搜索路径中也可以包含环境变量。

（2）工作支持文件搜索路径：指定 AutoCAD 用来搜索系统特定的支持文件的活动目录。支持文件列表显示"支持文件搜索路径"中的有效路径，这些路径存在于当前目录结构和网络路径中。列在"支持文件搜索路径"中的有效环境变量显示为"工作支持文件搜索路径"中的扩展路径。包含其他环境变量的子变量被显示出来，只有父变量显示为扩展目录。

（3）设备驱动程序文件搜索路径：指定 AutoCAD 用于搜索视频显示、定点设备、打印机和绘图仪的设备驱动程序的路径。

（4）工程文件搜索路径：指定图形的工程名。工程名应符合与该工程相关的（xref）外部参照文件的搜索路径。可以创建任意数目的工程名和相关目录，但每个图形只能有一个工程名。

（5）菜单、帮助和其他文件名称：指定各类文件的名称和位置。

① 菜单文件：指定 AutoCAD 菜单文件的位置。

② 帮助文件：指定 AutoCAD 帮助文件的位置。

③ 缺省 Internet 网址：指定"帮助"菜单中的"连接到 Internet"选项和"标准"工具栏上的"启动浏览器"按钮使用的缺省 Internet 位置。

④ 配置文件：指定用来存储硬件设备驱动程序信息的配置文件的位置。这个值是只读的，只能通过使用/c 命令行开关来修改。

⑤ 许可服务器:提供网络管理员的网络许可管理器程序的当前有效的客户许可服务器列表。这个值存储在 ACADSERVER 环境变量中。如果未定义 ACADSERVER，将显示"无"。这个值是只读的，不能在"选项"对话框中修改。AutoCAD 只在每个任务开始时读取 ACADSERVER 的值。如果 AutoCAD 改变了该值，必须关闭并重新打开 AutoCAD 才能显示该值。

（6）文字编辑器、词典和字体文件名称：指定一系列可选的设置。

① 文字编辑器应用程序：指定用来编辑多行文字对象的文字编辑器程序。

② 主词典：指定用于拼写检查的词典。可以选择"美国英语""英国英语"的一或两个选项，或者是"法语"的一或两个选项。

③ 自定义词典文件：指定要使用的自定义词典（如果有的话）。

④ 替换字体文件：如果 AutoCAD 不能找到原始字体，并且在字体映射文件中也没有指定替换字体，那么就要指定要使用的字体文件的位置。如果选择"浏览"，AutoCAD 将显示"替换字体"对话框，可以从该对话框中选择一个可用的字体。字体映射文件：指定用于定义 AutoCAD 如何转换不能定位的字体的文件。

（7）打印文件、后台打印和前导部分名称：指定与打印相关的设置。

传统打印脚本的打印文件名：指定 AutoCAD 早期版本创建的打印脚本所用的临时打印文件的缺省名称。缺省名称是图形名称加上.plt 扩展名。AutoCAD 2010 图形使用的缺省名称是图形名称-布局名称加上.plt 扩展名。但是，有些打印设备的驱动程序使用其他的打印文件扩展名。此选项只影响 AutoCAD 早期版本创建的打印脚本所用的缺省打印文件名。

后台打印程序：指定批处理打印所使用的应用程序名称。可以输入可执行文件的名称以及需要使用的任何命令行参数。例如，可以输入 myspool.bat %s 将打印文件成批递送到 myspool.bat 文件中并自动生成一个特定的打印文件。PostScript 前导部分为 acad.psf 文件中的自定义前导区指定名称。该前导区用来和 PSOUT 一起自定义结果输出。

打印机支持文件路径：指定打印机支持文件的搜索路径设置。

后台打印文件位置：指定后台打印文件的路径。AutoCAD 将打印内容写到此位置。

打印机配置文件搜索路径：指定打印机配置文件（PC3 文件）的路径。

打印机说明文件搜索路径：指定带有 .pmp 扩展名的文件的路径，或打印机描述文件的路径。

打印样式表搜索路径：指定带有.sty 扩展名的文件的路径，或打印样式表文件的路径（包括命名打印样式表和颜色依赖打印样式表）。

（8）Object ARX 应用程序搜索路径：指定 Object ARX 应用程序文件的路径。可以在此选项下输入多个 URL 地址（多个 URL 地址应该用分号隔开）。如果不能找到关联的 Object ARX 应用程序，AutoCAD 将搜索指定的 URL 地址。此选项中只能输入 URL 地址。

自动保存文件位置：指定自动保存文件的路径。是否自动保存文件由"打开和保存"选项卡中的"自动保存"选项控制。

数据源位置：指定数据库源文件的路径。此设置所做的修改只有在关闭并重启 AutoCAD 之后才能起作用。

图形样板文件位置：指定启动向导使用的样板文件的路径。

日志文件：指定日志文件的路径。是否创建日志文件由"打开和保存"选项卡中的"保存日志文件"选项控制。

临时图形文件位置：指定 AutoCAD 用于存储临时文件的位置。AutoCAD 在磁盘上创建临时文件，并在退出程序后将其删除。如果您打算从一个写保护的目录中运行 AutoCAD（例如正在网络上工作或者打开光盘上的文件），应指定一个替换位置存储临时文件。所指定的目录必须是可读写的。

临时外部参照文件位置：指定外部参照（xref）文件的位置。当您在"打开和保存"选项卡的"按需加载外部参照"列表中选择了"使用副本"时，外部参照的副本将放在这个位置。

纹理贴图搜索路径：指定 AutoCAD 用于搜索渲染纹理贴图的目录。

2. 显示选项

显示选项的界面如图 4-37 所示，用户可以在这一选项中定制 AutoCAD 的显示方式。该选项中的大多数子选项是以复选框的形式出现的，用户在进行配置时只需用鼠标单击每一子选项以确定选中或不选即可。若选中某一子选项时，该选项前面的小方框内将出现"√"标志。下面分别介绍各个子选项的作用。

（1）窗口元素：通过设置窗口元素下面的子选项可以定制绘图窗口。

① 图形窗口中显示滚动条：用来确定是否显示绘图窗口右侧和下侧的滚动条。滚动条可以用来上下左右移动屏幕。

② 显示屏幕菜单：用来确定是否显示右侧的屏幕菜单。

③ 命令行窗口中显示的文字行数：确定屏幕下面命令行窗口中显示的文字行数。缺省值为 3，有效值为 1~100。设置时直接用键盘输入数值。

④ 颜色：单击该项将弹出颜色选择对话框。通过此对话框可设置绘图窗口各要素的颜色。用户在设置颜色时，应先选择要改变颜色的要素，然后再选择相应的颜色。用户在选择窗口要素时，可以在图形框中用鼠标点取该要素，也可以在文字框中选择。

⑤ 字体：单击该项将弹出命令行窗口字体对话框，如图 4-38 所示。用户可在该对话框中选择相应的字形、字体、字号对命令行文字进行设置。

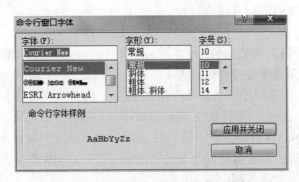

图 4-38 命令行窗口字体设置对话框

（2）布局元素：用户可以在这里设置已有布局和新建布局的控制选项。

① 显示布局和模型选项：确定是否显示屏幕底部的布局和模型选项，通过此选项可以很方便地在布局空间和模型空间进行转换。

② 显示页边距：确定是否显示布局的边框。如选择此项，布局的边框将以虚线显示，边框以外的图形对象将被剪切掉或在打印时不予打印。

③ 显示图纸背景：确定是否在布局中显示所选图纸的背景。图纸背景的大小由打印纸的尺寸和打印比例尺决定。

④ 显示图纸阴影：确定是否在布局中图纸背景的周围显示阴影。

⑤ 新建布局时显示"页面设置"对话框：确定当创建一个新布局时是否显示"页面设置"对话框。用户可以通过该对话框设置图纸尺寸和打印参数。

⑥ 在新布局中创建视口：确定当创建一个新布局时是否创建视口。

3. 打开和保护

控制在 AutoCAD 中打开和保存文件的相关选项。

（1）文件保存：控制在 AutoCAD 中保存文件的相关设置。

① 另存为：显示用 SAVE 和 SAVEAS 保存文件时使用的有效文件格式。为此选项选择的文件格式是用 SAVE 或 SAVEAS 保存所有图形时的缺省格式。将 AutoCAD 2010 文件存为

任意 DXF 格式将对性能造成影响。将"另存为"选项设置为"AutoCAD 2010 图形"格式可优化保存时的性能。

② 保存缩微预览图像：指定图形的图像是否可以显示在"选择文件"对话框的"预览"区域中。

③ 增量保存百分比：设置图形文件中潜在浪费空间的百分比。当到达指定的百分比时，AutoCAD 执行一次全部保存代替增量保存。全部保存将消除浪费的空间。如果将"增量保存百分比"设置为 0，则每次都执行全部保存。增量保存会增加图形的大小，但不要设置一个很小的增量值，因为这将导致 AutoCAD 过于频繁地执行耗时的全部保存，将明显地降低性能。若要优化性能，可将此值设置为 50。如果硬盘空间不足，请将此值设置为 25。如果将此值设置为 20 或更小，SAVE 和 SAVEAS 命令的速度将明显变慢。

（2）文件安全措施：帮助避免数据丢失和检测错误。

① 自动保存：以指定的时间间隔自动保存图形。您可以用 SAVEFILEPATH 系统变量指定所有"自动保存文件"的位置。

② 保存间隔分钟数：指定在使用"自动保存"时多长时间保存一次图形。该值存储在 SAVETIME 中。

③ 每次保存均创建备份：指定在保存图形时是否创建图形的备份副本。

4. 打　印

控制打印的相关选项。

（1）新图形的缺省打印设置：控制新图形的缺省打印设置。这同样也用于在以前版本的 AutoCAD 中创建的、没有保存为 AutoCAD 2010 格式的图形。

① 用作缺省输出设备：设置新图形的缺省打印设备。这同样也用于在以前版本的 AutoCAD 中创建、没有保存为 AutoCAD 2010 格式的图形。此列表显示从打印机配置搜索路径中找到的打印配置文件（PC3）以及系统中配置的系统打印机。

② 使用上一可用的打印设置：使用最近一次成功打印的打印设置。这个选项将确定缺省打印设置，这与早期版本的 AutoCAD 使用的方式相同。

③ 添加和配置打印机：显示 Autodesk 打印机管理器（一个 Windows 系统窗口）。也可以用 Autodesk 打印机管理器添加或配置打印机。

（2）基本打印选项：控制常规打印环境（包括图纸尺寸设置、系统打印机警告和 AutoCAD 图形中的 OLE 对象）的相关选项。

① 如果可能则保留布局的图纸尺寸：如果选定的输出设备支持在"页面设置"对话框的"布局设置"选项卡中指定的图纸尺寸，则使用该图纸尺寸。如果选定的输出设备不支持该图纸尺寸，AutoCAD 显示一个警告信息，并使用在打印配置文件（PC3）或缺省系统设置中指定的图纸尺寸（如果输出设备是系统打印机）。

② 使用打印设备的图纸尺寸：使用在打印配置文件（PC3）或缺省系统设置中指定的图纸尺寸（如果输出设备是系统打印机）。

③ 系统打印机后台打印警告：确定在发生输入或输出端口冲突而导致通过系统打印机后台打印图形时，是否要警告用户。

始终警告（记录错误）：当通过系统打印机后台打印图形时，警告用户并总记录错误。

仅在第一次警告（记录错误）：当通过系统打印机后台打印图形时，警告用户一次并总记录错误。

不警告（记录第一个错误）：当通过系统打印机后台打印图形时不警告用户，但记录第一个错误。

不警告（不记录错误）：当通过系统打印机后台打印图形时，不警告用户或记录错误。

5. 系　统

（1）当前定点设备：控制与定点设备相关的选项。

① 当前定点设备：显示可用的定点设备驱动程序的列表。

当前系统定点设备：将系统定点设备设置为当前设备。

Wintab Compatible Digitizer：将 Wintab Compatible Digitizer 设置为当前设备。

② 输入自：指定 AutoCAD 是同时接受来自鼠标和数字化仪的输入，还是在设置了数字化仪时忽略鼠标。

（2）基本选项：控制与系统设置相关的基本选项。

① 单图形兼容模式：指定在 AutoCAD 中启用单图形界面（SDI）还是多图形界面（MDI）。如果选择此选项，AutoCAD 一次只能打开一个图形。如果清除此选项，AutoCAD 一次能打开多个图形。

② 显示"启动"对话框：控制在启动 AutoCAD 时是否显示"启动"对话框。可以用"启动"对话框打开现有图形，或者使用样板、向导指定新图形的设置或重新开始绘制新图形。

③ 显示"OLE 特性"对话框：控制在向 AutoCAD 图形中插入 OLE 对象时是否显示"OLE 特性"对话框。

④ 显示所有警告信息：显示所有包含"不再显示此警告"选项的对话框。所有带有警告信息的对话框都将显示，而忽略先前针对每个对话框的设置。

⑤ 用户输入错误时发声提示：指定 AutoCAD 在检测到无效条目时是否发出蜂鸣声警告用户。

⑥ 每个图形均加载 acad.lsp：指定 AutoCAD 是否将 acad.lsp 文件加载到每个图形中。如果此选项被清除，那么只把 acaddoc.lsp 文件加载到所有图形文件中。如果不想在特定的图形文件中运行某些 LISP 例程，也可以用 ACADLSPASDOC 系统变量控制"每个图形均加载 acad.lsp"。

⑦ 允许长文件名：决定是否允许使用长符号名。命名对象最多可以包含 255 个字符。名称中可以包含字母、数字、空格和 Windows 及 AutoCAD 没有其他用途的特殊字符。当选中此选项时，可以在图层、标注样式、块、线型、文字样式、布局、UCS 名称、视图和视口配置中使用长名称。

6. 用户系统配置

控制在 AutoCAD 中优化性能的选项。

（1）Windows 标准：指定是否在 AutoCAD 中应用 Windows 功能。

① Windows 标准快捷键：用 Windows 标准解释键盘快捷键（例如 CTRL+C 等于 COPYCLIP）。如果此选项被清除，AutoCAD 用 AutoCAD 标准解释键盘快捷键，而不是用 Windows 标准（例如，CTRL + C 等于"取消"，CTRL+V 切换视口）。

② 绘图区域中使用快捷菜单：控制在绘图区域中单击右键是显示快捷菜单还是发布 ENTER 命令。

③ 自定义右键单击：显示"自定义右键单击"对话框，如图 4-39 所示。

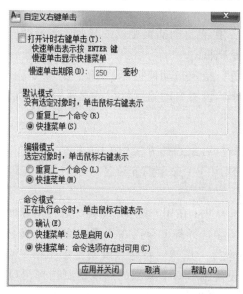

图 4-39　自定义右键对话框

通过这个界面可以设定在绘图区域中单击右键是显示一个快捷菜单还是与按 ENTER 键产生相同的结果。如果习惯于在运行命令时用单击右键来表示按 ENTER 键，就要从此对话框中禁用"命令"快捷菜单。此界面可设置在"缺省""编辑""命令"三种模式下单击鼠标右键的结果。

缺省模式：本区域中的选项控制在"缺省"模式下（即没有选中任何对象也没有运行任何命令），在绘图区域中单击右键的结果。

编辑模式：本区域中的选项控制在"编辑"模式下（即选中了一个或多个对象并且没有运行任何命令），在绘图区域中单击右键的结果。

命令模式：本区域中的选项控制在"命令"模式下（即当前正在运行一个命令），在绘图区域中单击右键的结果。

（2）坐标数据输入的优先级：控制 AutoCAD 如何响应输入的坐标数据。

① 执行对象捕捉：在任何时候都使用执行对象捕捉，而不用明确坐标。

② 键盘输入：在任何时候都使用所输入的明确坐标，忽略执行对象捕捉。

③ 键盘输入，脚本例外：使用所输入的明确坐标，而不用执行对象捕捉，脚本除外。

7. 草　图

指定许多基本编辑选项。

（1）自动捕捉设置：控制与对象捕捉的相关设置。通过对象捕捉，用户可以精确定位点和平面，包含端点、中点、圆心、节点、象限点、交点、插入点、垂足和切点平面等。

① 标记：控制 AutoSnap 标记的显示。该标记是一个几何符号，在十字光标移过对象上的捕捉点时显示对象捕捉位置。

② 磁吸：打开或关闭自动捕捉磁吸。磁吸将十字光标的移动自动锁定到最近的捕捉点上。

③ 显示自动捕捉工具栏提示：控制自动捕捉工具栏提示的显示。工具栏提示是一个文字标志，用来描述捕捉到的对象部分。可以在"草图设置"对话框的"对象捕捉"选项中打开或关闭对象捕捉。

④ 显示自动捕捉靶框：控制自动捕捉靶框的显示。当选择一个对象捕捉时，在十字光标中将出现一个方框，这就是靶框。

（2）自动捕捉标记颜色：指定自动捕捉标记的颜色。

（3）自动捕捉标记大小：设置自动追踪标记的显示尺寸，取值范围从 1 到 20。

8. 选　择

（1）选择集模式：控制与对象选择方法相关的设置。

① 先选择后执行：在调用一个命令前先选择一个对象。被调用的命令对先前选定的对象产生影响。

② 用 Shift 键添加到选择集：在用户按 Shift 键并选择对象时，向选择集中添加或从选择集中删除对象。若要快速清除选择集，只需在图形的空白区域中绘制一个选择窗口。

③ 按住并拖动：通过选择一点然后将定点设备拖动至第二点来绘制选择窗口。如果未选择此选项，则可以用定点设备选择两个单独的点来绘制选择窗口。

④ 隐含窗口：当在对象外选择了一点时，初始化选择窗口的图形。从左到右地绘制选择窗口可选择窗口边界中的对象。从右到左地绘制选择窗口可选择窗口边界中和与边界相交的对象。

⑤ 对象编组：当选择编组中的一个对象时，选择整个"对象编组"。通过 GROUP，可以创建和命名一组选择对象。

⑥ 关联性填充：确定选择关联图案填充时将选定哪些对象。如果选中该选项，那么选择关联填充时还将选定边界对象。将 PICKSTYLE 系统变量设置为 2 也可以设定该选项。

⑦ 拾取框大小：控制 AutoCAD 拾取框的显示尺寸。缺省尺寸设置为 3 像素点，有效值的范围为 0～20。也可以用 PICKBOX 系统变量设置"拾取框大小"。如果在命令行中设置"拾取框大小"有效值的范围为 0～32 767。

（2）控制与夹点相关的设置：在对象被选中后，其上将显示夹点，即一些小方块。

① 启用夹点：控制在选中对象后是否显示夹点。通过选择夹点和使用快捷菜单，可以用夹点来编辑对象。在图形中启用夹点会明显降低处理速度，清除此选项可使性能得以提高。

② 在块中启用夹点：控制在选中块后如何在块上显示夹点。如果选中此选项，AutoCAD 显示块中每个对象的所有夹点。如果清除此选项，AutoCAD 在块的插入点位置显示一个夹点。通过选择夹点和使用快捷菜单，可以用夹点来编辑对象。

③ 未选中夹点颜色：确定未被选中的夹点的颜色。如果从颜色列表中选择"其他"，AutoCAD 将显示"选择颜色"对话框。AutoCAD 将未被选中的夹点显示为一个小方块的轮廓。也可以用 GRIPCOLOR 系统变量设置"未选中夹点颜色"。

④ 选中夹点颜色：确定选中的夹点的颜色。如果从颜色列表中选择"其他"，AutoCAD 将显示"选择颜色"对话框。AutoCAD 将选中的夹点显示为一个填充的方块。

⑤ 夹点大小：控制 AutoCAD 夹点的显示尺寸。缺省的尺寸设置为 3 像素点，有效值的

范围为 1 ~ 20。

9. 配　置

可以在这里控制 CASS 9.0 和 AutoCAD 之间的切换。如果想在 AutoCAD 2010 环境下工作，可在此界面下选择"unnamed profile"，然后单击置为当前按钮；如果想在 CASS 9.0 环境下工作，可选择 CASS 9.0，然后单击"置为当前"按钮。

4.4.11　CASS 软件升级

功能：将 CASS 9.0 升级为 CASS 9.1 或者更高版本。

4.5　工具（Tool）

工具菜单如图 4-40 所示，本项菜单为编辑图形时提供绘图工具。

图 4-40　工具菜单栏

4.5.1　操作回退

功能：取消任何一条执行过的命令，本操作可以无限次回退，直至文件本次打开时的状况。

操作：左键点取本菜单即可。

注意：在底行命令区键入 U 然后回车与点击菜单效果相同。U 命令可重复使用，直到全部操作被逐级取消。还可控制需要回退的命令数，即键入 UNDO 回车，再键入回退次数再回车（如输入 50 回车，则自动取消最近的 50 个命令）。

4.5.2　取消回退

功能：操作回退的逆操作，取消因操作回退而造成的影响。

操作：左键点取本菜单即可，或在底行命令区键入 REDO 后回车。在用过一个或多个操作回退后，可以无限次取消回退直到最后一个回退操作。

4.5.3　物体捕捉模式

在绘制图形或编辑对象时，有时需要在屏幕上精确指定一些点。精确定点最直接的办法是输入点的坐标值，但这样又不够简捷快速。而应用捕捉方式，便可以快速而精确地定点。AutoCAD 提供了多种定点工具，如栅格（GRID）、正交（ORTHO）、物体捕捉（OSNAP）及自动追踪（AutoTrack）。而在物体捕捉模式中又有圆心点、端点、插入点等，如图 4-41 所示。设置物体捕捉模式也可在主界面底部的状态栏右击"对象捕捉"进行设置（除四分圆点外）。

1. 圆心点（center）

捕捉弧形和圆的中心点（执行 CEN 命令）。

设定圆心点捕捉方式后，在图上选择目标（弧或圆），则光标自动定位在目标圆心。如捕捉高程点的展点点位，就要选用圆心捕捉模式，因为高程点的展点点位是用实心圆圈标识。

2. 端点（endpoint）

捕捉直线、多义线、踪迹线和弧形的端点（执行 END 命令）。图4-41 为物体捕捉模式子菜单。

设定端点捕捉方式后，在图上选择目标（线段），用光标靠近希望捕捉的一端，则光标自动定位在该线段的端点。

图 4-41　物体捕捉
模式子菜单

3. 插入点（insertion）

捕捉块、形体和文本的插入点（如高程点注记，执行 INS 命令）。

设定插入点捕捉方式后，在图上选择目标（文字或图块），则光标自动定位到目标的插入点。

4. 交点（intersection）

捕捉两条线段的交叉点（执行 INT 命令）。

设定交点捕捉方式后，在图上选择目标（将光标移至两线段的交点附近），则光标自动定位到该交叉点。

5. 中间点（midpoint）

捕捉直线和弧形的中点（执行 MID 命令）。

设定中心点捕捉方式后，在图上选择目标（直线或弧），则光标自动定位在该目标的中点。

6. 最近点（nearest）

捕捉距光标最近的对象（执行 NEA 命令）。

设定最近点捕捉方式后，在图上选择目标（用光标靠近希望被选取的点），则光标自动定位在该点。

7. 节点（node）

捕捉点实体而非几何形体上的点（执行 NOD 命令）。

设定节点捕捉方式后，在图上选择目标（将光标移至待选取的点），则光标自动定位在该点。如捕捉展点号所对应的点位，就应使用节点捕捉。

8. 垂直点（perpendicula）

捕捉垂足（点对线段）（执行 PER 命令）。

设定垂直点捕捉方式后，从一点对一条线段引垂线时，将光标靠近此线段，则光标自动定位在线段垂足上。

9. 四分圆点（quadrant）

捕捉圆和弧形的上下左右四分点（执行 QUA 命令）。

设定四分圆点捕捉方式后，在图上选择目标（将光标移近圆或弧），则光标自动定位在目标四分点上。

10. 切点（tangant）

捕捉弧形和圆的切点（执行 TAN 命令）。

设定切点捕捉方式后，在图上选择目标（将光标移近圆或弧），则光标自动定位在目标的切点。

有时 AutoCAD 系统会出现显示错误，如圆弧显示为折线段，不同捕捉方式的捕捉位置这时候看起来好像是错误的，但实际上捕捉位置是正确的，用户可以使用"REGEN"命令来恢复线型图形的正确显示。

4.5.4　取消捕捉

功能：取消所有的捕捉功能（执行 NON 命令）。
操作：左键点取本菜单即可。

4.5.5　前方交会

功能：用两个夹角交会一点，如图 4-42 所示。

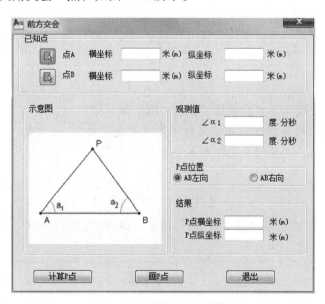

图 4-42　前方交会对话框

操作：左键点取本菜单后，看命令区提示。
提示：点击点 A 前的已知点捕捉。
选取屏幕上一点：用光标捕捉第一点。
点击点 B 前的已知点捕捉。

选取屏幕上一点：用光标捕捉第二点。

输入观测角度值。选择交会点 P 的位置。点击"计算 P 点"，算出 P 点坐标，然后点击"画 P 点"可以在图中画出 P 点的具体位置。

4.5.6　边长交会

功能：用两条边长交会出一点。

操作：左键点取本菜单后，看命令区提示。

提示：点击点 A 前的已知点捕捉。

选取屏幕上一点：用光标捕捉第一点。

点击点 B 前的已知点捕捉。

选取屏幕上一点：用光标捕捉第二点。

输入观测边长值。选择交会点 P 的位置。点击"计算 P 点"，算出 P 点坐标，然后点击"画 P 点"可以在图中画出 P 点的具体位置。

注意：两边长之和小于两点之间的距离不能交会；两边太长，即交会角太小也不能交会。

4.5.7　方向交会

功能：将一条边绕一端点旋转指定角度与另一边交会出一点。

4.5.8　支距量算

功能：已知一点到一条边垂线的长度和垂足到其一端点的距离得出该点。

4.5.9　画直线

功能：在屏幕上画一条多段折线（执行 LINE 命令）。

注意：用本功能所画折线不是多义线（即不是复合线），也就是说其折点处是断开的，即使闭合也不构成整体。

4.5.10　画　弧

本菜单提供了 10 种绘制小于 360° 的二维弧形的方式（执行 ARC 命令），如图 4-43 所示。

4.5.11　画　圆

根据不同的已知条件画圆（执行 CIRCLE 命令），如图 4-44 所示。

4.5.12　画椭圆

用两种不同的方法画椭圆（执行 ELLIPSE 命令），如图 4-45 所示。

图 4-43　画弧子菜单

图 4-44　画圆子菜单

图 4-45　画椭圆菜单子菜单

1. 轴、偏心率

指定两点作为轴，输入偏心率画椭圆。

左键点取本菜单后，看命令区提示。

指定椭圆的轴端点或 [圆弧（A）/中心点（C）]：用光标拾取椭圆主轴上的第一个端点。

指定轴的另一个端点：用光标拾取椭圆主轴的第二个端点。

指定另一条半轴长度或 [旋转（R）]：输入另一条半轴的长度，回车。

注意：输入另一条半轴的长度小于指定的轴，则指定的轴为长轴；反之，指定的轴为短轴。

2. 中心、轴、轴

指定椭圆中心和其中一个半轴，输入另一轴长画椭圆。

左键点取本菜单后，看命令区提示。

指定椭圆的轴端点或[圆弧（A）/中心点（C）]：_c。

指定椭圆的中心点：用光标拾取椭圆中心点。

指定轴的端点：用光标拾取主轴端点。

指定另一条半轴长度或[旋转（R）]：用光标拾取另一端点。也可输入数字后回车。

4.5.13　画多边形

用三种方法绘制多边形（执行 POLYGON 命令），如图 4-46 所示。

1. 边　长

通过给定多边形的边数和一条边的两个端点画多边形。

左键点取本菜单后，看命令区提示。

输入边的数目 <4>：输入多边形边数，回车。<4>的意思是系统默认边数为 4。

图 4-46　画多边形子菜单

指定正多边形的中心点或 [边（E）]：_e。

指定边的第一个端点：用光标拾取多边形一端端点。

指定边的第二个端点：用光标拾取多边形另一端端点，确定多边形位置。

2. 外 切

通过给定多边形的边数以及圆心和某边的中点画多边形。

左键点取本菜单后，看命令区提示。

输入边的数目 <4>：输入多边形边数，回车。

指定正多边形的中心点或 [边（E）]：

输入选项 [内接于圆（I）/外切于圆（C）] <I>：_c。用光标拾取外切多边形内接圆圆心。

指定圆的半径：确定内接圆半径（即多边形边长的一半）。

3. 内 接

通过给定多边形的边数、圆心及多边形某一顶点画多边形。

左键点取本菜单后，看命令区提示。

输入边的数目 <4>：输入多边形边数，回车。

指定正多边形的中心点或 [边（E）]：

输入选项 [内接于圆（I）/外切于圆（C）] <C>：_i：用光标拾取内接多边形外切圆圆心。

指定圆的半径：确定外接圆半径。

4.5.14 画 点

功能：在指定点位置上画一个点（执行 POINT 命令）。

4.5.15 画曲线

功能：绘制曲线拟合的多义线。

操作：左键点取本菜单后，看命令区提示。

提示：命令：quxian。

第一点：<跟踪 T/区间跟踪 N>输入一点。可连续输入多个点，回车结束后自动拟合。

曲线 Q/边长交会 B/跟踪 T/区间跟踪 N/垂直距离 Z/平行线 X/两边距离 L/圆 Y/内部点 O<指定点>pline。

指定起点：

当前线宽为 0.0000

指定下一个点或 [圆弧（A）/半宽（H）/长度（L）/放弃（U）/宽度（W）]：画第二点。

指定下一点或 [圆弧（A）/闭合（C）/半宽（H）/长度（L）/放弃（U）/宽度（W）]：画第三点。

命令：

曲线 Q/边长交会 B/跟踪 T/区间跟踪 N/垂直距离 Z/平行线 X/两边距离 L/隔一点 J/微导线 A/延伸 E/插点 I/回退 U/换向 H<指定点>：画第四点。

曲线 Q/边长交会 B/跟踪 T/区间跟踪 N/垂直距离 Z/平行线 X/两边距离 L/闭合 C/隔一闭

合 G/隔一点 J/微导线 A/延伸 E/插点 I/回退 U/换向 H<指定点>：画第五点。

4.5.16　画复合线

功能：绘制一条由定宽或变宽的直线或曲线相连接的复杂二维直线（执行 PLINE 命令）。

操作：左键点取本菜单后，看命令区提示。

提示：命令：_pline。

指定起点：

当前线宽为 0.0000。

指定下一个点或 [圆弧（A）/半宽（H）/长度（L）/放弃（U）/宽度（W）]：

指定下一点或 [圆弧（A）/闭合（C）/半宽（H）/长度（L）/放弃（U）/宽度（W）]：

命令行选项解释，进入 Arc 选项绘弧线：

Angle：表示弧形的圆心角。

CEnter：表明弧形的中心点。

Close：使用弧形来封闭多义线。

Direction：表明弧形的起始方向。

Halfwidth：表明弧形的半宽。

Line：切换回绘制直线菜单。

Radius：表明弧形的半径。

Second pt：绘制三点式弧形。

Undo：删除最后绘制的弧形部分。

Width：表明弧形的宽度。

Endpoint of arc：表明弧形的端点。

绘直线命令行选项：

Close：使用直线段封闭多义线。

Halfwidth：表明多义线的半宽。

Length：绘制与最后绘制的线段相切的多义线。

Undo：删除最后绘制的线段。

Width：表明多义线的宽度。

Endpoint of line：表明多义线的端点。

注意：复合线整条是一个图形实体，而一般的折线是分段的。

4.5.17　多功能复合线

功能：在当前的图层绘制多功能复合线。

操作：左键点取本菜单后，看命令区提示。

提示：输入线宽<0.0>：输入要画线的宽度，默认的宽度是 0.0。

第一点：输入第一点。

曲线 Q/边长交会 B/<指定点>：指定下一点（用鼠标指定或键入坐标）或选择字母 Q、B。

曲线 Q/边长交会 B/隔一点 J/微导线 A/延伸 E/插点 I/回退 U/换向 H<指定点>用鼠标定点或选择字母 Q、B、J、A、E、I、U、H。

曲线 Q/边长交会 B/闭合 C/隔一闭合 G/隔一点 J/微导线 A/延伸 E/插点 I/回退 U/换向 H<指定点>用鼠标定点或选择字母 Q、B、C、G、J、A、E、I、U、H。

命令行解释：

Q：要求输入下一点，然后系统自动在两点间画一条曲线。

B：用于进行边长交会。

C：复合线将封闭，该功能结束。

G：程序将根据给定的最后两点和第一点计算出一个新点，如图 4-47 所示。

操作： 左键点取本菜单后，看命令区提示。

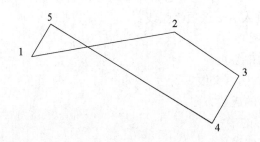

图 4-47　隔点闭合图

提示： 输入线宽：<0.0>：输入所需线宽回车，直接回车默认线宽为 0 。

第一点：用鼠标在屏幕上拾取第 1 点。

曲线 Q/边长交会 B/<指定点>：用鼠标在屏幕上拾取第 2 点。

曲线 Q/边长交会 B/隔一点 J/微导线 A/延伸 E/插点 I/回退 U/换向 H<指定点>用鼠标在屏幕上拾取第 3 点。

曲线 Q/边长交会 B/闭合 C/隔一闭合 G/隔一点 J/微导线 A/延伸 E/插点 I/回退 U/换向 H<指定点>：用鼠标在屏幕上拾取第 4 点。

曲线 Q/边长交会 B/闭合 C/隔一闭合 G/隔一点 J/微导线 A/延伸 E/插点 I/回退 U/换向 H<指定点>：输入 G 回车。

然后系统会生成第 5 点，并自动从第 4 点经过第 5 点闭合到第 1 点。第 5 点即所谓的"隔点"，它满足这样一个条件：∠345 和∠451 均为直角。这种作法适合于三点确定一个房屋等的情况。

J：与选 G 相似，只是由用户输入一点来代替选 G 时的第一点。

A："微导线"功能由用户输入当前点至下一点的左角（度）和距离（米），输入后将计算出该点并连线。要求输入角度时若输入 K，则可直接输入左向转角，若直接用鼠标点击，只可确定垂直和平行方向。此功能特别适合于知道角度和距离但看不到点的情况，如房角点被树或路灯等障碍物遮挡时。

E："延伸"功能是沿直线的方向伸长指定长度。

I："插点"功能是在已绘制的复合线上插入一个复合线点。

U：取消最后画的一条。

H："换向"功能是转向绘制线的另一端。

4.5.18　画圆环

功能： 通过输入内径、外径，指定中心点可绘出一个圆环（执行 DONUT 命令）。

操作： 左键点取本菜单后，看命令区提示。

提示： 命令：_donut

指定圆环的内径 <0.5000>：指定第二点：通过键入数字或选取两点确定内径大小。

指定圆环的外径 <1.0000>：指定第二点：通过键入数字或选取两点确定外径大小。

指定圆环的中心点或 <退出>：通过键入坐标或选取点确定圆环的中心点，回车退出。

4.5.19　制作图块

功能： 把一幅图或一幅图的某一部分以图块的形式保存起来。

操作： 左键点取本菜单后，弹出一个对话框，如图 4-48 所示。

图 4-48　制作图块对话框

注意： 根据激活此对话框时的不同情况，对话框将显示不同的默认设置。

制作图块对话框主要分为四个区：源（Source）、基点（Base point）、对象（Objects）和目标（Destination）。

1.　源（Source）区

在该区域中，用户可以指定要输入的对象、图块以及插入点。其主要选项为：

块（Block）单选按钮：指定要保存到文件中的图块。可从 Name 下拉列表框中选择一个图块名称。

整个图形（Entire Drawing）单选按钮：选择当前图形作为一个图块。

对象（Objects）单选按钮：指定要保存到文件中的对象。

下拉列表框（Name）：从中选择要输出的图块名称。

2. 基点（Base point）区

在此区域中，用户可以指定块的插入点。

在创建块定义时指定的插入点就成为该块将来插入的基准点，它也是块在插入过程中旋转或缩放的基点。理论上说，用户可以选择块上的任意一点或图形区中的一点作为基点。但为作图方便，应根据图形的结构选择基点。一般将基点选择在块的中心、左下角或其他有特征的位置。CASS 9.0 默认的基点是坐标原点。

用户可在屏幕上指定插入点，或在相应栏中输入插入点的 X、Y 和 Z 坐标值。如要在屏幕上指定插入点，可单击该区域中的拾取点（Pick）按钮，CASS 9.0 暂时关闭对话框并提示：

命令：wblock 指定插入基点：指定插入的基点。

在用户选择了对象后，又将重新显示制作图块对话框。

3. 对象（Objects）区

在这里，用户可以指定包括在新块中的对象，并可以指定是否保留、删除所选的对象或将它们转换成一个块。

在该区域中，包括以下控件：

（1）选择对象（Select）按钮：单击此按钮后，将暂时关闭对话框，提示用户选择要加入到块中的对象。提示：选择对象：指定要定义为块的对象。选定后回车，将回到制定图块对话框中去。

（2）快速选择 （Quick Select）图标按钮：拾取此按钮后，会弹出一个对话框并通过该对话框来构造一个选择集。

（3）保留（Retain）单选按钮：选择此选项将在创建块后，仍在图形中保留构成块的对象。

（4）转换为块（Convert to Block）单选按钮：选择此选项后，将把所选的对象作为图形中的一个块。

（5）从图形中删除（Delete）单选按钮：选择此选项将在创建块后，删除所选的原始对象。

4. 目标（Destination）区

在该区域中，用户可指定输出的文件的名称、位置以及文件的单位。

（1）文件名和路径（File Name）编辑框：指定块或对象要输出到的文件的名称。

（2）路径（Location）下拉列表框：指定文件保存的路径。

（3） （Browse）图标按钮：拾取此按钮，将显示一个"浏览文件夹"对话框。

（4）插入单位（Insert）下拉列表框：指定当新文件作为块插入时的单位。

4.5.20 插入图块

功能：把先前绘制的图形（图形文件、图块）插入到当前图形中来（执行 INSERT 命令）。

操作：左键点取本菜单后，会弹出一个对话框，如图 4-49 所示。

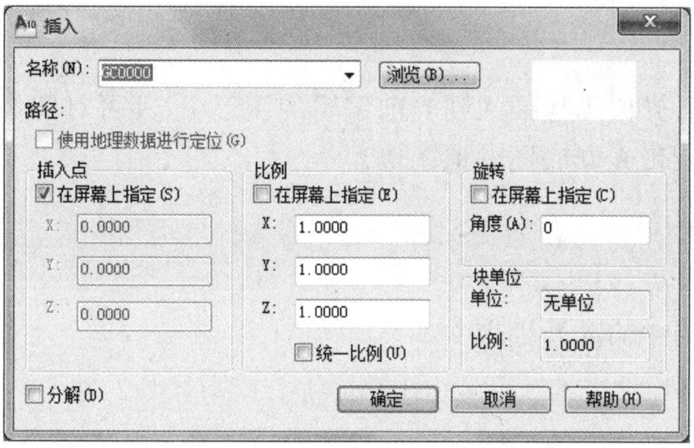

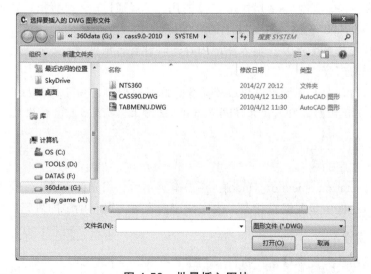

图 4-49　插入图对话框

"名称"栏中可直接填入需插入的"块"或"图形文件"名。

"浏览"键通过"驱动器-文件夹"的浏览方法，在图形界面上选择欲插入的"图形文件"名。

"插入点"栏中可通过输入插入点的坐标，指定插入后图块的基点位置；在"缩放比例"栏中输入 X、Y、Z 方向上的图形比例，"旋转"中输入图形旋转角度，可以确定插入图块相对于基点的缩放和旋转。如果在"在屏幕上指定"栏中打√，则插入基点坐标、图形比例、旋转角等均在屏幕图形上依命令栏提示输入。若在"分解"栏中打√，则插入后图块自动分离，不再作为一个整体存在。

参数设置完毕后，点击"确定"即可。

4.5.21　批量插入图块

功能：将选定的图形批量地插入到当前图形中来。

操作：左键点取本菜单后，会弹出一个对话框，如图 4-50 所示。

图 4-50　批量插入图块

批量选择需要插入的图块，点击"打开"即将图块插入。

4.5.22　光栅图像

本菜单的功能是将光栅图像插入到当前编辑的图形中,并可对图像进行简单的处理纠正,以便制作矢量化图形或带光栅底图的地图等。

4.5.23　文　字

以可视模式在图形中输入及处理文本。

1. 写文字

在指定的位置以指定大小书写文字,如图 4-51 所示。

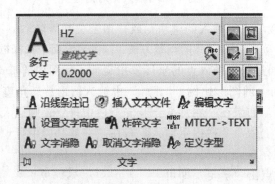

图 4-51　写文字子菜单

左键点取本菜单后,见命令区显示。

命令:　_dtext

当前文字样式:"HZ"　文字高度:0.2000　注释性:否

指定文字的起点或［对正（J）/样式（S）］:用光标或通过输入坐标指定注记位置的左下角。

指定高度 <0.2000>:输入注记文本的高度。

指定文字的旋转角度 <0>:输入注记内容逆时针旋转角度。

输入要注记的内容。

注意:输入的文本高是绘图输出后的高度,在当前图上,由于比例尺的因素,字高可能不同,例如 1:500 的图,输入注记字高是 3.0,图形上只有 1.5,出图放大一倍后才有 3.0。

2. 编辑文字

修改已注记文字的内容。

Select an annotation object or [Undo]:点击本菜单后,用光标点选一个文本实体,则该文字在一弹出式对话框中呈现编辑状态,改完注记内容后,回车确定即可完成修改。

3. 批量写文字

在一个边框中放入文本段落（执行 MTEXT 命令）。

左键点取本菜单后,见命令区提示。

Specify first corner:用光标输入边框一端端点。

Specify opposite corner or [Height/Justify/Line spacing/Rotation/Style/Width]:用光标输入

边框另一端点，或指定[高度/对齐方式/行间距/旋转/类型/宽度]，然后会出现如图 4-52 所示的对话框。

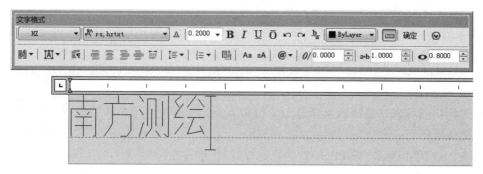

图 4-52　批量写文字

字体：用于给新输入的文字指定字体，或改变所选文字的字体。下拉列表中含有操作系统 TrueType 字体和 AutoCAD 提供的 SHX 字体。

字体高度：以当前图形单位来设置字符的高度。当在对话框中选择了文字时，AutoCAD 将所选文字的高度值显示在列表框中。

黑体：该按键用于设置新输入文字或所选文字是否为粗体格式。此选项只在当选择了 TrueType 字体时才有效。

斜体：该按键用于设置新输入文字或所选文字是否为斜体格式。此选项只在当选择了 TrueType 字体时才有效。

下划线：该按键用于设置新输入文字或所选文字是否有下划线。

取消：该按键将放弃在对话框中的最后一次操作。

堆积：选择此按键将使所选的两部分文字堆叠起来。在使用此键前，所选文字中必须要有一个"/"符号，用来将所选文字分成两部分并在上下两部分，之间画一条横线。另外，可以用"∧ Φ"符号代替"/"，只是在上下两部分之间不画横线。

文本颜色：用于设置新输入文字的颜色或改变所选文字的颜色。

插入符号：选择此按键可在当前光标位置处插入一些特殊符号。AutoCAD 在加入特殊字符时，要用到一些控制字符。%%p 表示+、– 号，%%c 表示直径符号"∅"，%%d 表示度"°"。

4. 沿线条注记

沿一条直线或弧线注记文字。

5. 插入文本文件

通过此功能可将文本文件插入到当前图形中去。

执行此菜单后，命令区提示：

命令：rtext

正在初始化...

Current settings：Style=HZ　Height=0.2000　Rotation=0

Enter an option [Style/Height/Rotation/File/Diesel] <File>：

Specify start point of RText：

Current values：Style=HZ   Height=0.2000   Rotation=0

Enter an option [Style/Height/Rotation/Edit]：输入待插入的文本文件名。可通过中括号内的选项来设置文件插入的高度、旋转角等参数。

6. 炸碎文字

将文字炸碎成一个个独立的线状实体。

7. 文字消隐

通过此功能可以遮盖图形上穿过文字的实体，如穿高程注记的等高线。

执行此菜单后，命令区提示：

命令：（ARXLOAD "WIPEOUT"）

；错误：ARXLOAD 失败

命令：textmask

Current settings：Offset factor = 0.3500，   Mask type = Wipeout

Select text objects to mask or [Masktype/Offset]：直接在图上批量选取文字注记即可。还可通过 M 参数设置消隐方式，通过 O 参数设置消隐范围。

说明： 如果将用此功能处理过的文字移动到别处，原被遮盖的实体将重新显示出来，而文字新位置下的实体却会被遮盖。

8. 取消文字消隐

上一项操作的逆操作。

9. 查找替换文字

在整张图上查找文字或替换图上文字。

10. 定义字型

控制文字字符和符号的外观，如图 4-53 所示。

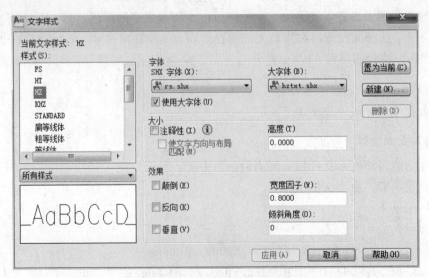

图 4-53　定义字型对话框

说明：按"新建"按钮可创建新文字样式，若要给已有样式改名，则按"重命名"按钮。"SHX 字体"编辑栏中可指定字体，"大字体"编辑栏中可指定汉字字体。"高度"编辑栏中可设置文字的高度，"颠倒"和"反向"分别用来控制文字倒置放置和反向放置。"垂直"用于控制字符垂直对齐的显示，"宽度比例"用于设置文字宽度相对于文字高度之比。如果比例值大于 1，则文字变宽；如果小于 1，则文字变窄。"倾斜角度"用于设置文字的倾斜角度。

11. 变换字体

改变当前默认字体。

12. 设置文字高度

改变字体高度。

13. 查询

用本菜单可打开 AutoCAD 的文本窗口，查看当前图形文件的各种信息，如图 4-54 所示。

图 4-54　查询菜单子菜单

（1）列图形表。列举实体的各项信息（执行 LIST 命令），如线段的起始坐标、线形、图层、颜色等，如果是复合线，还可以查看该复合线的线宽、是否闭合等。

左键点取本菜单后，命令区提示选择对象：用光标选择待查看的图形实体后，回车即可。

（2）工作状态。显示图形当前的总体信息（执行 STATUS 命令），左键点取本菜单后即可。

4.6　编辑（Edit）

　　CASS 9.0 编辑菜单主要通过调用 AutoCAD 图形编辑命令，利用其强大丰富、灵活方便的编辑功能来编辑图形，菜单如图 4-55 所示。

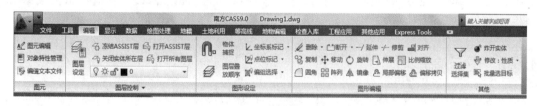

图 4-55　编辑菜单栏

4.6.1　编辑文本文件

　　功能：直接调用 Windows 的记事本来编辑文本文件，如编辑权属引导文件或坐标数据文件。

　　操作：左键点取本菜单后，选择需要编辑的文件即可。

4.6.2 对象特性管理

功能： 管理图形实体在 AutoCAD 中的所有属性。

操作： 左键点取本菜单后，就会弹出对象特性管理器，如图 4-56 所示。

对象特性管理器的主要特点：

（1）在对象特性管理器中，特性可以按类别排列，也可按字母顺序排列。

（2）对象特性管理器窗口大小可变并可锁定在 AutoCAD 主窗口上。另外，还可自动记忆上一次打开时的位置、大小及锁定状态。

（3）在对象特性管理器中提供了 QuickSelect 按钮，从而可以方便地建立供编辑用的选择集。

（4）在以表格方式出现的窗口中，提供了更多可供用户编辑的对象特性。

（5）选择单个对象时，对象特性管理器将列出该对象的全部特性；选择了多个对象时，对象特性管理器将显示所选择的多个对象的共有特性；未选择对象时，将显示整个图形的特性。

（6）双击对象特性管理器中的特性栏，将依次出现该特性所有可能的取值。

图 4-56　对象特性管理器对话框

（7）改所选对象特性时可用如下方式：输入一个新值，从下拉列表中选择一个值，用"拾取"按钮改变点的坐标值。

（8）不管选择任何对象，AutoCAD 都将在对象特性管理器中列出对象的通用特性以供编辑者作相应设置。通用特性包括：颜色、图层、线型、线型比例、线宽、厚度、打印样式、超级链接。

利用对象特性管理器可通过屏幕点击，或者在对话框中输入选择对象属性值的方法，选中符合某些特性的多个元素，对其属性值进行统一的编辑、修改，或执行制作成图块等操作。

4.6.3 图元编辑

功能： 对直线、复合线、弧、圆、文字、点等各种实体进行编辑，修改它们的颜色、线型、图层、厚度等属性（执行 DDMODIFY 命令）。

操作： 左键点取本菜单后，见命令区提示。

提示： Select one object to modify：用光标选择目标后（如一段多义线），会弹出一个对话框，如图 4-57 所示。选中不同类型的图形实体就会弹出相应的对话框，对话框的基本选项包括：颜色、图层、线型、厚度、线型比例，以及图形实体的其他信息。可按需要选择合适的项目对对象特性进行编辑。

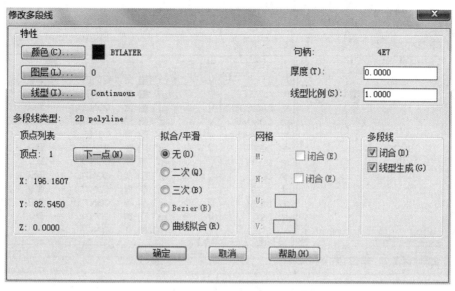

图 4-57　多段线图元编辑对话框

不同于对象特性管理器，图元编辑命令只能通过屏幕点击选中编辑目标，并且每次只能对一个图形元素进行编辑。

4.6.4　图层控制

功能：控制图层的创建和显示，如图 4-58 所示。

说明：图层是 AutoCAD 中用户组织图形最有效的工具之一。用户可以利用图层来组织、管理图形，例如利用各个图层不同的颜色、线型和线宽等特性来区分不同的对象，或单独执行对某些图层的关闭、删除、转移等操作。

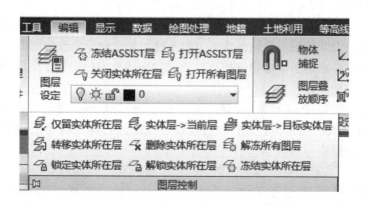

图 4-58　图层控制子菜单

左键点取"图层设定"菜单项后，会弹出图层特性管理器对话框，如图 4-59 所示。对话框中包含了图层的名称、颜色、线型、线宽等特性，可以点击选中这些特性进行修改或对图层执行创建、删除、锁定/解锁、冻结/解冻、禁止某图层打印等操作。

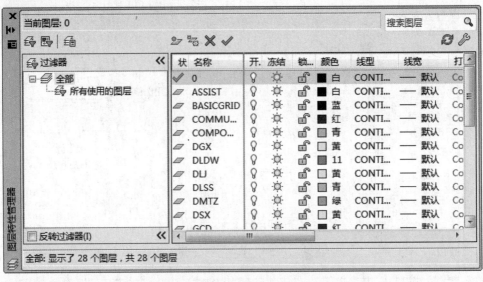

图 4-59　图层特性管理器对话框

利用此对话框，编辑者可以方便、快捷地设置图层的特性及控制图层的状态。但要指出，对话框中线型特性的修改，只对修改后绘制的图形元素有效，而其余特性，如颜色、可视性等特性的修改，则立即对所选择图层或图层内图形元素生效。

图 4-58 中常用的三个图层控制开关的含义是：

（1）打开/关闭：用于控制图层的可见性。当关掉某一层后，该层上所有对象就不会在屏幕上显示，也不会被输出。但它仍存在于图形中，只是不可见。在刷新图形时，还是会计算它们。

（2）解冻/冻结：用户可以冻结一个图层而不用关闭它，被冻结的图层也不可见。冻结与关闭的区别在于在系统刷新时，简单关闭掉的图层在系统刷新时仍会刷新，而冻结后的图层在屏幕刷新期间将不被考虑。但以后解冻时，屏幕会自动刷新。

（3）锁定/解锁：已锁定的图层上的对象仍然可见，仍可在该图层上绘制对象、改变线型和颜色、冻结它们以及使用对象捕捉模式，但不能用修改命令来改变图形或删除。

为了编辑者更易理解图层控制过程及意义，CASS 9.0 专门定制了图层控制子菜单，使图层控制更直观、快捷。

图层控制子菜单包括 14 项菜单，除"图层设定"子菜单用左键点取后会弹出图层特性管理理器对话框（图 4-58）供编辑者进行各种设置外，其他 13 项子菜单的作用都可按其字面意义理解，直接点击操作。

4.6.5　图形设定

功能：对屏幕显示方式及捕捉方式进行设定，如图 4-60 所示。

1. 坐标系标记

当设定为"ON"时，屏幕上显示坐标系标记；设定

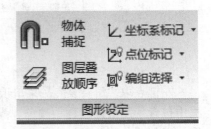

图 4-60　图形设定命令子菜单

为"OFF"时，取消显示。

2. 点位标记

当设定为"ON"时，光标进行的点击操作都会在屏幕上留下十字标记；设定为"OFF"时，点击操作不会留下痕迹。

3. 编组选择

控制组选择和相关的区域填充。当设为"OFF"时可以单独选择编组里的单个实体，设为"ON"时一次选择可能包含很多实体的编组。

4. 物体捕捉

用于设定捕捉方式。左键点取本菜单后，会弹出一对话框，如图 4-61 所示。可在捕捉和栅格、极轴追踪、对象捕捉和动态输入四个页面中作物体捕捉的有关设置。

说明： 外观交点（Apparent Int）可用来捕捉所有的外观交点，不管它们在立体空间中是否相交。在捕捉诸如等高线与公路的交点时，此捕捉方式会很有效。

延伸点（Extension）可用来捕捉直线或圆弧的延长线上的点。

图 4-61　设定物体捕捉对话框

5. 图层叠放顺序

可通过该功能改变图层的叠放顺序。

操作： 点取本命令菜单后看系统提示。

提示： 选择对象：选择要修改的实体。

输入对象排序选项 [对象上（A）/对象下（U）/最前（F）/最后（B）]<最后>：选择要叠放的位置，若选最前（F）/最后（B）直接改变其顺序，若选对象上（A）/对象下（U）则有如下提示：

选择参照对象：选择一个参考图层的实体。

4.6.6 编组选择

功能：编组开关关闭后可以单独编辑骨架线或填充边界。

当设定为"ON"时，表示编组开关打开；设定为"OFF"时，表示编组开关关闭。

4.6.7 删 除

功能：提供 9 种方式指定删除对象，如图 4-62 所示。

全部 9 种删除对象的含义明确，分别是：选择多重目标并删除，选择单个目标并删除，删除上个选定目标（最后生成的一个目标），删除实体所在编码，删除特定文字，删除实体所在图层，删除实体所在图元的名称，删除实体所在线型，删除实体所在（图）块名。

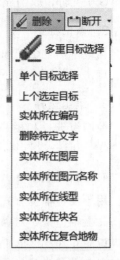

图 4-62　删除命令子菜单

4.6.8 断 开

功能：通过指定断开点把直线、圆（弧）或复合线断开，并删除断开点之间的线段（执行 BREAK 命令），如图 4-63 所示。

1. 选物体，第 2 点

左键点取本菜单后，按命令区提示选择目标（注意：选定的目标点即作为第一点），再按提示输入第二点，然后就会自动删除线上两点之间的部分。

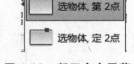

图 4-63　断开命令子菜单

2. 选物体，定 2 点

左键点取本菜单后，先选择目标，然后在线上选择两点，则自动删除所选两点间的线段。不同的是，执行此菜单时，不把选择目标时定的点作为断开的第一点。

4.6.9 延 伸

功能：将直线、圆弧或多义线延伸到一个边界上（执行 EXTEND 命令）。

操作：左键点取本菜单后，见命令区显示。

提示：选择对象：选择要延伸到的边界，回车确认。

选择要延伸的对象，或按住 Shift 键选择要修剪的对象，或[栏选（F）/窗交（C）/投影（P）/边（E）/放弃（U）]：选择要被延伸的线条。可多次选取，回车结束选取。

4.6.10 修 剪

功能：以指定边界（剪切边）对直线、圆（弧）线或多义线进行修剪（执行 TRIM 命令）。

操作：左键点取本菜单后，见命令区显示。

提示：选择对象：选择剪切边界，用回车确认。

选择要修剪的对象，或按住 Shift 键选择要延伸的对象，或［栏选（F）/窗交（C）/投影（P）/边（E）/删除（R）/放弃（U）］：选定要剪掉的部分。可多次选取，回车结束选取。

4.6.11　对　齐

功能：将调入的栅格图像定位至与实地坐标一致的位置。

操作：左键点取本菜单后，见命令区显示。

提示：选择对象：选择要定位的图像，可多次选取，回车结束选取。

指定第一个源点：选取图像上第一个点。

指定第一个目标点：选取第一个点目标位置。

指定第二个源点：选取图像上第二个点。

指定第二个目标点：选取第二个点目标位置。

指定第三个源点或 <继续>：直接回车。

说明：可自动移动、旋转和缩放图像至所需位置。

4.6.12　移　动

功能：将一组对象移到另一位置（执行 MOVE 命令）。

操作：左键点取本菜单后，见命令区显示。

提示：选择对象：用光标选取要被移动的目标。可多次选取，回车结束。

指定基点或 [位移（D）] <位移>：指定移动基点。

指定第二个点或 <使用第一个点作为位移>：指定基点移动的目标点。

4.6.13　旋　转

功能：相对于指定基点对指定的实体进行旋转（执行 ROTATE 命令）。

操作：左键点取本菜单后，见命令区显示。

选择对象：选定要旋转的目标，可多次选取，回车结束选取。

指定基点：给定对象旋转所绕的基点。

指定旋转角度，或[复制（C）/参照（R）] <0>：可以直接用鼠标拖动旋转，也可以输入正负旋转角或键入 R 选择参照（R）选项。

技巧：如果对象必须参照当前方位来旋转，可以用参照（R）选项。指定当前方向作为参考角或通过指定要旋转的直线的两个端点，从而指定参考角，然后指定新的方向。系统会自动计算转角并相应地旋转对象。

4.6.14　比例缩放

功能：相对于指定基点改变所选目标的大小（执行 SCALE 命令）。

操作：左键点取本菜单后，见命令区显示。

提示：选择对象：选定要比例缩放的对象，回车结束选取。

指定基点：给定操作基点。

指定比例因子或 [复制（C）/参照（R）] <1.0000>：输入比例因子。

说明：要放大一个对象，可输入大于 1 的比例因子。如要缩小一个对象，可用 0 到 1 之间的比例因子，比例因子不能用负值。例如，比例因子为 0.25 时所选定的对象将缩小到当前的 1/4 大。

如果要将对象参照某一图上尺寸缩放，可以用参照（R）选项。在缩放对象上指定一参照长度，然后在参照图形上指定新长度。系统会自动计算缩放比例并相应地缩放对象。

比例缩放功能可以选择多个图元进行缩放，但只能针对一个基点。

4.6.15 伸 展

功能：伸展图形的指定部分，而不会影响其他不作改变的部分（执行 STRETCH 命令）。

操作：左键点取本菜单后，见命令区提示。

提示：以交叉窗口或交叉多边形选择要拉伸的对象…

选择对象：_c：用光标拉框选取对象，回车结束选取。

指定基点或 [位移（D）]：给定基点或回车。

指定第二个点或 <使用第一个点作为位移>：指定位移的第二点或回车。

注意：要拉伸的对象必须交叉窗口或交叉多边形的方式来选取。在使用此命令时，与对象选取窗相交的对象会被拉伸；完全在选取窗外的对象不会有任何改变；而完全在选取窗内的对象将发生移动。

4.6.16 阵 列

功能：用于将所选定的对象生成矩形或环形的多重复制（执行 ARRAY 命令）。

操作：左键点取本菜单后，如图 4-64 所示。

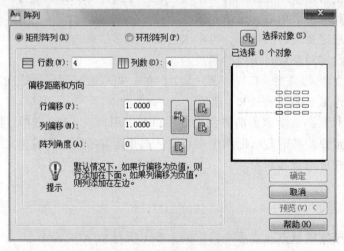

图 4-64 阵列对话框

提示：选择阵列形式：矩阵、环形阵列。

输入行列数。

偏移距离和方向：指定行列间距离和阵列角度。

选择对象：　⊡ 选择对象(S)

4.6.17　复　制

功能：将选中的实体复制到指定位置上（执行 COPY 命令）。

操作：左键点取本菜单后，见命令区提示。

提示：选择对象：选择要被复制的对象，回车结束选取。

当前设置：复制模式 = 多个

指定基点或［位移（D）/模式（O）］<位移>：给定一个基点，或输入 M 进行多重复制。

指定第二个点或 <使用第一个点作为位移>：给定第二个点。若是输入了 M 进行多重复制，则可重复进行复制，回车结束。

4.6.18　镜　像

功能：根据镜像线以相反的方向将指定实体进行复制（执行 MIRROR 命令）。

操作：左键点取本菜单后，见命令区提示。

提示：选择对象：选择需镜像复制的实体，回车结束选取。

指定镜像线的第一点：给定一点以确定镜像线的第一个点。

指定镜像线的第二点：给定一点以确定镜像线的第二个点。

要删除源对象吗？[是（Y）/否（N）] <N>：是否删除源对象。

4.6.19　圆　角

功能：将折线弧、圆之间按指定的半径绘制一条平滑的圆弧曲线（执行 FILLET 命令）。

操作：左键点取本菜单后，见命令区提示。

提示：请输入圆角半径（1.000）：输入圆角半径括号内为默认值。

请选择第一条边：选择第一条边。

请选择第二条边：FILLET 选择第二条边。

当前设置：模式 = 修剪，半径 = 1.0000

选择第一个对象或 ［放弃（N）/多段线（P）/半径（R）/修剪（T）/多个（U）］：

选择第一个对象或 ［放弃（N）/多段线（P）/半径（R）/修剪（T）/多个（U）］：

选择第二个对象，或按住 Shift 键选择要应用角点的对象：

选择第二个对象，或按住 Shift 键选择要应用角点的对象：

4.6.20　偏移拷贝

功能：生成一个与指定实体相平行的新实体（执行 OFFSET 命令）。

操作：左键点取本菜单后，见命令区提示。

提示：指定偏移距离或 [通过（T）/删除（E）/图层（L）] <1.0000>：指定偏移距离或输入 T 来选择 Through 选项。

选择要偏移的对象，或 [退出（E）/放弃（U）] <退出>：选择要偏移的对象。

指定要偏移的那一侧上的点，或 [退出（E）/多个（M）/放弃（U）] <退出>：在对象的一边拾取一点，确定偏移的方向。

选择要偏移的对象，或 [退出（E）/放弃（U）] <退出>：选择另外要偏移的对象，回车结束选取。

注意：有效对象包括直线、圆弧、圆、样条曲线和二维多义线。如果选择了其他类型的对象（如文字），将会出现错误信息。

4.6.21 批量选目标

功能：通过指定对象类型或特性（如颜色、线型等）作为过滤条件来选择对象。

操作：先运行一个编辑命令，当提示选择实体时左键点取本菜单后，见命令区提示。

提示：Enter filter option [Block name/Color/Entity/Flag/LAyer/LType/Pick/Style/Thickness/Vector]：输入过滤条件[图块名/颜色/实体/标记/图层/线型/拾取/字型/厚度/矢量]。

说明：在使用其他编辑命令时，可加入此命令，以所需要的条件从当前图形中过滤出对象。例如，当使用了"删除"命令后，再使用"批量选目标"命令来选择要删除的对象。可以输入多个过滤条件，各条件之间是"与"的关系。此功能适用于目标离散且较多但具有相同属性时，可一次性准确选择多个目标。

4.6.22 修 改

功能：提供对点、线等实体的特性修改，如图 4-65 所示。

图 4-65　修改命令子菜单

1. 性 质

修改选中实体的图层、线型、厚度等特性（执行 CHANGE 命令），左键点取本菜单后，见命令区提示。

选择对象：选取需改变性质的对象，回车结束选取。

指定修改点或 [特性（P）]：键入"P"后回车。

输入要更改的特性 [颜色（C）/标高（E）/图层（LA）/线型（LT）/线型比例（S）/线宽（LW）/厚度（T）/材质（M）/注释性（A）]：输入所需改变的属性（颜色/图层/线型/线型比例/线宽/厚度）。

2. 颜 色

直观修改选中实体的颜色，左键点取本菜单后，会弹出一个对话框，如图 4-66 所示。

选择所需的颜色，按"确定"键，然后命令区会出现提示：

提示：选择对象：选取需改变颜色的对象，回车结束选取。

图 4-66   修改颜色对话框

4.6.23   炸开实体

功能： 将图形、多义线等复杂实体分离成简单线形实体。

操作： 选取本命令后再选择要炸开的实体。

4.6.24   过滤选择集

功能： 仿照 AutoCAD 对象特性管理器中的 "快速选择"，结合 CASS 的特点。快速选择图形实体，如图 4-67 所示。

操作： 同 AutoCAD 对象特性管理器中的 "快速选择"，选择 "运用范围" "对象类型" 和 "特性" 等之后，点击 "确定"，所有符合条件的图形元素都被选中，以高亮显示。

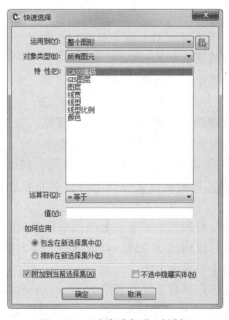

图 4-67   过滤选择集对话框

4.7 显示（View）

在 CASS 9.0 中观察一个图形可以有许多方法，掌握好这些方法，将提高绘图的效率。与以前版本特别不同的是，CASS 9.0 利用 AutoCAD 2010 的新功能，为用户提供了对对象的三维动态显示，使视觉效果更加丰富多彩。显示菜单如图 4-68 所示。

图 4-68　显示菜单栏

4.7.1　重画屏幕

功能：用于清除屏幕上的定点痕迹。

操作：左键点取本菜单即可。

说明：当所见的图形不完整时，可以使用此命令。例如，如果在同一地方画了两条线并擦去了一条，好像两条线都被擦去，这时激活此命令，第二条线就会再次显现。重画屏幕命令也可用于去除屏幕上无用的标记符号。

4.7.2　显示缩放

功能：通过局部放大，使绘图更加准确和详细，如图 4-69 所示。

菜单选项解释：

窗　口：执行此命令后，用光标在图上拉一个窗口，则窗内对象会被尽可能放大以填满整个显示窗口。

前　图：执行此命令后，显示上一次显示的视图。

动　态：执行此命令后，可以见到整个图形，然后通过简单的鼠标操作就可确定新视图的位置和大小。当新视图框中央出现"X"符号时，表示新视图框处于**平移**状态。

图 4-69　显示缩放命令菜单栏

按一下鼠标左键后，"X"符号消失，同时在新视图框的右侧边出现一个方向箭头，表示新视图框处于**缩放**状态。只需按鼠标左键就可在平移状态与缩放状态之间切换，按右键表示确认显示。

全　图：使用这个命令可以看到整个图形。如果图形延伸到图限之外，则将显示图形中的所有实体。实际作业时，有时使用此命令后，好像屏幕上什么都没有，这是因为图形实体间相距过远，使得整个图形缩小以显示全图。

尽量大：使用此命令也可在屏幕上见到整个图形。与全图选项不同的是，它用到的是图形范围而不是图形界限。

4.7.3　平　移

功能： 使用此命令在屏幕上移动图形，观看在当前视图中的图形的不同部分，而无须缩放。

操作： 点击本菜单后，屏幕上会出现一个"手形"符号，按住左键拖动即可。

4.7.4　鹰　眼

功能： 辅助观察图形，为可视化地平移和缩放提供了一个快捷的方法。

操作： 左键点取本菜单后，会弹出一对话框，如图 4-70 所示。

图 4-70　鸟瞰视图对话框

说明： 新视图框的大小和位置可由鼠标来控制。当新视图框中央出现"X"符号时，表示新视图框处于**平移**状态。按一下鼠标左键后，"X"符号消失，同时在新视图框的右侧边出现一个方向箭头，表示新视图框处于**缩放**状态。只需按鼠标左键就可在平移状态与缩放状态之间切换。

4.7.5　三维静态显示

功能： 提供多种静态显示三维图形的方法，如图 4-71 所示。

菜单选项解释：

角度：激活此命令，会弹出一对话框，如图 4-72 所示。用户使用此对话框，通过指定视点与 X 轴的夹角以及与 XY 平面的夹角便可确定 3D 视图观察方向。

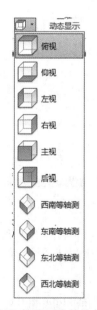

图 4-71　显示菜单三维静态显示子菜单

可以在对话框中的图像上直接指定观察角度或者在编辑框中输入相应的数值。单击 Set to Plan View 按钮可以设置观察角度，以显示相对于所选择的坐标系的平面图。

视点：用户观察图形或模型的方向叫作视点。激活此命令后，见命令区提示。

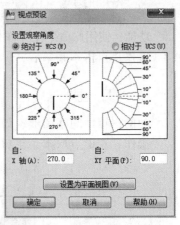

提示：当前视图方向：VIEWDIR=0.0000，0.0000，1.0000

指定视点或 [旋转（R）]<显示坐标球和三轴架>：输入坐标值确定一个视点的位置。默认选项为显示坐标球和三轴架，此选项将在屏幕上显示一个罗盘标志和三维坐标架。详见下面的坐标轴命令。

坐标轴：如图 4-73 所示，圆形罗盘是地球的二维表示。中心点代表北极（0，0，1），内圆表示赤道，外圆表示南极（0，0，–1）。小十字（+）显示在罗盘上，可用鼠标移动。如果十字在内圆里，就是在赤道上向下观察模型；如果十字在外圆里，就是从图形的下方观察。移动小十字，三维坐标架便旋转，以显示在罗盘上的视点。当获得满意的视点后，按下鼠标左键或回车，图形将重新生成，体现新视点的位置。

图 4-72　角度设置对话框

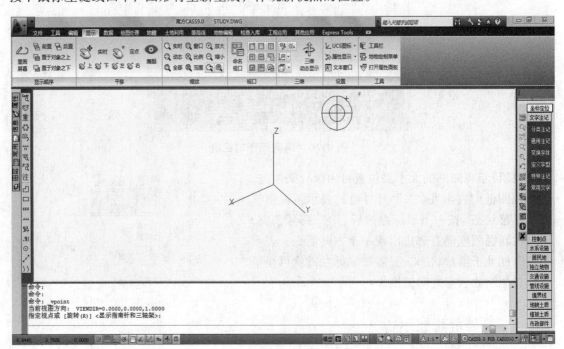

图 4-73　视点命令的罗盘和三维坐标架

东北角、东南角、西北角、西南角：用户通过这些选项，无须再使用坐标轴命令，即可快捷方便地从各种角度对图形进行观察。

4.7.6　三维动态显示

功能：AutoCAD 2010 新增功能。新提供了一组命令，使用户可以实时地、交互地、动态地操作三维视图。

操作：左键点取本菜单后，CASS 9.0 将进入到交互式的视图状态中，如图 4-74 所示。

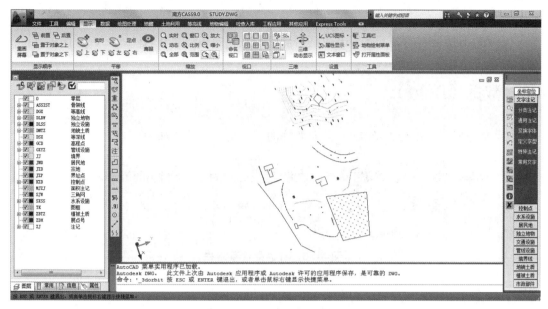

图 4-74　交互式视图状态

　　当进入到交互式视图状态中后，用户可以通过鼠标操作来动态地操纵三维对象的视图。当以某种方式移动光标时，视图中的模型将随之动态地发生变化。用户可以直观、方便地操纵视图中的对象，直到得到满意的视图为止。

　　当进入到交互式视图状态中时，视图将显示一个分为 4 个象限的轨迹圆。当光标移动到轨迹圆的不同部分时，将显示为不同的光标形状，表明视图不同的旋转方向。当光标处在轨迹圆内、外、轨迹圆上的上下两个象限点以及轨迹圆的左右两个象限点上时，光标的形状是不一样的。

　　用户此时还可以从右键快捷菜单中访问动态显示命令的附加选项，快捷菜单如图 4-75 所示。

　　现详细介绍一下如何通过此快捷菜单实现对模型的连续动态观察。

　　在快捷菜单中选择"其他导航模式"，然后从弹出的子菜单中选择"连续动态观察"。当在图形区中单击鼠标左键并朝任何方向拖动光标时，图形中的对象将沿光标

图 4-75　三维动态显示的快捷菜单

拖动的方向开始移动或转动。松开鼠标左键后，对象将继续自动沿指定的方向移动或转动。光标移动的速度决定了视图中模型转动的速度。

　　用户可通过重新单击并拖动鼠标来改变图形连续旋转的方向。

4.7.7　多窗口操作功能

　　功能：层叠排列、水平排列、垂直排列、图标排列等都是为用户在进行多窗口操作时所

提供的窗口排列方式。

"显示"下拉菜单的最下面列出的是当前已经打开的图形文件名。

4.8　数据（Data）

本菜单包括了大部分 CASS 9.0 面向数据的重要功能，菜单如图 4-76 所示。

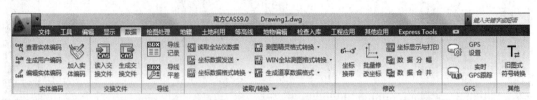

图 4-76　数据处理菜单栏

4.8.1　查看实体编码

功能：显示所查实体的 CASS 9.0 内部代码以及属性文字说明。

操作：左键点取本菜单后，见命令区提示。

提示：选择图形实体<直接回车退出> 用光标选取待查实体。

4.8.2　加入实体编码

功能：为所选实体加上 CASS 9.0 内部代码（赋属性）。

操作：左键点取本菜单后，见命令区提示。

提示：输入代码（C）/<选择已有地物>：这时用户有两种输入代码方式。

（1）若输入代码 C 回车，则依命令栏提示输入代码后，选择要加入代码的实体即可。

（2）默认方式下为"选择已有地物"，即直接在图形上拾取具有所需属性代码的实体，将其赋予给要加属性的实体。首先用鼠标拾取图上已有地物（必须有属性），则系统自动读入该地物属性代码。此时依命令行提示选择需要加入代码的实体（可批量选取），则先前得到的代码便会被赋给这些实体。系统根据所输代码自动改变实体图层、线型和颜色。

4.8.3　生成用户编码

功能：将 index.ini 文件中对应图形实体的编码写到该实体的厚度属性中去。

说明：此项功能主要为用户使用自己的编码提供可能。

4.8.4　编辑实体地物编码

功能：相当于"属性编辑"，用来修改已有地物的属性以及显示的方式。

首先点击"数据"→"编辑实体地物编码"，然后选择地物实体，当选择的是点状地物时，弹出如图 4-77 所示对话框，当修改对话框中的地物分类和编码后，地物会根据新的编码变换图层和图式；当修改符号方向后点状地物会旋转相应的方向，也可以点击"…"通过鼠标自行确定符号旋转的角度。

当选择的地物实体是线状地物时，弹出如图 4-78 所示的对话框，可以在其中修改实体的地物分类、编码和拟合方式，复选框"闭合"决定所选地物是否闭合，"线型生成"相当于"地物编辑"→"复合线处理"→"线性规范化"。

图 4-77　修改点状地物

图 4-78　修改线状地物

4.8.5　生成交换文件

功能：将图形文件中的实体转换成 CASS 9.0 交换文件。

操作：左键点取本菜单后，会弹出一个对话框，如图 4-79 所示。

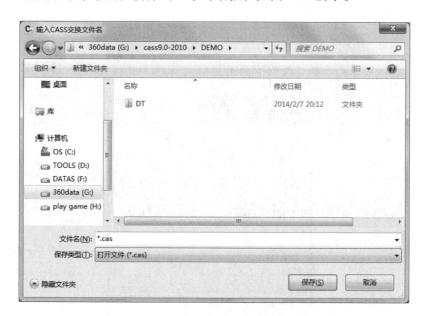

图 4-79　生成交换文件对话框

在文件名栏中输入一个文件名后按保存即可，生成过程中命令栏会提示正在处理的图层名。

4.8.6 读入交换文件

功能：将 CASS 9.0 交换文件中定义的实体画到当前图形中，和"生成交换文件"是一对相逆过程。

操作：左键点取本菜单后，会弹出一个对话框，与图 4-79 相似。在文件名栏中输入一个文件名后按打开即可。

4.8.7 屏幕菜单功能切换

功能：将右侧屏幕菜单功能在绘制和匹配之间进行切换，这里匹配是指将未加属性的实体直接加上相应的属性。

操作：左键点取本菜单，弹出如图 4-80 所示的对话框，输入相应地物编码，则命令行提示：

提示：输入地物编码：<141101>

选择要加属性的实体：

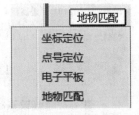

选择对象：选择要加属性的实体（可多选）并回车即可。再执行本菜单其他命令时切换到地物绘制状态。

图 4-80　屏幕菜单功能切换下拉菜单

注意：在右侧屏幕菜单选择地物种类时，只有该地物编码前有"DD"标识才能进入匹配状态。如"^C^C^PDD;141101;^P"（一般房屋）可以直接匹配，而像"^C^C^Pfourpt;1;^P"无"DD"标识（四点房屋）则不能直接匹配。

4.8.8 导线记录

功能：生成一个完整的导线记录文件，用于做导线的平差。

操作：左键点取本命令后系统弹出如图 4-81 所示的对话框。

图 4-81　导线记录对话框

导线记录文件名：将导线记录保存到一个文件中。点击"..."按钮，弹出如图 4-82 所示的对话框，新建或选择一个导线记录文件（扩展名为.SDX）后保存。

图 4-82　保存导线记录对话框

起始站：输入导线开始的测站点和定向点坐标和高程，点击"图上拾取"按钮可直接在图上捕捉相应的测站点或定向点。

终止站：输入导线结束的测站点和定向点坐标和高程，点击"图上拾取"按钮可直接在图上捕捉相应的测站点或定向点。

测量数据：输入外业测得每站导线记录的数据，包括斜距、左角、垂直角、仪器高和棱镜高。每输完一站后点"插入（$\underline{I}$）"按钮，若要更改或查看某站数据可点"向上（$\underline{P}$）"或"向下（$\underline{N}$）"按钮，若要删除某站数据，找到该站后点"删除（$\underline{D}$）"按钮。记录完一条导线之后点"存盘退出"。若不想存盘则可点"放弃退出"。

4.8.9　导线平差

功能：对导线记录做平差计算。

操作：左键点取本菜单命令后弹出如图 4-83 所示的对话框。

图 4-83　导线平差对话框

选择导线记录文件，点击打开，系统自动处理后给出精度信息如图 4-84 所示。

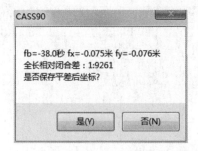

图 4-84　显示平差精度

如果符合要求，则点击"是"按钮后系统提示如图 4-85 所示，提示将坐标保存到文件中。

图 4-85　保存坐标数据对话框

注意：本功能只能处理单导线平差。

4.8.10　读取测量数据

功能：将电子手簿或全站仪内存中的数据导入 CASS 9.0 中，并形成 CASS 9.0 专用格式的坐标数据文件。

操作：点取本菜单后弹出数据转换对话框，如图 4-86 所示。

仪器：在仪器栏选项中点击右边下拉箭头，可选择仪器类型或电子手簿，CASS9.0 支持的仪器类型及数据格式如图 4-87 所示。

图 4-86　读全站仪数据转换对话框

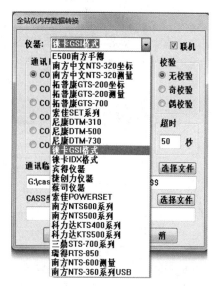

图 4-87　仪器类型选择下拉列表

联机：若选中复选框，则直接从仪器内存中（否则就在通信临时文件栏中）选择一个由其他通信方式得到的相应格式的数据文件（一般是由读取相应格式的数据文件，各类仪器自带的通信软件转换或超级终端传输得到的数据文件）。

通信参数：通信参数包括通信口、波特率、数据位、停止位和校验等几个选项设置时，应与全站仪上通信参数设置一致。

超时：若软件没有收到全站仪的信号则在设置好的时间内自动停止，系统默认的时间是10 s。

通信临时文件：打开由其他通信传输方式得到的相应格式的数据文件（一般是由各类仪器自带的通信软件转换或超级终端传输得到的数据文件）。

CASS 坐标文件：将转换得到数据保存为 CASS 9.0 的坐标数据格式。

4.8.11　坐标数据发送

功能：将 CASS 中坐标数据直接发送到电子手簿或带内存的全站仪中去。发送目标共 6 类，如图 4-88 所示。

操作：微机→拓普康 GTS-211。

功能：将微机的坐标数据文件传输到 TOPCON GPT3002L 中去。

操作：点取本命令后提示输入坐标数据文件名，出现如图 4-89 所示界面，选择相应的文件后点"打开"，再依照系统提示操作。

提示：请选择通信口：1.串口 COM1 2.串口 COM2 3. 串口 COM3 4.串口 COM4 <1>：选择串口。

图 4-88　坐标数据发送子菜单

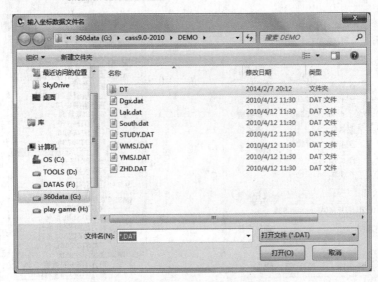

图 4-89　提示输入要保存到的目标文件名

请设置拓普康 GTS-211D 通信参数为：ONE WAY（通信协议），1200（波特率），N（校验），8（数据位），1（停止位）：设定完成后则系统弹出如图 4-90 所示的对话框。

设置好 TOPCON GPT3002L 后回车，再在计算机上回车则开始传送坐标数据，每传输一个点的坐标，GPT3002L 会鸣一声。

微机→南方 NTS-320。

功能：将微机的数据文件传输到带内存的全站仪中去。

操作：与全站仪向 TOPCON GPT3002L 传输操作方法类似，按提示操作即可。

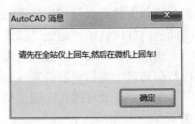

图 4-90　全站仪等待计算机信号

4.8.12　坐标数据格式转换

功能：本功能可将南方 RTK 和海洋成图软件 S-CASS 的坐标数据转换成 CASS 9.0 格式，另外现在很多全站仪带有内存，可代替电子手簿存储野外数据，本功能可把各种全站仪的坐标数据文件转换成 CASS 9.0 的坐标数据文件，菜单如图 4-91 所示。

以索佳 SET 系列为例说明：当选择了此菜单后，会弹出一对话框，在文件名栏中输入相应的索佳 SET2100 坐标数据文件名后按"打开"按钮，又弹出一对话框，输入要转换的 CASS 9.0 数据文件名后按"保存"按钮，格式转换即完成。

图 4-91　数据格式转换命令子菜单

4.8.13　测图精灵格式转换

功能：将测图精灵（南方测绘仪器公司的野外采集器）采集的数据图形传输到 CASS 成图软件中出图。

操作：将测图精灵与计算机连接好后，将采集到的图形文件*.spd 文件拷贝到计算机。再执行本菜单之"读入"命令。则依系统提示选择*.spd 文件，读入 CASS 后生成*.dwg 文件。若将*.dwg 转换为*.spd 则使用子菜单中"读出"命令，再将该文件拷贝到测图精灵中。

4.8.14　原始测量数据录入

功能：此项菜单和下一项菜单主要是为使用光学仪器的用户提供一个将原始测量数据向 CASS9.0 格式数据转换的途径。

操作：（略）。

4.8.15　原始数据格式转换

功能：将原始测量数据转换为 CASS 9.0 格式的坐标数据。现支持测距仪和经纬仪视距法两种操作方式。

操作：（略）。

4.8.16　批量修改坐标数据

功能：可以通过加固定常数，乘固定常数，X，Y 交换三种方法批量修改所有数据或高程为 0 的数据。

操作：左键点击本菜单，弹出如图 4-92 所示对话框。首先选择原始数据文件名、更改后数据文件名、需要处理的数据类型和修改类型，然后在相应的方框内输入改正值，点击"确定"即完成批量修改坐标数据功能。

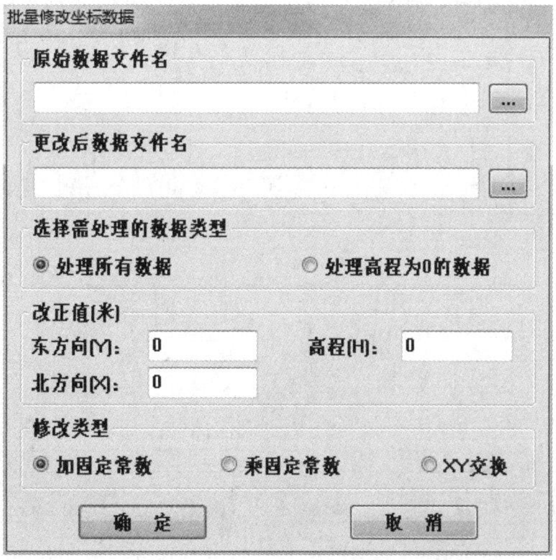

图 4-92　批量修改坐标数据对话框

4.8.17　数据合并

功能： 将不同观测组的测量数据文件合并成一个坐标数据文件，以便统一处理。

操作： 执行此菜单后，会依次弹出多个对话框，根据提示（见对话框左上角）依次输入坐标数据文件名一、坐标数据文件名二和合并后的坐标数据文件名。

说明： 数据合并后，每个文件的点名不变，以确保与草图对应，所以点名可能存在重复现象。

4.8.18　数据分幅

功能： 将坐标数据文件按指定范围提取生成一个新的坐标数据文件。

操作： 执行此菜单后，会弹出一个对话框，要求输入待分幅的坐标数据文件名，输入后点击"打开"键，随即又会弹出一个对话框，要求输入生成的分幅坐标数据文件名，输入后点击"保存"键。然后见命令区提示。

提示： 选择分幅方式：（1）根据矩形区域；（2）根据封闭复合线<1>

如选 1，系统将提示输入分幅范围西南角和东北角的坐标。如选 2，应先在图上用复合线绘出分幅区域边界，用鼠标选择此边界后，即可将区域内的数据分出来。

4.8.19　坐标显示与打印

功能： 提供对坐标数据文件的查看与编辑。

操作： 执行此菜单后，会弹出一个对话框，如图 4-93 所示。此对话框是一个电子表格，它支持电子表格的各种功能，用户可以在此对话框对坐标数据文件进行各种编辑，包括修改或删除现有数据、增加新的点数据。编辑完成之后，按保存就可以将修改结果写进数据文件中了。

图 4-93　编辑坐标数据对话框

说明：

点名：每个地物点的点名或者是点号。

编码：指的是地物点的地物编码，主要用于自动绘制平面图。

参加建模：此项的值是"是"则此点将参加三角形建网，如是"否"则不参与三角形的建网。

展高程：此项的值是"否"则此点将在展高程点时不展绘出来，如是"是"则展绘出来。

东坐标：测量坐标 Y 坐标。

北坐标：测量坐标 X 坐标。

高程：地物点的高程。

4.8.20　GPS 跟踪

功能：用于 GPS 移动站与 CASS 9.0 的连接。菜单如图 4-94 所示。

图 4-94　GPS 跟踪子菜单

1. GPS 设置

用于 GPS 移动站与 CASS9.0 连接工作时，设置 GPS 信号发送间隔，一般选 1 ~ 10 s，默认值是 3 s。

执行此菜单后，命令区出现提示"输入 GPS 发送间隔：（1 ~ 10 s）<3>"后，输入发射间隔时间。

2. 实时 GPS 跟踪

用于将装有 CASS 9.0 的便携机与 GPS 移动站相连，每隔一个时间间隔（如 3 s）接受一次 GPS 信号，并将其自动解算成坐标数据，在地形图上以一个小十字符号实时表示当前所处的位置。同时可选择将坐标数据存入 CASS 9.0 的数据格式文件中。另外，本功能还可以实时算出一个区域的面积、周长、线长。

执行此菜单后，会弹出一对话框，输入要保存坐标的数据文件名，再根据命令行提示输入中央子午线经度即可。

4.8.21　旧图式符号转换

功能：将旧图式转换为 2007 的新图式。

操作：执行此菜单后，会弹出一个对话框，如图 4-95 所示。

图 4-95　旧图式符号转换对话框

4.9　绘图处理（W）

本菜单的主要功能是展绘处理碎部点，进行代码转换，自动绘图以及对绘图区域作加框整饰，如图 4-96 所示。

图 4-96　绘图处理菜单栏

4.9.1　定显示区

功能：通过给定坐标数据文件定出图形的显示区域。

操作：执行此菜单后，会弹出一个对话框，要求输入测图区域的野外坐标数据文件，计算机自动求出该测区的最大、最小坐标。然后系统自动将坐标数据文件内所有的点都显示在屏幕显示范围内。

说明：这一步工作并非必要，可随时点击快捷菜单中"缩放全图"按钮实现全图显示。

4.9.2　改变当前图形比例尺

功能：CASS 9.0 可根据输入的比例尺调整图形实体，实质是修改地图符号和注记文字的大小、齿状线型的齿距等，并且会根据骨架线重构复杂实体。

操作：执行此菜单后，见命令区提示。

提示：输入新比例尺 1：按提示输入新比例尺的分母后回车，此时命令行提示"是否自动改变符号大小？（1）是 （2）否 <1>"。根据需要可选择"1"或者"2"

注意：有时带线型的线状实体，如陡坎，会显示成一根实线，这并不是图形出错，而只是显示的原因，要想恢复线型的显示，只需输入"Regen"命令即可。另外，线型符号的显示错误，如圆弧显示为折线段，也可以用"Regen"命令来恢复图面线型符号的显示问题。

4.9.3　展高程点

功能：批量展绘高程点。

操作：执行此菜单后，会弹出一个对话框，输入待展高程点坐标数据文件名后按"打开"键。

提示：注记高程点的距离（米）：输入注记距离。

注意：注记的距离是指展绘的任意两高程点间的最小距离，此距离决定了点位密度。

4.9.4　高程点建模设置

功能：设置高程点是否参加建模。

　　操作：左键点取"高程点建模设置"后，选择参加设置的高程点，确定后弹出如图 4-97 所示界面，逐个确定高程点是否参加建模。

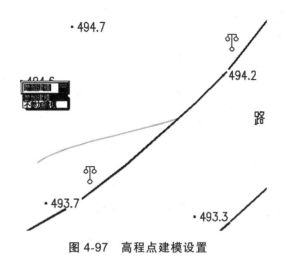

图 4-97　高程点建模设置

4.9.5　高程点过滤

　　功能：从图上过滤掉距离小于给定条件的高程点，用于高程点过密时删除一部分高程点的操作。

4.9.6　水上成图

　　功能：批量展绘水上高程点，与展高程点不同之处在于所展高程点位是小数点位。因水上成图与地面成图有一定差别，为此特别定制了 8 个子菜单，如图 4-98 所示。具体使用请参照 CASS 说明书。

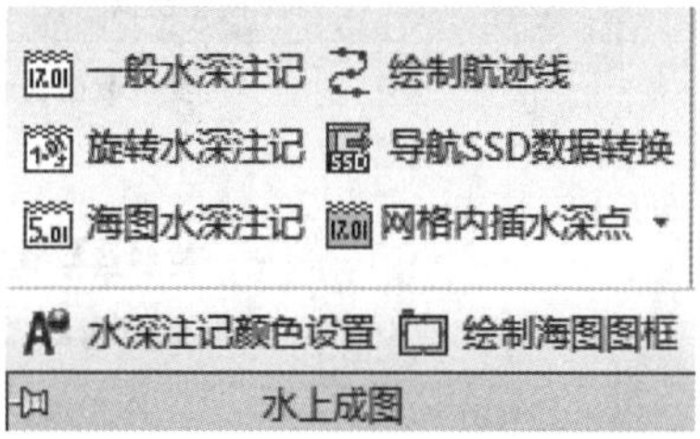

图 4-98　水上高程点命令子菜单

4.9.7　高程点处理

1. 打散高程注记

　　功能：使高程注记时的定位点与注记数字分离。

　　操作：左键点击"打散高程注记"后选择需要打散高程注记的高程点。

2. 合成打散的高程注记

　　功能：与"打散高程点注记"功能互为逆过程。

　　操作：左键点击"合成打散的高程注记"后选择需要合成高程注记的高程点。

4.9.8　野外测点点号

　　功能：展绘各测点的点号及点位，供交互编辑时参考。操作同展高程点。

4.9.9　野外测点代码

功能：展绘各测点编码及点位（在简码坐标数据文件或自行编码的坐标数据文件里有），供交互编辑时参考。操作同展高程点。

4.9.10　野外测点点位

功能：仅展绘各测点位置（用点表示），供交互编辑时参考。

4.9.11　切换展点注记

功能：用户在执行"展野外测点点号"或"展野外测点代码"或"展野外测点点位"后，可以执行"切换展点注记"菜单命令，使展点的方式在"点""点号""代码"和"高程"之间切换，做到一次展点，多次切换，满足成图出图的需要。

4.9.12　展控制点

功能：批量展绘控制点。

操作：点击"绘图处理"→"展控制点"，弹出如图 4-99 所示对话框，首先点击"…"选择控制点的坐标数据文件或者直接输入坐标文件名及所在路径，然后选择所展控制点的类型。当数据文件中的点有特殊编码时，按照特殊编码展为编码相对应的控制点类型，没有特殊编码，则按照选定的"控制点类型"展绘出来。

图 4-99　展绘控制点对话框

4.9.13　编码引导

功能：根据编码引导文件和坐标数据文件生成带简码的坐标数据文件。

注意：使用该项功能前，应该先根据草图编辑生成"引导文件"。

操作：执行此菜单后，会依次弹出几个对话框，根据提示（见弹出对话框的左上角）分别输入编码引导文件名，坐标数据文件名及此两个文件合并后的简编码坐标数据文件名（这时需要给一个新文件名，否则原有同名文件将被覆盖掉）。

4.9.14　简码识别

功能：将简编码坐标数据文件转换为 CASS 9.0 交换文件及一些辅助数据文件，供下面的"绘平面图"用。

操作：执行此菜单后，会弹出一个对话框要求输入带简码的坐标数据文件名，输入后按"打开"键，此时在命令区提示栏中会不断显示正在处理实体的代码。

4.9.15　展点按最近点连线

功能：将展绘的野外测点点号，按一个设定的最小距离进行连线，方便绘图。

操作：在已经展绘了野外测点点号的图面，点击本菜单，出现如下提示：

请输入点的最大连线距离（米）：<100.000>25

请选择点：

选择对象：指定对角点：找到 190 个

回车结束选择之后，点间距离小于 25 的，都将连线。

4.9.16　图幅整饰

功能：对已绘制好的图形进行分幅、加图框等工作，菜单如图 4-100 所示。

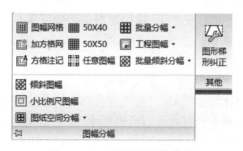

图 4-100　图幅分幅菜单栏

1. 图幅网格（指定长宽）

在测区（当前测图）形成矩形分幅网格，使每幅图的范围清楚地展示出来，便于用"地物编辑"菜单的"窗口内的图形存盘"功能。还能用于截取各图幅（给定该图幅网格的左下角和右上角即可）。

执行此菜单后，命令区提示如下：

方格长度（mm）：输入方格网的长度。

方格宽度（mm）：输入方格网的宽度。

用鼠标器指定需加图幅网格区域的左下角点：指定左下角点。

用鼠标器指定需加图幅网格区域的右上角点：指定右上角点。

按提示操作，系统将在测区自动形成分幅网格。

2. 加方格网

在所选图形上加绘方格网。

3. 方格注记

将方格网中的十字符号注记上坐标。

4. 批量分幅

将图形以 50×50 或 50×40 的标准图框切割分幅成一个个单独的磁盘文件，而且不会破坏原有图形。

执行此菜单后，命令区提示如下：

请选择图幅尺寸：（1）50×50（2）50×40（3）自定义尺寸〈1〉 选择图幅尺寸。若选（3）则要求给出图幅的长宽尺寸。选（1）、（2）则提示：

请输入分幅图目录名：如：c：\CASS9.0\demo\cdut1（确认 cdut1 已存在）

输入测区一角：给定测区一角。

输入测区另一角：给定测区另一角。

5. 批量倾斜分幅

批量倾斜分幅子菜单如图 4-101 所示。

（1）普通分幅。将图形按照一定要求分成任意大小和角度的图幅。

图 4-101　批量倾斜分幅子菜单

先依需倾斜的角度画一条复合线作为分幅的中心线，再执行本菜单后，命令行出现提示：

输入图幅横向宽度：（单位：分米）：给出所需的图幅宽度。

输入图幅纵向宽度：（单位：分米）：给出所需的图幅高度。

请输入分幅图目录名：分幅后的图形文件将存在此目录下，文件名就是图号。

选择中心线：选择事先画好的分幅中心线则系统自动批量生成指定大小和倾斜角度的图幅。

（2）700 m 公路分幅。将图形沿公路以 700 m 为一个长度单位进行分幅。

画一条复合线作为分幅的中心线，再执行本菜单后命令行提示：

请输入分幅图目录名：分幅后的图形文件将存在此目录下，文件名就是图号。

选择中心线：选择事先画好的分幅中心线则系统自动批量生成指定大小和倾斜角度的图幅。

6. 标准图幅（50 cm×50 cm）

给已分幅图形加 50 cm×50 cm 的图框。

执行此菜单后，会弹出一个对话框，如图 4-102

图 4-102　输入图幅信息对话框

所示，按对话框输入图纸信息后按"确定"键。并确定是否删除图框外实体。

注意：单位名称和坐标系统、高程系统可以在加图框前定制。图框定制可方便地在"CASS 9.0 参数设置\图廓属性"中设定或修改各种图形框的图形文件，这些文件放在"\cass90\cass90tk"目录中，用户可以根据自己的情况编辑，然后存盘。50 cm×50 cm 图框文件名是 AC50TK.DWG，50 cm×40 cm 图框文件名是 AC45TK.DWG。

7. 标准图幅（50 cm×40 cm）

给已自动编成 50 cm×40 cm 的图形加图框，命令栏提示和操作同"6. 标准图幅"。

8. 任意图幅

给绘成任意大小的图形加图框。

执行此菜单后，按图 4-102 的对话框输入图纸信息，此时"图幅尺寸"选项区域变为可编辑，输入自定义的尺寸及相关信息即可。

9. 小比例尺图幅

根据输入的图幅左下角经纬度和中央子午线来生成小比例尺图幅。

执行此菜单后：会弹出一个对话框如图 4-103 所示，输入图幅中央子午线、左下角经纬度、参考椭球、图幅比例尺等信息，系统自动根据这些信息求出国标图号并转换图幅各点坐标，再根据输入的图名信息绘出国家标准小比例尺图幅。

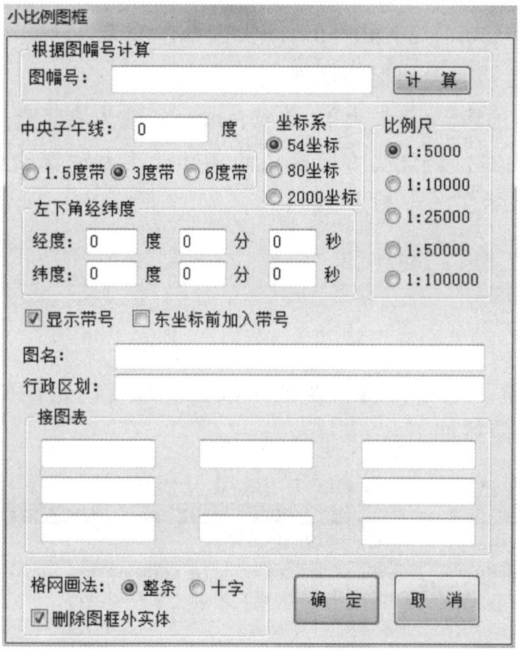

图 4-103　输入小比例尺图幅坐标信息

10. 倾斜图幅

为满足公路等工程部门的特殊需要，提供任意角度的倾斜图幅。

执行此菜单后，按图 4-102 的对话框输入图纸信息，此时"图幅尺寸"选项区域变为可编辑，输入自定义的尺寸及相关信息确定后见提示。

输入两点定出图幅旋转角，第一点：第二点：

注意： 执行此功能前一般要做"加方格网"。

11. 工程图幅

提供 0、1、2、3 号工程图框。

执行此菜单后，命令区提示：① 用鼠标器指定内图框左下角点位：此时给出内图框放置的左下角点。② 要角图章，指北针吗<N>键入 Y 或 N（缺省为 N）：选择是否在图框中画出角图章、指北针。

12. 图纸空间图幅

将图框画到布局里，分为三种类型 50×50，50×40，任意图幅。命令栏提示和操作同"6. 标准图幅"。

4.9.17 图形梯形纠正

如果您所用的是 HP 或其他系列的喷墨绘图仪，在用它们出图时，所得到图形的图框的两条竖边可能不一样长，这项菜单的主要功能就是对此进行纠正。

先用绘图仪绘出一幅 50×50 或 40×50 的图框，并量取右竖直边的实际长度和理论长度的差值，然后按命令区提示：

请选择图框：（1）50*50 （2）40*50 <1>：选择 1 或者 2。

请选取图框左上角点：精确捕捉图框的左上角点。

请输入改正值：（+为压缩，−为扩大）（单位：mm）：输入右竖直边长度和理论长度的差值。

说明： 如果差值大于零，则说明右竖直边的实际长度大于理论长度，输入改正值的符号为"＋"以便压缩；反之为"−"时扩大。

4.10 地籍（J）

此菜单是为地籍测量、地籍图编辑及地籍数据统计专门定制的。其中包含子菜单如图 4-104 所示，其功能分别简述如下：

图 4-104 地籍成图菜单栏

4.10.1 地籍参数设置

功能： 为适应不同图式如注记、小数位数、宗地图框等的需要而提供一个可以修改或自定义设置的环境。

操作：依次点取"文件"菜单栏下"CASS 参数配置"下的"地籍图及宗地图"命令菜单，则弹出如图 4-105 所示的参数设置对话框。

街道位数和街坊位数：依实际要求设置宗地号街道、街坊位数。

地号字高：依实际需要设置宗地号注记地高度。

小数位数：依实际需要设置坐标、距离和面积的小数位数。

界址点编号方式：提供街坊内编号和宗地内编号的切换开关。

宗地图注记方式：设置宗地图注记的内容。

宗地内图形：控制宗地图内图形是否满幅显示或只显示本宗地。

地籍图注记：提供各种权属注记的开关供用户选用。

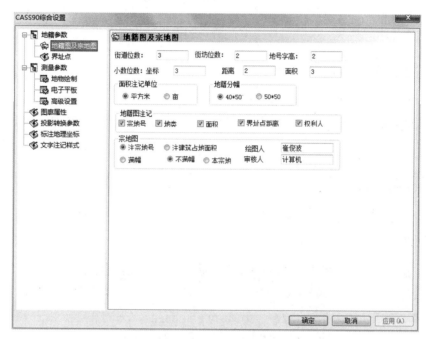

图 4-105　地籍参数设置对话框

4.10.2　绘制权属线

功能：直接绘制具有宗地号、权利人、土地利用类别属性的宗地界线。

操作：点取本菜单命令后看命令行提示操作。

提示：绘图比例尺 1：<500>：输入比例尺。

第一点：<跟踪 T/区间跟踪 N>：输入第一点。

曲线 Q/边长交会 B/跟踪 T/区间跟踪 N/垂直距离 Z/平行线 X/两边距离 L/圆 Y/内部点 O<指定点>：继续输入其他点位置。

曲线 Q/边长交会 B/跟踪 T/区间跟踪 N/垂直距离 Z/平行线 X/两边距离 L/隔一点 J/微导线 A/延伸 E/插点 I/回退 U/换向 H<指定点>：继续输入点的位置。

曲线 Q/边长交会 B/跟踪 T/区间跟踪 N/垂直距离 Z/平行线 X/两边距离 L/闭合 C/隔一闭

合 G/隔一点 J/微导线 A/延伸 E/插点 I/回退 U/换向 H<指定点>：继续输入点的位置直至回车结束。回车后系统弹出如图 4-106 所示的对话框，提示输入宗地号、权利人和土地利用类别。

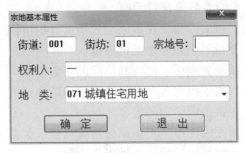

图 4-106　宗地属性输入对话框

　　输入宗地号注记位置：用鼠标直接指定或坐标指定注记位置。

4.10.3　复合线转为权属线

　　功能：将封闭的复合线转换为权属线。

　　操作：点取本菜单命令后，选择封闭的符合线，即弹出如图 4-106 所示的窗口提示，输入权属信息。

4.10.4　权属生成

　　功能：生成地籍图成图所需的**权属信息文件**，生成权属信息文件有如图 4-107、图 4-108 所示的四种方法。

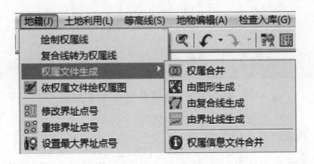

图 4-107　权属生成命令子菜单（CASS 9.0 基于 AutoCAD 2006）

图 4-108　权属生成命令子菜单（CASS 9.0 基于 AutoCAD 2010）

1. 权属合并

将权属引导文件和与界址点对应的坐标数据文件结合，生成地籍图成图所需的权属信息文件。

执行此菜单后，会依次弹出三个对话框，根据提示（见弹出对话框左上角）分别输入权属引导数据文件名，坐标点（界址点）数据文件名及上两个文件合并后的地籍权属信息文件名即可。

2. 由图形生成

通过手工定界址点生成权属信息文件，结果同经"权属合并"生成的文件一样。执行此菜单后，命令区提示：

请选择：（1）界址点号按序号累加（2）手工输入界址点号<1>：选择定义界址点号的方式。如果需要按自己的要求定义界址点号的话，则必须选 2。然后会弹出一个对话框，在文件名栏中输入您想保存的权属信息数据文件名后，按"保存"键即可，再根据命令区提示操作。如果此文件名已存在，则会有提示：

文件已存在，请选择：（1）追加该文件　（2）覆盖该文件<1>：若选 1，则新建文件内容将追加在原有文件之后；若选 2，则新文件会将原有文件覆盖掉。

输入宗地号：输入宗地号。

输入权属主：输入权属主名称。

输入地类号：输入该宗地的地类号。

指定点：<回车结束> 用鼠标指定该宗地的起点。

输入代码：输入指定点的代码，直接回车不输入（只有选手工输入界址点号时，才会有此项提示出现）。

重复执行"指定点：<回车结束>"操作，直到在"指定点：<回车结束>"处键入空回车表示结束。

请选择：（1）继续下一宗地　（2）退出 <1>：如果继续下一宗地，输入 1 后回车。如果想退出，输入 2 后回车。

3. 由复合线生成

通过闭合的复合线生成权属信息文件。执行此菜单后，命令区提示：

弹出一个对话框，在文件名栏中输入想保存的权属信息数据文件名后，按"保存"键即可。如此文件已存在，则会有提示：

选择复合线：用鼠标选取一条闭合复合线。

输入宗地号：输入宗地号。

输入权属主：输入权属主名称。

输入地类号：输入该宗地的地类号。

<回车结束>文件已存在，请选择（1）追加该文件（2）覆盖该文件<1>：若选 1，则新建文件内容将追加在原有文件之后；若选 2，则新文件会将原有文件覆盖掉。

选择复合线：选取需要生成权属文件的复合线。

输入宗地号：输入宗地号。

输入权属主：输入权属主名称。

输入地类号：输入该宗地的地类号。

该宗地已写入权属信息文件！

选择复合线（回车结束）：上一宗地的权属文件已生成完毕，开始进行下一宗地的复合线选取。直接回车结束选取。

注意： 最后生成的是一个包含所有选择的权属信息文件。

4. 由界址线生成

通过选择闭合界址线生成权属信息文件。

执行此菜单后，会弹出一个对话框，输入想保存的权属信息数据文件名后，按"保存"键即可。再根据命令行提示选择界址线。可重复选择界址线，回车结束，最后生成一个包含所有界址线的权属信息文件。

注意： 本功能要求所选的界址线必须是加过地籍号、权利人、地类编码等属性的。CASS 9.0在绘出界址线后就会提示输入以上信息。如果在提示时没有输入该属性，则可以通过修改宗地属性来加入该属性。

5. 权属信息文件合并

将几个权属文件合并为一个整体，点取本菜单后弹出如图 4-109 所示的对话框。

图 4-109　权属信息文件合并对话框（CASS 9.0 基于 AutoCAD 2006）

在右边的选项框中给出源文件的路径（注意源文件要放到同一个文件夹中），确定后提示保存的文件名，给出新的文件名即可。

注意： CASS 9.0 基于 AutoCAD 2010 时没有此功能项，截图和说明参考 CASS 9.0 基于 AutoCAD 2006 的功能项。

4.10.5　依权属文件绘权属图

功能： 依照权属信息文件绘制权属图。

操作： 执行此菜单后，会弹出一个对话框，按要求输入权属信息数据文件名后，再按"打开"键即可。

提示： 输入范围（宗地号.街坊号或街道号）<全部>：直接回车默认全部。如果想绘制某一宗地、某一街坊或某一街道的权属图，只需输入对应的宗地号、街坊号或街道号，例如，输入"001"将选中以"001"开头的所有宗地。

注意： 所生成权属图中的注记内容种类可通过"CASS 参数设置"中的"地籍图及宗地图"来确定。

4.10.6　修改界址点号

功能： 将原来老的界址点的编号改为新的编号。

操作： 点取本命令菜单后提示选择界址点圆圈，可单个选取，也可拉框选取，回车后在界址点旁出现一个修改框，按回车键可在所有界址点间切换，如图 4-110 所示。

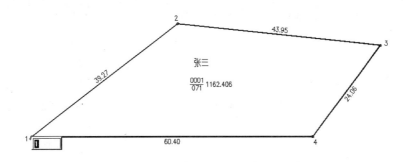

图 4-110　修改界址点号操作框

4.10.7　重排界址点号

功能： 改变界址点的起点号，使本宗地其他界址点号依次改变。

操作： 点取本命令菜单后见系统提示。

提示： 弹出对话框"本功能将批量改变界址点点名，是否继续？"选择"是"。

（1）手工选择按生成顺序重排　（2）区域内按生成顺序重排　（3）区域内按从上到下从左到右顺序重排　（4）界址点定向重排<1>：选择操作类型。

选择对象：选 1 则单个或拉框选界址点，选 2 则选区域边界。

输入界址点号起始值：<1>：给出重排的起始值"×"后回车。

排列结束，最大界址点号为 4：重新注记界址点名则注记新的界址点名。

4.10.8　设置最大界址点号

功能： 设置当前最大的界址点号，则下一宗地的起始界址点号为当前最大界址点号加 1。即不论当前的最大界址点号是多少，可以设置任何一个数作为下一宗地界址点号的起始值的参照（在新设置的最大值上加 1）。比如要下一宗地的起始界址点号为 1，则可设置当前最大界址点号为 0。

4.10.9　修改界址点号前缀

功能： 批量修改界址点号的前缀。

操作： 点取本菜单命令后见系统提示。

提示： 请输入固定界址点号前缀字母（直接回车去除前缀）：确定界址点号前缀。

请选择要修改固定点号前缀的界址点：

选择对象：选择需要修改的界址点。

4.10.10 删除无用界址点

功能：此功能用于删除没有界址线连接的界址点。

4.10.11 注记界址点点名

（1）注记：将图上的界址点注记其界址点名。
（2）删除：与上相反，即去掉界址点的点名注记。

4.10.12 界址点圆圈修饰

界址点圆圈修饰子菜单如图 4-111 所示。

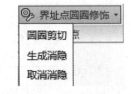

图 4-111 界址点圆圈修饰子菜单

1. 剪切

功能：根据出图需要对界址点圆圈进行修饰以使其符合出图标准。

操作：执行此菜单后，见命令区提示。

注意：执行本功能后不可存盘！在出图时才用此命令。

因为修饰后会使界址线断开，所以用户应只在出图时应用此功能，且应用完后不要存盘。

2. 消隐

消隐与剪切的目的是一样的，但是剪切会剪断界址线，而消隐则不会。

4.10.13 调整宗地内界址点顺序

功能：调整界址点成果输出时的顺序。图面上的界址点号不变，但在界址点成果输出中界址点的前后顺序会发生改变。

操作：执行本菜单后，见命令区提示。

提示：选择宗地：选择要调整界址点顺序的宗地。

请选择指定界址线起点方式：（1）西北角（2）手工指定 <1> 输入界址点新的起始位置。

输入界址线起点位置：（1-4）<1>

请选择界址点排列方式：（1）逆时针（2）顺时针 <1> 选择新的界址点排列方式。

4.10.14 界址点生成数据文件

功能：根据图上已有界址点生成界址点数据文件。

操作：选取本菜单命令后，给出一用来保存数据的文件名（文本文件），再依提示选择指定的界址点或相应的宗地即可。

4.10.15 查找宗地

功能：可以输入单个条件进行指定查询，亦可输入多个条件进行组合查询，默认的是进行宗地号的查询，执行完毕，将自动定位到查询得到的第一个宗地，如图 4-112 所示。其中，"宗地号"查询栏支持模糊查询，这样，当没有查询结果为空时，程序将尽量返回与查询条件最接近的宗地号。

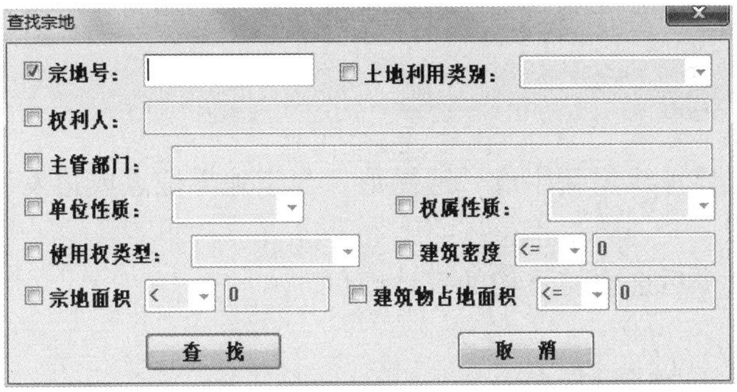

图 4-112　查找宗地

操作：输入相应的查询条件，如输入宗地号：0010200004；点击"查找"，如果查询结果不为空，则图面定位到宗地号为0010200004 的宗地，当查询结果超过一个，则程序自动将结果显示在浮动的列表框中，双击即可实时定位。否则显示如图 4-113 所示的对话框。

图 4-113　没有找到复合要求宗地时的对话框

4.10.16　查找指定界址点

功能： 在当前的地籍图中查找指定的界址点。

操作过程： 选取本命令弹出如图 4-114 所示的对话框，然后在对话框中输入查找的条件，若找到则将结果显示在屏幕中央，若找不到则提示"没有找到界址点××"。

4.10.17　宗地合并

功能： 将相邻且具有至少一条公共边的两块宗地合并为一宗地。如图 4-115 所示。

图 4-114　查找指定界址点

操作： 选取本命令后按提示依次选择要合并的宗地即可。

提示： 选择第一宗地：选择第一宗地。

选择另一宗地：选择第二宗地。

注意： 合并后的宗地面积、建筑物面积分别累加，合并后宗地号、权利人、地类与所选的第一宗地相同。但可利用"修改宗地属性"命令来修改。另外，宗地合并每次只能合并两宗地，若有多块宗地需合并则可以重复执行该命令两两合并。

图 4-115　宗地合并对话框

4.10.18　宗地分割

功能： 将一宗地依公共边分割成两宗地。

操作：先用复合线画出分割这块宗地的分界线，然后执行本命令，依提示操作。

提示：选择要分割的宗地：选择宗地边界。

选择分割线：选取事先画好的复合线。

注意：分割之后的两宗地属性都相同，需用"修改宗地属性"来修改。

4.10.19　宗地重构

功能：根据图上界址线重新生成一遍图形，当宗地界址点或边发生移动时可通过宗地重构实时调整宗地面积。

操作：执行本命令后选取需重构的宗地即可。

4.10.20　修改建筑物属性

修改建筑物属性命令子菜单如图 4-116 所示。

1.　设置结构和层数

设置和改变建筑物结构及层数。执行此菜单后，命令区提示：

选择建筑物：用鼠标点取欲设置的建筑物，然后会弹出一个对话框，如图 4-117 所示，按提示输入建筑物的结构及层数。

图 4-116　修改建筑物属性命令子菜单　　　　图 4-117　设置建筑物信息对话框

2.　注记建筑物边长

自动将所选建筑物所有边长计算出来并自动注记在各边上。

执行此菜单后，会弹出一个对话框，输入权属信息文件名后按"打开"键即可。

3.　计算宗地内建筑面积

计算单块宗地内建筑物的总面积。执行本菜单命令再选择相应宗地即可。

4.　注记建筑占地面积

将宗地内建筑物加上面积和边长注记，该面积为建筑物首层面积。执行本菜单命令再依提示操作即可。

5.　建筑物注记重构

将宗地内建筑物注记，进行重新生成。执行本菜单命令再依提示操作即可。

4.10.21　修改宗地属性

功能： 为宗地提供一个属性管理器，可方便地查询、修改、添加宗地的属性。

操作： 选取本命令菜单后弹出如图 4-118 所示的对话框，然后可根据实际的情况来添加或修改相应的内容。

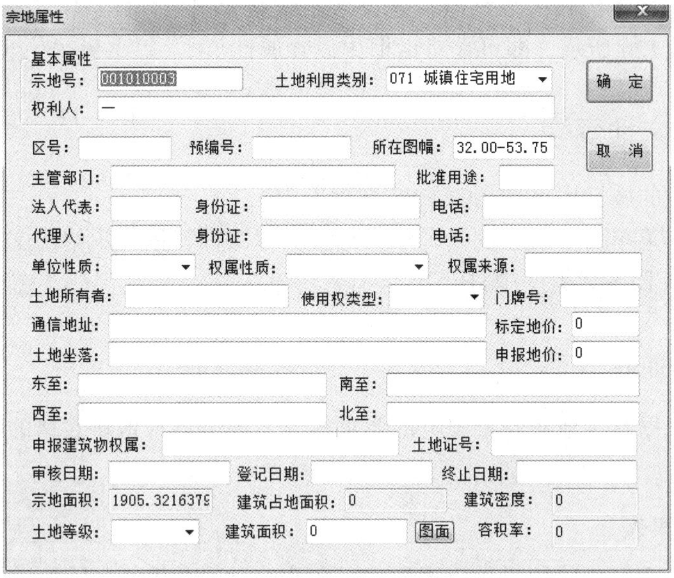

图 4-118　宗地属性查询修改界面

4.10.22　修改界址线属性

功能： 编辑界址线的属性。

操作： 点取本菜单命令后见系统提示。

提示： 选择界址线所在宗地：选择一块宗地。

指定界址线所在边<直接回车处理所有界址线>：选择本宗地上需编辑属性的界址线，选择后系统会弹出一对话框，如图 4-119 所示，即可在对话框中设置属性值。

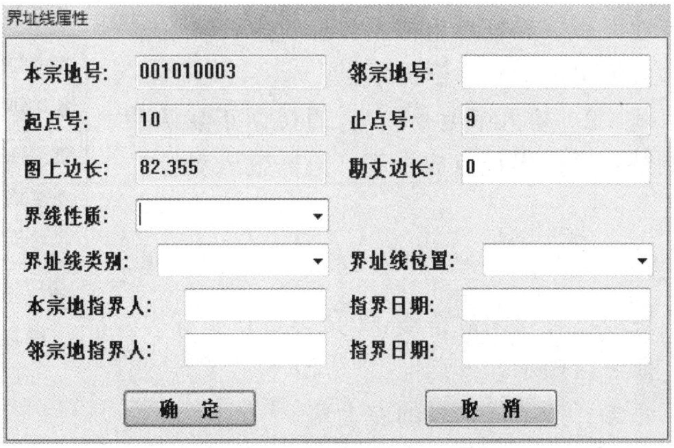

图 4-119　界址线属性对话框

4.10.23 修改界址点属性

功能：编辑界址点的属性。

操作：点击此菜单命令，见命令行：

请拉框选择要处理的界址点：

选择对象：选择需编辑的界址点，选择后系统会弹出一对话框，如图 4-120 所示，即可在对话框中设置属性值。

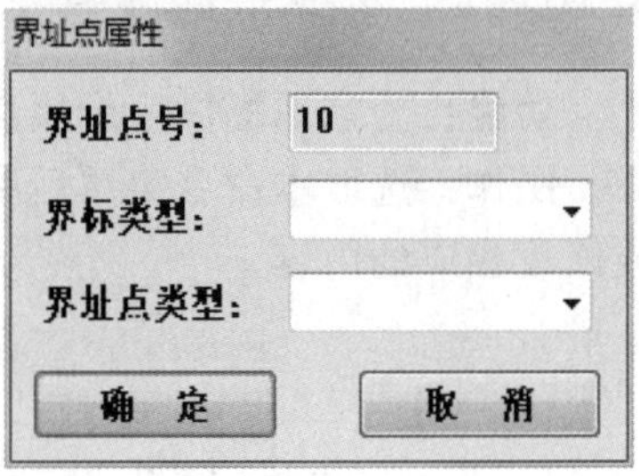

图 4-120　界址点属性对话框

4.10.24 输出宗地属性

功能：将宗地的属性输出到 ACCESS 数据库中。

操作：选取本菜单命令后生成一个*.mdb 数据库文件，依提示给出文件名保存即可。此文件可直接在 ACCESS 数据库中打开。

4.10.25 绘制地籍表格

本菜单可以根据有关地籍测量规范的要求标准，提供多种地籍表格的绘制输出。其子菜单如图 4-121 所示。

1. 界址点成果表

依据权属信息文件，绘制界址点成果表，包含宗地号、宗地面积、界址点坐标及界址线边长。

执行此菜单后，会弹出一个对话框提示：

用鼠标指定界址点成果表的定位点：指定成果表的左下角。

（1）手工选择宗地（2）输入宗地号<1>：直接回车默认手工选择，如果想绘制某一宗地界址点成果表，只需输入对应的宗地号。

2. 界址点成果表（Excel）

依据权属信息文件，绘制界址点成果表并直接输入到 Excel 中，包含宗地号、宗地面积、界址点坐标及界址线边长。

执行此菜单后，会弹出一个对话框提示：

（1）手工选择宗地（2）输入宗地号<1>：直接回车默认手工选择，如果想绘制某一宗地界址点成果表，只需输入对应的宗地号。

3. 界址点坐标表

通过鼠标定点或选取已有封闭复合线，生成界址点坐标表。

执行此菜单后，命令区提示：

请指定表格左上角点：指定成果表的左上角。

请选择定点方法：（1）选取封闭复合线（2）逐点定位<1>：选 1 则提示：

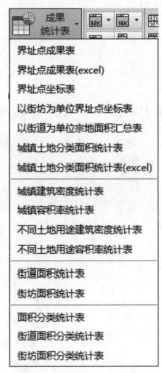

图 4-121　绘图处理菜单
绘制地籍表格子菜单

选择复合线或宗地：<ESC 键退出>

选 2 则提示：

用鼠标指定界址点（回车结束）：

4. 以街坊为单位界址点坐标表

得到一个街坊的界址点坐标表。执行此菜单后，命令区提示：

（1）手工选择界址点　（2）指定街坊边界<1>：选择获取界址点的方式。选 2 则提示：

指定街坊边界：选择街坊的边界。

请指定表格左上角点：指定表格的插入点。

输入每页行数：（20）输入表格每页的行数。

5. 以街道为单位宗地面积汇总表

依据权属信息数据文件，生成指定街道的宗地面积汇总表。

执行此菜单后，会弹出一个对话框要求输入权属信息数据文件名，输入后按"打开"键，命令区提示：

输入街道号：输入所要汇总的街道号。

输入每页行数：（20）输入表格每页的行数。

输入面积汇总表左上角坐标：用鼠标指定表格左上角点。

6. 城镇土地分类面积统计表

根据土地类别，生成城镇土地分类面积统计表。

执行此菜单后，命令区提示：

请输入最小统计单位：（1）文件（2）街道（3）街坊（4）宗地：缺省选 1，表格每一行代表一个街道，统计范围为整个权属信息文件。

输入要统计的街坊所在街道名：<全部>：回车选择全部。

输入每页行数：<20>：输入表格每页的行数。

输入分类面积统计表左上角坐标：指定表格左上角点。

7. 城镇土地分类面积统计表（Excel）

根据土地类别，生成城镇土地分类面积统计表 Excel。操作同"6. 城镇土地分类面积统计表"。

8. 街道面积统计表

统计权属信息文件各街道的面积。

执行此菜单后，会弹出一个对话框，输入权属信息文件名后按"打开"键，命令区提示：

输入面积统计表左上角坐标：指定表格左上角点。

9. 街坊面积统计表

依据权属信息文件，统计指定街道中各街坊的面积。

执行此菜单后，命令区提示：

输入街道号：输入想要统计的街道号，如"001"。然后会弹出一个对话框，输入权属信息文件名后按"打开"键即可。

输入面积统计表左上角坐标：指定表格左上角点。

10. 面积分类统计表

依据权属信息文件，统计文件中各地类的面积。

执行此菜单后，会弹出一个对话框，输入权属信息文件名后按"打开"键，命令区提示：

输入面积分类表左上角坐标： 指定表格左上角点。

11. 街道面积分类统计表

依据权属信息文件，统计指定街道中各地类的面积。

执行此菜单后，命令区提示：

输入街道号：输入想要统计的街道号，如"001"。然后会弹出一个对话框，输入权属信息文件名后按"打开"键即可。

输入面积分类表左上角坐标：指定表格左上角点。

12. 街坊面积分类统计表

依据权属信息文件，统计指定街道中各地类的面积。

操作与街道面积分类统计表类似，只是输入改为街坊号。

4.10.26 绘制宗地图框

功能：给已作的宗地图加绘相应的图框，并将图形进行适当比例的缩放以适应指定图框的尺寸。

注意：在普通情况下宗地图在比例缩放后，大小会发生变化，这时界址线的宽度、界址点圆圈的半径以及文字、符号的大小会与要求不符，而用本功能画宗地图可自动调整实体的大小粗细，使最后出来的图面符合图式要求。

菜单内给出了不同大小的宗地图框供选择，用户也可以自定义宗地图框，方法是建立自己的宗地图框文件，并且填写"地籍参数设置"中"自定义宗地图框"栏的宗地图框文件名、尺寸以及文字大小、注记位置等相关内容。下面以 32 开宗地图框为例说明。

1. 单块宗地

用鼠标画出包含某界址线的矩形区域，加 32 开的宗地图框，并适当缩放图形。

执行此菜单后，命令区提示：

用鼠标器指定宗地图范围——第一角：点第一角。

另一角：点另一角，弹出窗口，如图 4-122 所示。

用鼠标器指定宗地图框的定位点：指定图框左下角位置。

请选择宗地图比例尺：若选自动确定比例尺，系统对指定区域进行自动缩放以便最大限度地适应图框，但缩放后的比例尺分母固定为 10 的倍数。

若选手工输入比例尺，将会提示：请输入宗地图比例尺分母=1：用户可输入任意整数，不一定是 10 的倍数，若输入的比例尺分母不恰当，图形缩放后有可能超出图框。

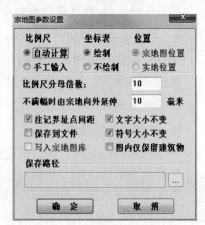

图 4-122 宗地图参数设置对话框

是否将宗地图保存到文件？如打钩，生成的宗地图会被切割出来存放在磁盘文件内，并且还会有下列提示：

请输入宗地图目录名：宗地图将存放在这个目录里，图形文件名就是宗地号。

CASS 9.0 还会自动在宗地图上注记以下内容：本宗地的界址点号、界址线长度、宗地面积、建筑物占地面积、地类编号、邻宗地地类和地号。要注意注记的界址点号是以界址线绘制的顺序来画，建筑物占地面积是统计"JMD"层的封闭复合线的面积之和。

注意：如果用户在指定宗地图范围时，所拉对角方框内没有完整的宗地，做出的宗地图里会缺少一些注记；如方框内有两宗以上的宗地，系统会随机挑选一宗处理，因此这种情况下应该用下面讲的批量处理来做宗地图。

2. 批量处理

单块宗地处理一次只能绘一幅宗地图，如一幅地籍图里有成百上千的宗地，处理起来会很麻烦，这时就可以用鼠标在图上批量选取界址线，只要选中的界址线加过属性，就可以一次性画出排成一排的多幅宗地图。

批量处理宗地图的操作方法与"单块宗地"相同，只是界址线外切割的范围是程序自动确定的，与要处理宗地的大小有比例关系。

若地籍图较大，生成的宗地图很可能和地籍图叠在一起，看起来很混乱，但这没有关系，宗地图保存到文件的时候会自动过滤掉不属于宗地图的实体。

4.11　土地利用（L）

这是 CASS 9.0 为适应土地管理应用而设立的菜单项。通过本菜单可绘制行政区界，生成图斑等地类要素，对土地利用情况进行统计计算，如图 4-123 所示。

图 4-123　土地利用菜单栏

4.11.1　行政区

功能：主要用于绘制行政区划线，包括村界、乡镇界、县区界。属性修改用来修改行政区的属性。

操作：选择区划线种类，比如村界。系统会有如下提示：

第一点：<跟踪 T/区间跟踪 N>：指定第一点。

曲线 Q/边长交会 B/跟踪 T/区间跟踪 N/垂直距离 Z/平行线 X/两边距离 L/圆 Y/内部点 O<指定点>：指定第二点。

曲线 Q/边长交会 B/跟踪 T/区间跟踪 N/垂直距离 Z/平行线 X/两边距离 L/隔一点 J/微导线 A/延伸 E/插点 I/回退 U/换向 H<指定点>

曲线 Q/边长交会 B/跟踪 T/区间跟踪 N/垂直距离 Z/平行线 X/两边距离 L/闭合 C/隔一闭合 G/隔一点 J/微导线 A/延伸 E/插点 I/回退 U/换向 H<指定点> C：最后键入 C 让行政区划线闭合。

之后系统会弹出一个行政区属性对话框，在其中输入区划代码和行政区名。确定之后，系统提示：

行政区域注记位置：选择注记的位置，完成绘制。

若要对行政区做属性修改，选择属性修改后系统有如下提示：

选择行政区：选择需要修改的行政区边线，系统弹出如图 4-124 所示的对话框，修改后按确定完成属性修改。

内部点生成，在一个封闭的区域里点取一点，于是将这个封闭的区域生成一个行政区。

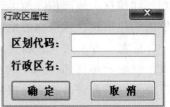

图 4-124 行政区属性对话框

4.11.2 村民小组

功能：主要用于绘制小组界。

操作：绘图方法同绘制行政区界，完成后弹出如图 4-125 所示的属性对话框。

4.11.3 图 斑

功能：主要用于绘制土地利用图斑、生成图斑并赋予图斑基本属性、统计图上图斑面积，方法同绘制行政区界。

操作：选择绘图生成，操作方法与画多功能复合线的方法相同。之后系统弹出对话框，如图 4-126 所示。

图 4-125 组属性对话框

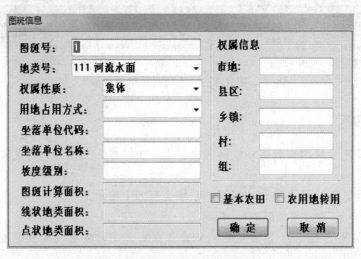

图 4-126 图斑信息对话框

录入基本信息之后按确定即可。属性修改对话框与图 4-126 相同，主要用于后期对图斑信息的更改。还有一种生成图斑的方法就是内部点生成，使用该方法系统会有相应的提示：

输入地类内部一点：在所需区域内点击一下。

是否正确?（Y/N）<Y>：系统会覆盖所选区域，若与所需区域相同则回车确定，否则键入 N，退出并重新操作。

说明：图斑计算面积、线状地类面积和点状地类面积的计算值都是由系统在图形上直接读取的。线状地类面积和点状地类面积的实际值是丈量面积。

4.11.4　线状地类

功能：绘制线形地类并赋予相关的属性数据。

操作：绘图方法与绘复合线的方法相同。绘制完成后弹出线状地类属性对话框，录入相关属性值，点击确定完成操作。属性修改，按提示选中某线状地类，在如图 4-127 所示的对话框中修改。

说明：线状地类宽度指的是丈量宽度。

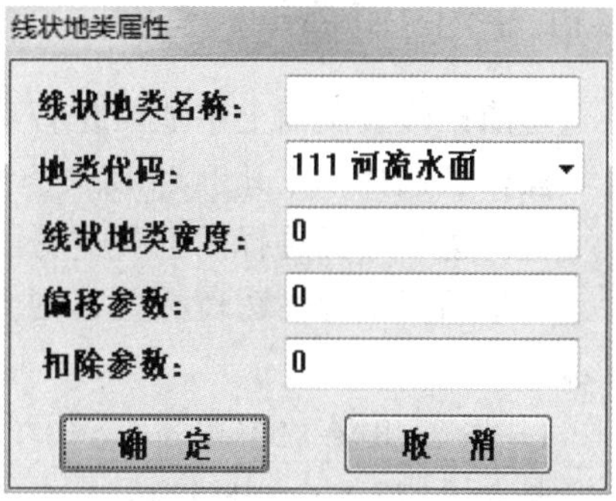

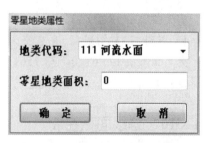

图 4-127　线状地类属性对话框

4.11.5　零星地类

功能：绘制零星地类并赋予相关的属性数据，如图 4-128 所示。

操作：执行命令之后系统提示：输入零星地类位置：鼠标点击图面或者是输入坐标值（格式：X, Y, 高程），完成后弹出零星地类属性对话框，录入相关属性值，点击"确定"完成操作。属性修改，按提示选中某点状地类，在弹出如图 4-128 所示的对话框中修改属性值即可。

图 4-128　零星地类属性对话框

4.11.6　地类要素属性修改

功能：修改已有图斑的属性内容。

操作：选择该命令后，点取图斑实体，确定后弹出相应的地类属性对话框，对图斑属性进行编辑。

4.11.7　线状地类扩面

功能：将已有的线状地类，按照它的宽度属性数据进行扩面，生成面状图斑实体。

操作：选择该命令后，点取线状图斑实体，确定后即完成线状地类扩面。通过地类要素属性修改，可以将新生成的面状图斑赋予属性。

4.11.8　线状地类检查

功能：检查图面上是否有跨越图斑的线状地类，并提示是否纠正，如图 4-129 所示。

操作： 如果图面存在跨越图斑的线状地类，则屏幕弹出如图 4-129 所示的对话框，点击"是"，程序自动以图斑边线切割所有跨越图斑的线状地类；点击"否"，则取消本次操作。如果图面不存在跨越图斑的线状地类，命令行提示：

图形中不存在跨越图斑的线状地类

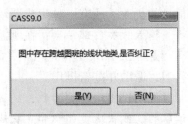

图 4-129　线状地类检查提示

4.11.9　图斑叠盖检查

功能： 检查图面上宗地内是否有相互叠盖的面状图斑，并提示叠盖的位置。

操作： 选择"土地利用\图斑叠盖检查"命令，命令行提示：

选择边界线：选择图上要进行图斑叠盖检查的范围（宗地边界）。

如果图面上存在图斑叠盖，则会弹出如图 4-130 所示 Checktuban.log 文本窗口，命令行提示：

1，图斑 8 存在空隙

起点：177.136，48.529　终点：176.604，44.886

2，图斑 7 存在空隙

起点：176.604，44.886　终点：177.136，48.529

3，图斑 2 与图斑 1 存在交叉

交叉位置：184.1830，73.1108

4，图斑 1 与图斑 2 存在交叉

交叉位置：177.6170，73.7561

检查完成

序号	说明
1	图斑 8 存在空隙
2	图斑 7 存在空隙
3	图斑 2 与图斑 1 存在交叉
4	图斑 1 与图斑 2 存在交叉

图 4-130　图斑检查提示

4.11.10　分级面积控制

功能： 检查上下级行政区的面积统计情况。

操作： 选择该命令后，点取上一级行政区线。

如果各级行政区与其下一级的各子面积之和都不相等，则屏幕弹出对话框，如图 4-131 所示。

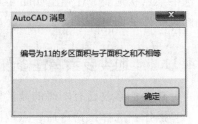

图 4-131　分级面积控制提示

4.11.11　统计土地利用面积

操作： 选择"土地利用\统计\统计土地利用面积"命令，命令行提示：

选择行政区或权属区：在图面上选取要统计土地利用面积的行政区或权属区。

请选择输出方式：<1> 输出到 Excel <2> 输出到 CAD 图纸 ：<1>：回车，默认选择<1>。

系统将在 Excel 中自动生成土地分类面积统计图，如图 4-132 所示。

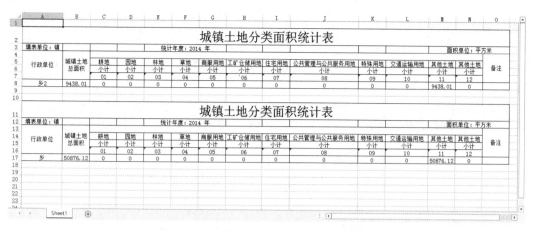

图 4-132　统计土地利用面积 Excel 表

4.11.12　图斑面积汇总

功能：统计图面上图斑面积情况。

操作：选择"土地利用\统计\图斑面积汇总"命令，命令行提示：

请选择边界：在图面上选取要统计土地利用面积的行政区或权属区。

正确选择后，会弹出对话框，如图 4-133 所示。

系统将在 Excel 中自动生成土地分类面积统计图，如图 4-134 所示。

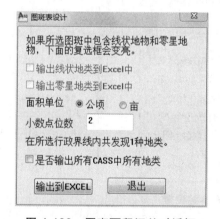

图 4-133　图斑面积汇总对话框

图斑编号	土地总面积	其他土地		备注
		小计	河流水面	
			(111)	
8	0.42	0.42	0.42	
9	0.52	0.52	0.52	
10	2.58	2.58	2.58	
11	2.51	2.51	2.51	
合计	6.03	6.03	6.03	

图 4-134　图斑面积汇总 Excel 表

图 斑 统 计 表

统计单位：镇　　　　面积单位：公顷

4.11.13　绘制境界线

功能：绘制各种境界线。

操作：选择境界线种类，比如省界。系统会有如下提示：

第一点：<跟踪 T/区间跟踪 N>

曲线 Q/边长交会 B/跟踪 T/区间跟踪 N/垂直距离 Z/平行线 X/两边距离 L/圆 Y/内部点 O<指定点>

曲线 Q/边长交会 B/跟踪 T/区间跟踪 N/垂直距离 Z/平行线 X/两边距离 L/隔一点 J/微导线

A/延伸 E/插点 I/回退 U/换向 H<指定点>

曲线 Q/边长交会 B/跟踪 T/区间跟踪 N/垂直距离 Z/平行线 X/两边距离 L/闭合 C/隔一闭合 G/隔一点 J/微导线 A/延伸 E/插点 I/回退 U/换向 H<指定点>C：最后键入 C 让行政区划线闭合。

4.11.14　设置图斑边界

功能：将各种复合线实体设置为图斑边界。

操作：操作该命令后选择需要设置为图斑边界的复合线实体即可。

4.11.15　取消图斑边界设置

功能：将已经设置为图斑边界的线实体取消它的图斑边界设置。

操作：操作该命令后选择需要取消设置为图斑边界的复合线实体即可。

4.11.16　图斑自动生成

功能：按照境界线、行政区界、图斑边界围成的封闭区域生成用地地界及用地界址点，并将相应小区块生成面状图斑，如图 4-135 所示。

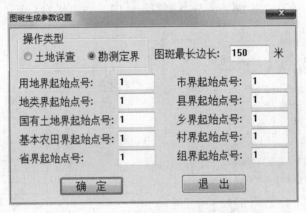

图 4-135　图斑生成参数设置

4.11.17　用地界址点名

功能：修改、注记、取消注记。修改界址点点名；注记界址点点名；取消界址点名称注记。

4.11.18　图斑加属性

功能：给生成的图斑加属性。

操作：选择该命令后，点取图斑内部一点，弹出图斑属性对话框，如图 4-136 所示。

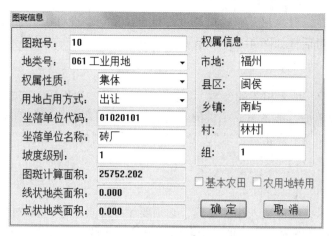

图 4-136　图斑属性对话框

4.11.19　搜索无属性图斑

功能：搜索并定位到没有赋予属性图斑。

操作：操作后，直接定位到图斑，图斑居中放大，然后可以通过图斑加属性，对该图斑赋予属性内容。

4.11.20　图斑颜色填充

功能：对图斑进行颜色填充。

操作：操作该命令后，选择需要填充的图斑，确定后即对图斑进行填充。

4.11.21　删除图斑颜色填充

功能：删除图斑的颜色填充。

操作：操作该命令后，直接删除图斑的颜色填充。

4.11.22　图斑符号填充

功能：对图斑进行颜色填充。

操作：操作该命令后，直接对图斑进行符号填充。

4.11.23　删除图斑符号填充

功能：删除图斑的颜色填充。

操作：操作该命令后，直接删除图斑的符号填充。

4.11.24　绘制公路征地边线

功能：绘制公路征地边线。

操作：首先要在工程应用菜单栏里通过公路曲线设计，设计出一条道路中心线。然后操作该命令后，弹出对话框如图 4-137 所示。

1. 逐个绘制

如图 4-137 所示，填入相关的参数，如桩间隔、桩号、边框等，点击"绘制"，程序绘完一个桩，桩号自动累加，准备下一个桩的绘制；其中在拐弯的地方可适当减小桩间隔，保证边线尽量逼近实际位置；点击"回退"，可以撤销最后绘制的桩；点击"关闭"，退出对话框，结束征地边线绘制。

2. 批量绘制

如图 4-138 所示，同样填入相关参数，必须要填"起点桩号"和"终点桩号"，点击"绘制"，程序根据用户所填的参数，批量绘制出涉及的所有的桩；点击"回退"，撤销上一次批量绘制的桩；点击"关闭"，退出对话框，结束征地边线绘制。

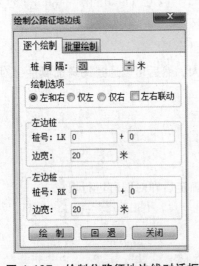

图 4-137　绘制公路征地边线对话框

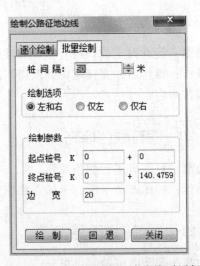

图 4-138　绘制公路征地边线对话框

如果没有设计出道路来，操作此命令后会弹出提示对话框，如图 4-139 所示。

图 4-139　信息提示

4.11.25　线状用地图框

线状用地图框的菜单如图 4-140 所示。

1. 单个加入图框

操作：选择"土地利用\线状用地图框\单个加入图框"命令，命令行提示：

请输入图框左下角位置：沿公路设计中线，点取图框的左下角位置，屏幕显示要加入的图框，并确定图框的旋转方向，如图 4-141 所示。

图 4-140　线状用地图框的菜单

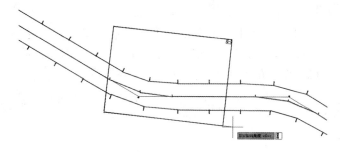

图 4-141　加入单个图框

2. 单个剪切图框

操作：选择"土地利用\线状用地图框\单个剪切图框"命令，命令行提示：

请输入图框左下角位置：沿公路设计中线，点取图框的左下角位置，屏幕显示要加入的图框，并确定图框的旋转方向，如图 4-142 所示。

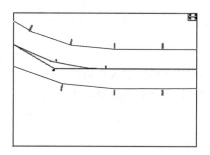

图 4-142　单个剪切图框

选择图框：选择要剪切的图框。

请指定图框定位点：在图面空白处点取图框的绘制位置，屏幕弹出如图 4-143 所示图框保存路径对话框，选择图框文件的保存路径，点击"确定"，如果不保存，则点击"取消"；接着程序在刚才指定的图框定位点，绘出完整的图框内容。

图 4-143　图框保存路径对话框

3. 批量加入图框

操作： 选择"土地利用\线状用地图框\批量加入图框"命令，命令行提示：

选择道路中线：选择要批量加入图框的公路设计中线，点取图框的左下角位置，屏幕显示要加入的图框，并确定图框的旋转方向，如图 4-144 所示。

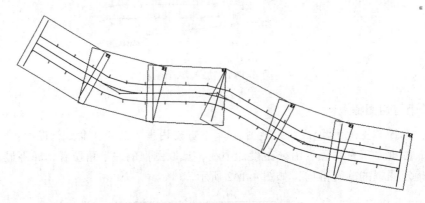

图 4-144　批量加入图框

选择道路中线：

请输入分幅间距（米）：<800>160：输入分幅的间距，默认是 800，在本文例子中，输入 160。程序根据相关参数，沿公路设计中线批量加入图框。

4. 批量剪切图框

功能： 能批量进行图框剪切。

操作： 同单个剪切图框。

4.11.26　用地项目信息输入

功能： 输入当前图的用地信息情况。

操作： 选择该命令后，弹出对话框，如图 4-145 所示。

图 4-145　项目信息对话框

将用地项目的信息情况填写到相应的栏目里，保存这幅图后，这幅图将永远保存该项目信息。

4.11.27　输出勘测定界报告书

功能：生成勘测定界报告。

操作：选择"土地利用\输出勘测定界报告书"命令，屏幕弹出土地勘界报告书对话框，如图 4-146 所示。填写相关参数，点击"生成"，程序生成勘测定界报告书，并保存在对话框填写的报告书保存路径中。

图 4-146　土地勘界报告书对话框

系统将自动生成土地勘界报告书 Word 文档到指定路径下。

生成的报告书如图 4-147 所示。

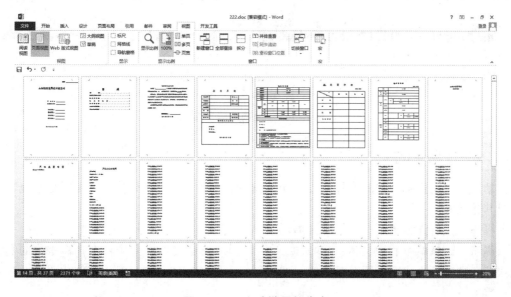

图 4-147　土地勘界报告书

4.11.28 输出电子报盘系统

选择"土地利用\输出电子报盘系统"命令，屏幕弹出选择报盘系统数据库文件的对话框，如图4-148所示。选择目标文件，点击"打开"，程序将把当前图面上的土地勘测定界信息导入报盘系统数据库文件中；点击"取消"，放弃本次操作，退出对话框。

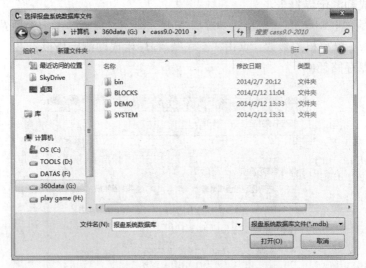

图4-148　选择报盘系统数据库文件

4.12　地物编辑（<u>A</u>）

本节主要讲述对地形、地物图形元素加工编辑的方法，作为专业的地形、地籍成图软件，CASS 9.0 提供了内容丰富、手段多样的地形图编辑方法，地物编辑菜单内容如图4-149所示。

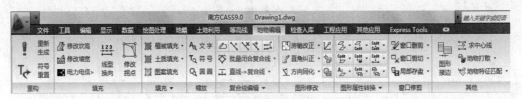

图4-149　地物编辑菜单栏

4.12.1 重新生成

功能：此功能将根据图上骨架线重新生成一遍图形，通过这个功能，编辑复杂地物只需编辑其骨架线。

操作：执行此菜单后，见命令区提示。

提示：选择需重构的实体：/手工选择实体（S）/<重构所有实体> 选择需重构的实体，直接回车则重新生成图上所有骨架线，如用鼠标点取某实体，则只对该实体代码所对应实体进行重构。

4.12.2　线型换向

功能： 改变各种线型（如陡坎、栅栏）的方向。

操作： 请选择要换向的复合线：用鼠标指定要改变方向的线型实体，则立即改变线型方向。

说明： 线型换向实际是将要换向的线按相反的节点顺序重新连接，因此，没有方向标志的线换向后虽然看不出变化，但实际上连线顺序变了。另外，依比例围墙的骨架线换向后，会自动调用"重新生成"功能将整个围墙符号换向。

4.12.3　修改墙宽

功能： 依照围墙的骨架线来修改围墙的宽度。

操作： 见命令区提示。

提示： 选择依比例围墙或 U 形台阶骨架线：选择待修改围墙骨架线。

输入围墙宽度或 U 形台阶级数：输入新的宽度。

4.12.4　查询坎高

功能： 查看或改变陡坎各点的坎高。

提示： 选择陡坎线：用鼠标选择一条陡坎或加固陡坎，该条陡坎将会显示在屏幕中央，系统依次查询陡坎的每一个节点，正在处理的节点会有一个十字符号作为标志。

请选择修改坎高方式：（1）逐个修改 （2）统一修改<1>：选择<1>，则会出现如下提示。

每个节点都提示： 当前坎高=1.000 米，输入新坎高<默认当前值>：输入该节点坎高，直接回车默认为是整个陡坎的缺省坎高。修改一拐点后，系统自动跳至下一点，直至结束。

4.12.5　电力电信

功能： 画出电杆附近的电力电信线，如图 4-150 所示。

图 4-150　电力电信线编辑对话框

操作： 如果选择输电线、配电线、通信线，过程如下：

提示： 给出起始位：键入电杆位坐标。

是否画电杆？（1）是（2）否<1> 输入1（选择是）画出电杆，若已画好了电杆输入2。

然后会连续提示： 给一方向终止点：分别给出各个方向的电线终止点，将会在每个方向上分别绘出箭头符号。

当电力线有多种时请使用加线功能，如加输电线、加配电线、加通信线。

提示： 选择电杆：鼠标选取要加线的电杆。

给一方向终止点 在电线终止方向点一下绘出箭头符号。

4.12.6 植被填充

功能： 在指定区域内填充植被，其子菜单如图4-151所示。

以稻田为例：

提示： 请选择要填充的封闭复合线：选择需要填充稻田符号区域的边界线，所选择封闭区域内将填充稻田符号。填充密度可由"CASS 9.0参数配置"功能设置。

注意： 选取的复合线必须是封闭的。

4.12.7 土质填充

功能： 在指定区域内进行各种土质的填充。操作过程同植被填充。

4.12.8 突出房屋填充

功能： 对突出房屋进行填充斜线。

操作： 执行此菜单后，见命令区提示。

提示： 请选择要填充的封闭复合线 LAYER 选择要填充的封闭复合线。

图4-151 植被填充子菜单

4.12.9 图案填充

功能： 把指定封闭的复合线区域填充成指定的图案，颜色为当前图层颜色。

4.12.10 符号等分内插

功能： 在两相同符号间按设置的数目进行等距内插。

操作： 执行此菜单后，见命令区提示。

提示： 请选择一端独立符号：

请选择另一端独立符号：按提示输入两端符号。

请输入内插符号数：系统将按此数目进行符号内插。

注意： 两端符号应相同，否则此功能无法进行。

4.12.11　批量缩放

1. 文　字

对屏幕上的注记文字进行批量放大、缩小或者位移。

执行此菜单后，命令区提示：

1.选目标/2.选层，颜色或字体/3.选择目录 <1>：

（1）输入 1 或回车（缺省为 1），提示：选择对象：进行目标选择，用窗口、All 等各种方式均可，系统将自动过滤出文字目标。

给文字起点 *X* 坐标差：<0.0>

给文字起点 *Y* 坐标差：<0.0>：输入文字起点 *X*、*Y* 方向的坐标差值。

请选择：1.按比例缩放/2.按固定大小 <1>：输入缩放比。

（2）输入 2，提示：C 颜色 / LA 图层 / S 字体<C>：键入 C，则通过颜色选目标，然后会提示"颜色号 / <?>:"空回车则系统会提供各种颜色代码；键入 LA 则以图层选目标；键入 S 则以字体选目标，然后会提示">>字体名:"。

2. 符　号

在屏幕上批量地放大或缩小选中的符号。

执行此菜单后，命令区提示：

空回车选目标 / <输入图层名>：直接回车即可选目标。若输入图层名，系统会自动在此图层中滤出独立符号块，对非符号无任何影响。

给符号缩放比：输入符号的缩放比。

3. 圆　圈

按比例或固定半径缩放圆圈。

4.12.12　复合线处理

功能：提供对地物线型的批量处理，其子菜单如图 4-152 所示。

1. 批量拟合复合线

对选中的复合线进行批量拟合或取消拟合。

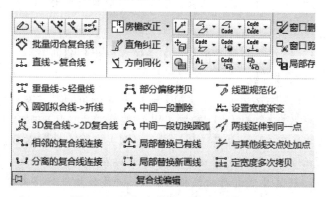

图 4-152　复合线处理命令子菜单

执行此菜单后，命令区提示：

D 不拟合/S 样条拟合/F 圆弧拟合<F>：这是选择拟合方法。S 拟合是样条拟合，线变化小，但不过点；F 拟合是曲线拟合过点，但线变化大。对密集的等高线一般选前者（输入 S），其他选后者（输入 F 或直接回车）。

空回车选目标/<输入图层名>：若空回车，则提示：选择对象：可用点选或窗选等方法选择复合线；若输入图层名，将对该图层内所有的复合线操作。

2. 批量闭合复合线

将选定的未闭合复合线闭合。

3. 批量修改复合线高

CASS9.0 中的复合线，例如等高线都是带有高度的，用本项功能可以改变此高度。

执行此菜单后，命令区提示：

输入修改后高程：<0.0>：输入要修改的目标高程。

选择要修改的图形实体：选择要修改的复合线。

选择对象：可用点选或窗选等方法选择复合线，输入 ALL 则选中所有复合线。

4. 批量改变复合线宽

批量修改多条复合线的宽度。

执行此菜单后，命令区提示：

空回车选目标/<输入图层名>：若空回车，则提示选择对象：可用点选或窗选等方法选择复合线；若输入图层名，将对该图层内所有的复合线进行宽度更改。

请选择：1.按固定宽度/2.按比例缩放/3.根据 INDEX.INI 文件 <1>：选择修改类型。

请输入修改后复合线宽：输入需要的复合线宽。

5. 线型规范化

控制虚线的虚部位置以使线型规范。执行此菜单后，命令区提示：

Full/Segment <Full>：选 F 或直接回车，将以端点控制虚线部位置，重新生成均匀虚线，即虚线段为均匀的。选 S，将以顶点控制虚部位置，即只在顶点间虚线才均匀。

选择对象：选取对象，对选中的非虚线将无影响。

注意：如果执行程序看到线型好像未变，请将图形放大观察。

6. 复合线编辑

对复合线的线形、线宽、颜色、拟合、闭合等属性进行修改。

执行此菜单后，命令区提示：

命令：_pedit 选择多段线或［多条（M）]：选取要编辑的复合线。

输入选项［闭合（C）/合并（J）/宽度（W）/编辑顶点（E）/拟合（F）/样条曲线（S）/非曲线化（D）/线型生成（L）/反转（R）/放弃（U）]：输入编辑参数。

说明：C：将复合线封闭；J：将多个复合线连接在一起；W：改变复合线宽度；E：编辑复合线的顶点；F：将复合线进行曲线拟合；S：将复合线进行样条拟合；D：取消复合线的拟合；L：确定复合线顶点是否进行虚部控制；U：取消最后的 pedit 操作。

7. 复合线上加点

在所选复合线上加一个顶点，选择线的位置即为加点处。

8. 复合线上删点

在复合线上删除一个顶点，直接选中顶点蓝色节点即可。

9. 移动复合线顶点

可任意移动复合线的顶点。

10. 相邻复合线连接

将首尾不相接的两条复合线连接为一体。

11. 分离的复合线连接

将首尾相接但不是同一个实体的复合线连接为一体。

12. 重量线→轻量线

将 POLYLINE 转换为 LWPOLYLINE 大大压缩线条的数据量。

13. 直线→复合线

将直线转换成复合线。

14. 圆弧→复合线

将圆弧转换为复合线。

15. SPINE→复合线

将样条曲线转换为复合线。

16. 椭圆→复合线

将椭圆转换为复合线。

4.12.13　图形接边

功能：两幅图进行拼接时，存在同一地物错开的现象，可用此功能将地物的不同部分拼接起来形成一个整体。

操作：执行本菜单命令后，弹出如图 4-153 所示对话框。

操作方式：有手工、全自动、半自动三种方式。手工是每次接一对边；全自动是批量接多对边；半自动是每接一对边前提示，问是否连接。

接边最大距离：设定能连接的两条边的最大距离，大于该值不可连接。

无节点最大角度：参与接边一对线的交角不超过所设置的角度时，相接后变成一在相接处无节点的复合线。若超过该值则生成一条折线，相接处有节点。

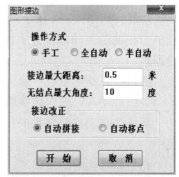

图 4-153　图形接边对话框

设置好操作方式、接边最大距离和无节点最大角度后，点击"开始"按钮，再依提示操作。

若选手工方式则提示：

选择图形实体一<回车退出>：选择第一条边。

选择图形实体二<回车退出>：选择要连接的另一条边。

连接成功！

若是选全自动方式则提示：

是否设置图幅边界线？（1）是 （2）否 <2>

选择要接边的第一部分实体：

选择对象：批量选择第一部分实体。

选择要接边的第二部分实体：

选择对象：批量选择第二部分实体。

共连接了 2 对实体

注意：两次选择的实体数目要相等，设置接边距离要以相距最远的两条边为准。

若选择半自动方式则提示：

选择要接边的第一部分实体：

选择对象：选择接边实体。

选择要接边的第二部分实体：

选择对象：选择接边实体。

是否连接（Y/N）？<Y>

共连接了 1 对实体

4.12.14 求中心线

功能：求两条复合线之间的中心线。

操作：执行本菜单命令后，提示一：选择第一根复合线，选定一条复合线；提示二：选择第二根复合线，选定一条复合线，即绘制出两条复合线之间的中心线。

4.12.15 图形属性转换

功能：如图 4-154 所示，共有 16 种转换方式，每种方式有单个和批量两种处理方法，以"图层→图层"为例，单个处理时：

提示：转换前图层：输入转换前图层。

转换后图层：输入转换后图层。

系统会自动将要转换图层的所有实体变换到要转换到的层中。

如果要转换的图层很多，可采用"批量处理"，但是要在记事本中编辑一个索引文件，格式是：

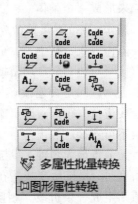

图 4-154　图形属性转换子菜单

转换前图层 1，转换后图层 1

转换前图层 2，转换后图层 2

转换前图层 3，转换后图层 3

⋮

END

其他功能索引文件格式同图层→图层，格式：

转换前**1，转换后**1

转换前**2，转换后**2

转换前**3，转换后**3

⋮

END

4.12.16　坐标转换

功能：将图形或数据从一个坐标系转到另外一个坐标系（只限于平面直角坐标系）。

操作：执行此菜单后，系统会弹出一对话框，如图 4-155 所示。用户拾取两个或两个以上公共点就可以进行转换。

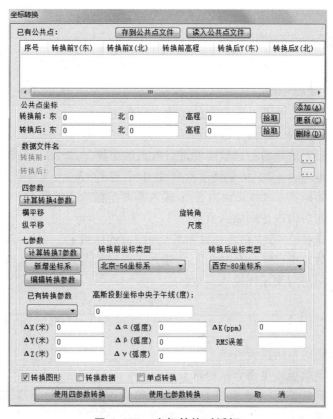

图 4-155　坐标转换对话框

说明：此转换功能只是对图形或数据进行一个平移、旋转、缩放，而不是坐标的换带计算。

4.12.17 测站改正

功能：如果用户在外业不慎搞错了测站点或定向点，或者在测控制前先测碎部，可以应用此功能进行测站改正。

操作：执行此菜单后，见命令区提示。

提示：请指定纠正前第一点：输入改正前测站点，也可以是某已知正确位置的特征点，如房角点，指图上位置。

请指定纠正前第二点方向：输入改正前定向点，也可以是另一已知正确位置的特征点。指图上位置。

请指定纠正后第一点：输入测站点或特征点的正确位置。

请指定纠正后第二点方向：输入定向点或特征点的正确位置。

请选择要纠正的图形实体：用鼠标选择图形实体。

系统将自动对选中的图形实体作旋转平移，使其调整到正确位置，之后系统提示输入需要调整和调整后的数据文件名，可自动改正坐标数据，如不想改正，按"Esc"键即可。

此项功能与坐标转换的差别在于，前者可利用多个公共点包含的坐标转换功能进行最小二乘转换，而测站纠正仅是一点定位平移后，按已知方向旋转。

4.12.18 二维图形

功能：删除图形的高程信息。

4.12.19 房檐改正

功能：对测量过程中没有办法测到的房檐进行改正。

操作：执行此菜单后，见命令区提示。

提示：选择要改正的房檐：选取需要进行改正的房檐。

（1）逐个修改每条边（2）批量修改所有边<1>：选择<2>。

输入房檐改正的距离（向外正向内负）：输入需要房檐改正的距离，如果是向房外改正则输入正数，如果是向房内改正则输入负数。

（1）逐个修改每条边（2）批量修改所有边<1>：选择<1>。

输入房檐改正的距离（向外正向内负）：输入需要房檐改正的距离，如果是向房外改正则输入正数，如果是向房内改正则输入负数。

4.12.20 直角纠正

功能：将多边形内角纠正为直角。

操作：执行此菜单后，见命令区提示。

提示：选择封闭复合线：（点取基准边）选取需纠正的多边形。所谓基准边，就是该边在纠正过程中方向不变。

说明：多边形的边数必须是偶数才能执行本操作，系统将尽量使各顶点纠正前后位移最小。

4.12.21　窗口删剪

1. 窗口删剪

删除窗口内或窗口外的所有图形，如果窗口与物体相交，则会自动切断。

执行此菜单后，命令区提示：

窗口删剪—第一角：

另一角：通过指定窗口两角来确定删剪窗口。

用一点指定剪切方向…：用鼠标指定删除窗内还是窗外的图形。点到窗口外即删减窗口外图形，反之删除窗口内图形。

2. 依指定多边形删剪

删除并修剪掉多边形内或外的图形。执行此菜单后，命令区提示：

批量修剪—选择 Pline 线构成的剪切边界…

选择对象：选择多边形（多边形应先用封闭复合线画出）。

用一点指定剪切方向…：指定点在多边形内，则删去里面的图形；指定点在多边形外，则删去外面的图形。

4.12.22　窗口剪切

1. 窗口剪切

功能：如果窗口与物体相交，则会自动切断。

操作：执行此菜单后，见命令区提示。

提示：窗口修剪—第一角：

另一角：通过指定窗口两角来确定剪切窗口。

用一点指定剪切方向…：用鼠标指定删除窗内还是窗外的图形。点到窗口外即删减窗口外与窗口相交的图形，反之删除窗口内与窗口相交的图形。

2. 依指定多边形剪切

功能：删除并剪切掉与窗口相交的图形。

操作：执行此菜单后，见命令区提示。

提示：多边形窗口删剪—选择 Pline 线围成的封闭删剪边界…

选择对象：选择多边形（多边形应先用封闭复合线画出）。

用一点指定剪切方向…：指定点在多边形内，则删去里面与窗口相交的图形；指定点在多边形外，则删去外面与窗口相交的图形。

4.12.23　局部存盘

1. 窗口内的图形存盘

将指定窗口内的图形存盘，主要用于图形分幅。执行此菜单后，命令区提示：

窗口内图形存盘—左下角：

右上角：用鼠标定窗口大小。

输入存盘文件名（不能和已有图形文件重名）：

将窗口内图形存入此文件中。

2. 多边形内图形存盘

将指定多边形内的图形存盘，而多边形区域应先用复合线画好。执行此菜单后，命令区提示：

选择多边形边界：指定多边形。

请等待...输入存盘文件名（不能和已有图形文件重名）：键入文件名。

4.12.24 地物特征匹配

功能：将一个实体的地物特征匹配给另一个实体。

操作：命令后，提示选择源对象：［设置（S）］，输入 S 后确定，弹出特征匹配学习对话框，如图 4-156 所示。

在相应的需要刷的属性内容的复选框里打上钩后确定，然后按照提示选择源对象，再提示选择对象，然后选择被刷的对象实体，确定后就完成了对象的特征匹配了。

提示：本功能包含了单个刷和批量刷两种方式。

单个刷：是指一个个地选择被刷的实体对象。

批量刷：是指选择需要被刷的一个对象实体后，一次性把该同一类型的对象实体全部刷成功。

图 4-156　匹配学习对话框

4.12.25 打散独立图块

功能：把图块、多义线等复杂实体分离成简单实体，以便按要求编辑或修改。一次只能分离一级复杂实体。

操作：执行此命令后，选择要分离的对象。可多次选取，回车结束。

4.12.26 打散复杂线型

功能：将 CASS 9.0 中特有的复杂线形打散以便在 AutoCAD 中显示。CASS 9.0 中定义了大量测量规范图式中特有的复杂线形，而由这些线形生成的实体在 AutoCAD 中无法显示，故调入 AutoCAD 之前将复杂线形打散成 AutoCAD 可识别的简单线形。

操作：左键点击本菜单后见命令区提示，图 4-157 为提示对话框。

提示：执行本操作会破坏原有的图形，故应注意存盘。直接回车继续。

（1）手工选取要打散的复杂线形实体（2）打散相同编码的复杂线形实体<1>：直接回车选 1。

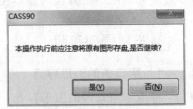

图 4-157　提示对话框

选择对象：选择复杂线形实体，回车选取结束。

共打散 3 个具有复杂线形的复合线

若选（2）打散相同编码的复杂线形实体，则提示：

选择实体...：选择一个复杂线形实体，则可打散具有相同属性的复杂线形实体。

4.13　检查入库（G）

进行图形的各种检查以及图形格式转换，菜单如图 4-158 所示。

图 4-158　检查入库菜单

4.13.1　地物属性结构设置

CASS 9.0 的"属性结构设置"窗口如图 4-159 所示，用户可以不必理会几个配置文件间的复杂关系，直接在同一个界面上就能完成定制入库接口的所有工作，并易于查看、检核数据库表结构，极大地方便了 GIS 建库工作。

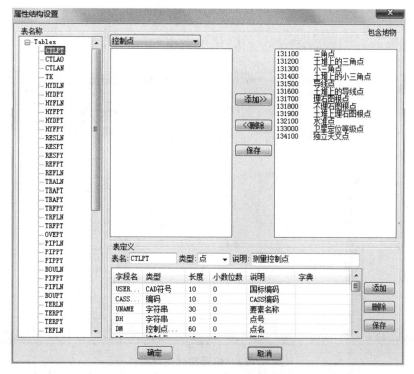

图 4-159　属性结构设置对话框

说明： 对话框左边的树状图中，Tables 根目录底下的名称是符号（地物、地籍）所属层名，对应到数据库中，就是该数据库的表名。要增加或删除数据表，可以在树状图的任意位置点击右键，弹出"删除/添加"，选择菜单后，执行相应操作。

在对话框中部的下拉框中选择地物类型，选取具体的地物添加到当前层中，表明当 DWG 文件转出成 SHP 文件时，该地物就放在当前层上。对话框右下角方框为"表结构设置"，可以对当前的表进行相应的修改，例如更改表类型、更改表说明、增加字段、更新字段等。

提示：

图 4-159 左边的窗口为各个实体层所对应的属性表名称。

图 4-159 中间的窗口对应的是该实体层所对应的"没有被赋予属性表的地物实体"。

图 4-159 右边的窗口对应的是该实体层所对应的"被赋予了该属性表的地物实体"。

图 4-159 下面的窗口对应的是该实体层所对应的"属性表的字段内容"。

字段名称： 为该字段所对应的英文代码，用户可以自定义，如层高可以表示为 CG。

字段类型： 即填写该字段的数据类型，有整型、字符串型等。

长度： 即该字段填写内容的长度，如字符串类型字段，长度是 10，那么就只能填 10 个字符，整型只能填 10 位数字。

小数位数： 即是指浮点型数据类型，该保留的小数位。如是 3 位有效数字，那么该是 0.000。

说明： 即图 4-160 里属性名称所对应的内容，如权利人、层数。

字典： 填写该字段的数据字典，如果没有就空着。

注意： 修改之后注意实时保存。

4.13.2　编辑实体附加属性

功能： 给被赋予了属性表的地物实体添加属性内容，如图 4-160 所示。

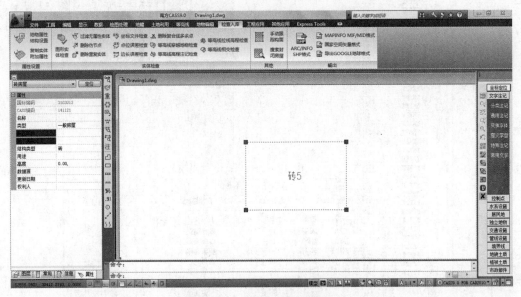

图 4-160　编辑实体附加属性

操作：左键点击 CASS 属性菜单下方的属性窗口后，弹出屏幕窗口如图 4-160 左侧窗口，再选中需要赋予附加属性内容的实体，最后在窗口中填写相应的属性内容即可。

4.13.3　复制实体附加属性

功能：已经赋予了属性内容的实体，把该实体的属性信息复制给同一类型的其他实体。如已经给一个一般房屋添加了附加属性内容，就可以通过此命令将附加属性内容复制给图面上的其他一般房屋。

操作：左键点击本菜单后，提示选择被复制属性的实体，选择要复制的源实体后，提示选择对象，再选择要被赋予该属性内容的实体即可。

4.13.4　图形实体检查

图形实体检查对话框如图 4-161 所示。

图 4-161　图形实体检查

检查结果放在记录文件中，可以逐个或批量修改检查出的错误。

（1）编码正确性检查。检查地物是否存在编码，类型正确与否。

（2）属性完整性检查。检查地物的属性值是否完整。

（3）图层正确性检查。检查地物是否按规定的图层放置，防止误操作。例如，一般房屋中应该放在"JMD"层的，如果放置在其他层，程序就会报错，并对此进行修改。

（4）符号线型线宽检查。检查线状地物所使用的线型是否正确。例如，陡坎的线型应该是"10421"，如果用了其他线型，程序将自动报错。

（5）线自相交检查。检查地物之间是否相交。

（6）高程注记检查。检核高程点图面高程注记与点位实际的高程是否相符。

（7）建筑物注记检查。检核建筑物图面注记与建筑物实际属性是否相符，如材料、层数，如图 4-162 所示。

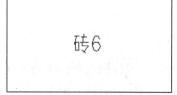

图 4-162　建筑物注记检查

（8）面状地物封闭检查。此项检查是面状地物入库前的必要步骤。用户可以自定义"首尾点间限差"（默认为 0.5 m），程序自动将没有闭合的面状地物强行首尾闭合：当首尾点的距离大于限差，则用新线将首尾点直接相连，否则尾点将并到首点，以达到入库的要求。

（9）复合线重复点检查。复合线的重复点检查旨在剔除复合线中与相邻点靠得太近又对复合线的走向影响不大的点，从而达到减少文件数据量、提高图面利用率的目的。用户可以自行设置"重复点限差"（默认为 0.1），执行检查命令后，如果相邻点的间距小于限差，则程序报错，并自行修改。

4.13.5　过滤无属性实体

功能： 过滤图形中无属性的实体。

操作： 绘制完图形后左键点击菜单，在对话框中选择文件保存的路径，点击确定进行过滤。

4.13.6　删除伪节点

功能： 删除图面上的伪节点。

操作： 左键点取本菜单见系统提示。

提示： 请选择：（1）处理所有图层（2）处理指定图层　如果选择（1）命令会删除所有图层上的伪节点；如果选择（2），见如下提示：

请输入要处理的图层：输入图层名后命令会删除所选择图层的伪节点。

4.13.7　删除复合线的多余点

功能： 删除图面中复合线上的多余点。

操作： 左键点取本菜单见系统提示。

提示： 请选择：（1）只处理等值线　（2）处理所有复合线 <1>：

请输入滤波阈值<0.5 米>：输入滤波阈值，系统默认为 0.5 米。

请选择要进行滤波的复合线：

4.13.8　删除重复实体

功能： 删除完全重复的实体。

操作： 左键点击菜单，弹出如图 4-163 所示的对话框，确定是否继续。

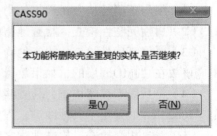

图 4-163　删除重复实体

4.13.9　等高线穿越地物检查

功能： 检查等高线是否穿越地物。

操作： 左键点击本菜单，命令自动检查等高线是否穿越地物。

4.13.10　等高线高程注记检查

功能： 检查等高线高程注记是否有错。

操作： 左键点击本菜单，命令自动检查等高线高程注记是否有错误。

4.13.11　等高线拉线高程检查

功能： 拉线后检查线所通过等高线是否有错。

操作： 左键点击本菜单后见系统提示。

提示： 指定起始位置：

指定终止位置：指定起始位置和终止位置后命令栏会显示所拉线与等高线有多少个交点，是否存在错误。

4.13.12　等高线相交检查

功能： 检查等高线之间是否相交。

操作： 左键点击本菜单后见系统提示。

提示： 请选择要检查的等高线：

选择对象：选择完成后命令栏会显示等高线之间是否相交。

4.13.13　坐标文件检查

功能： 自动检查草图法测图模式中的坐标文件（*.DAT），不仅对 DAT 数据中的文件格式进行检查，还对点号、编码、坐标值进行全面的类型、值域检查并报错，显示在文本框中，以便于修改。

操作： 左键点击本菜单，弹出如图 4-164 所示的对话框。

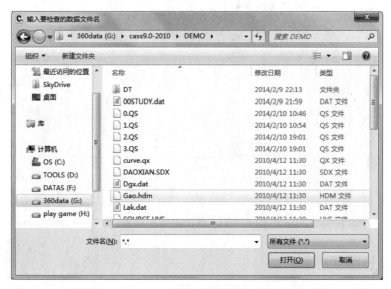

图 4-164　坐标文件检查选择文件对话框

选择文件名后弹出所检查的坐标数据文件是否出错，弹出如图 4-165 所示的对话框。

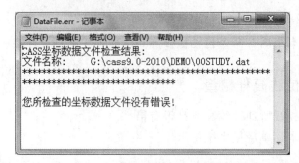

图 4-165　CASS 坐标数据文件检查结果

4.13.14　点位误差检查

功能： 点位精度的检查，通过重复设站，测定地物点的坐标，与图上相同位置的地物点进行比较，得到点位中误差，来确定地物点的定位精度。一般每幅图采点 30～50 个。计算模型如下：

$$\delta_x^2 = \frac{1}{n}\sum_{i=1}^{n}\Delta x_i^2$$

$$\delta_y^2 = \frac{1}{n}\sum_{i=1}^{n}\Delta y_i^2$$

$$\delta = \sqrt{\delta_x^2 + \delta_y^2}$$

操作： 点击本菜单后弹出如图 4-166 所示的对话框，打开文件进行点位误差的检查。

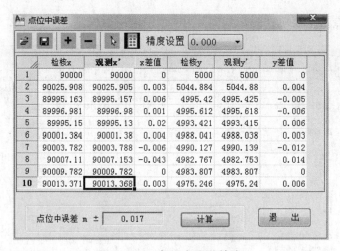

	检核x	观测x'	x差值	检核y	观测y'	y差值
1	90000	90000	0	5000	5000	0
2	90025.908	90025.905	0.003	5044.884	5044.88	0.004
3	89995.163	89995.157	0.006	4995.42	4995.425	-0.005
4	89996.981	89996.98	0.001	4995.612	4995.618	-0.006
5	89995.15	89995.13	0.02	4993.421	4993.415	0.006
6	90001.384	90001.38	0.004	4988.041	4988.038	0.003
7	90003.782	90003.788	-0.006	4990.127	4990.139	-0.012
8	90007.11	90007.153	-0.043	4982.767	4982.753	0.014
9	90009.782	90009.782	0	4983.807	4983.807	0
10	90013.371	90013.368	0.003	4975.246	4975.24	0.006

点位中误差 m ± 0.017

图 4-166　点位中误差检查

4.13.15　边长误差检查

功能： 边长精度的检查，是根据数据采集的点位反算出的边长与原边长之差或人工实际量距与原边长的差得到边长的中误差。计算模型如下：

$$\delta_L = \sqrt{\frac{1}{n}\sum_{i=1}^{n}\Delta L_i^2}$$

操作： 点击本菜单后弹出如图 4-167 所示的对话框，打开文件进行边长误差的检查。

	检核L	观测值L'	△L=L-L'
1	90000	90000	0
2	90025.908	90025.9	0.008
3	89995.163	89995.155	0.008
4	89996.981	89996.981	0
5	89995.15	89995.135	0.015
6	90001.384	90001.32	0.064
7	90003.782	90003.753	0.029
8	90007.11	90007.132	-0.022
9	90009.782	90009.765	0.017
10	90013.371	90013.35	0.021
11	90021.016	90021.015	0.001
12	90033.321	90033.312	0.009

边长中误差 m= ± 0.023　　计算　　退出

图 4-167　边长误差检查

4.13.16　手动跟踪构面

功能： 将断断续续的复合线连接起来构成一个面，例如：花坛、道路边线、房屋边线等断开的线，我们可以通过手动构面，把它们围成的面域构造出来。

操作： 点击本菜单，提示"选取要连接的一段边线：<直接回车结束>"，然后依次选择需要进行构面的复合线边线，当最后"需要闭合的时候"，直接回车闭合结束。

4.13.17　搜索封闭房屋

功能： 自动搜索某一图层上复合线围成的面域，并把它自动生成房屋面。

操作： 点击本菜单，提示"请输入旧图房屋所在图层："，然后"输入需要搜索封闭房屋面的图层"，确定后即将该图层上复合线围成的面域生成一般房屋。

4.13.18　输出 ARC/INFO SHP 格式

功能： 用来将 CASS 做出的图转换成 SHP 格式的文件。

操作： 点击本菜单，弹出如图 4-168 所示的对话框。首先选择无编码的实体是否转换、弧段插值的角度间隔、文字是转换到点还是线，然后选择生成的 SHP 文件保存在哪一个文件夹内（可以直接输入文件路径），如图 4-169 所示，完成 SHP 格式文件的转换。

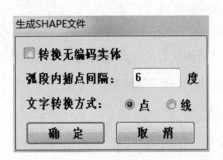

图 4-168　生成 ARC/INFO SHP 格式对话框　　　图 4-169　选择 SHP 文件保存文件夹对话框

4.13.19　输出 MAPINFO MIF/MID 格式

功能：用来将 CASS 做出的图转换成 MIF/MID 格式的文件。

操作：点击本菜单，弹出如图 4-170
所示的对话框。选择生成的 MIF/MID 文件
保存在哪一个文件夹内（可以直接输入文
件路径）。点击"确定"完成 MIF/MID 格
式文件的转换。

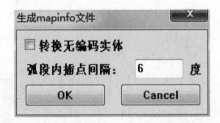

4.13.20　输出国家空间矢量格式

图 4-170　生成 MIF/MID MAPINFO 格式对话框

功能：用来将 CASS 做出的图转换成国家空间矢量格式的文件。

操作：点击本菜单，弹出如图 4-171 所示的对话框。选择生成的国家空间矢量文件保存在
哪一个文件夹内（可以直接输入文件路径）。点击"确定"完成国家空间矢量格式文件的转换。

图 4-171　选择 SHP 文件保存文件夹对话框

4.14　图幅管理（M）

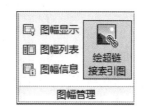

本菜单是用来建立地形图数据库，对数字地形图进行管理的。图幅管理菜单内容如图 4-172 所示。

图幅显示
图幅列表
图幅信息
绘超链
接索引图
图幅管理

图 4-172　图幅管理菜单

4.14.1　图幅信息操作

打开地名库、图形库、宗地图库，对地名、图幅、宗地图的相关信息进行操作。

左键点取本菜单，则出现如图 4-173 所示对话框，可在此对话框内进行如下操作：

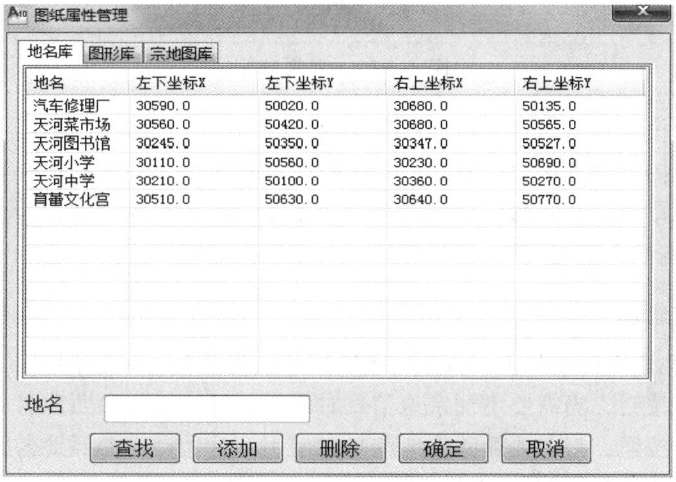

图纸属性管理
地名库
图形库
宗地图库
地名　左下坐标X　左下坐标Y　右上坐标X　右上坐标Y
汽车修理厂　30590.0　50020.0　30680.0　50135.0
天河菜市场　30560.0　50420.0　30680.0　50565.0
天河图书馆　30245.0　50350.0　30347.0　50527.0
天河小学　30110.0　50560.0　30230.0　50690.0
天河中学　30210.0　50100.0　30360.0　50270.0
育蕾文化宫　30510.0　50630.0　30640.0　50770.0
地名
查找
添加
删除
确定
取消

图 4-173　地名库管理

1. 地名库管理

（1）“添加”按钮：当您想要输入新的地名时，用鼠标单击“添加”按钮，在记录里就增加一条与最后一条记录相同的记录，然后用鼠标右键点击该记录，修改成要添加的地名及左下角的 *X* 值和 *Y* 值、右下角的 *X* 值和 *Y* 值，用鼠标单击“确定”按钮将输入的地名自动记录到地名库中，如果取消操作则按“取消”按钮。

（2）“删除”按钮：当您想要删除已有地名时，用鼠标选中要删除的对象，点击删除按钮，则选中的对象就被删除掉。

（3）“查找”按钮：当地名比较多时（为了查找的方便），在地名文本框中输入要查找的地名后单击“确定”按钮，否则单击“取消”按钮，则查找到的对象以高亮显示，否则提示未找到。

2. 图形库管理

左键点取图形库标签，可在如图 4-174 所示对话框中进行下列操作。

图 4-174　图形库管理

（1）"添加"按钮，当您想要增加新图幅信息时使用，具体操作参照地名库的操作。

（2）"删除"按钮，当您想要删除已有图幅信息时使用，具体操作参照地名库的操作。

（3）"查找"按钮，当图幅信息比较多时使用（为了查找的方便，CASS 9.0 系统提供了图名和图号两种查询方法），具体操作参照地名库操作。

3. 宗地图库管理

左键点取宗地图库标签，弹出如图 4-175 所示的对话框，可进行如下操作：

（1）"添加"按钮，当需要增加宗地信息时使用，具体操作参照地名库的操作。

（2）"删除"按钮，当需要删除宗地信息时使用，具体操作参照地名库的操作。

（3）"查找"按钮，当宗地信息比较多时使用，系统可根据用户输入的宗地号搜索整个图库内的宗地图，具体操作参照地名库的操作。

图 4-175　宗地图库管理

4.14.2　图幅显示

功能：在图形库中选择一幅或几幅图在屏幕上显示，如图 4-176 所示。

图 4-176　图幅选择

1. 按地名选择图幅

在地名选取下拉框中选择你要调出的地名，则在已选图幅中就会显示调出的图幅和地名，点击调入图幅就可以将图在 CASS 9.0 中打开，如图 4-177 所示。

图 4-177　按地名选取

2. 按点位选取的方式

在点位选取的文本框中输入用户需求范围的左下点及右下点 X、Y 坐标值，也可以点击框选图面范围按钮在图上直接点取，然后点击按范围选取图幅按钮，在已选图幅框中显示需要的图幅，点击调入图幅按钮系统打开该图，如图 4-178 所示。

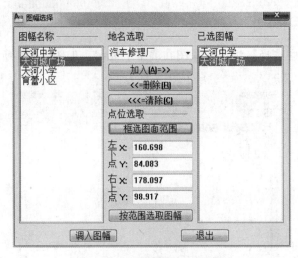

图 4-178　图幅显示对话框

3. 手工选取图幅的方式

如果对图幅的连接情况比较熟悉则可采用这种方式。

操作： 首先，在图幅名框中选择所要的第一幅图的图幅名，用鼠标单击"加入"按钮，在已选取图幅框中就会出现该图的图幅名，表示第一幅图已经成功选取，然后，加入第二、第三幅图。如果图幅选取错误，则可以在已选取图幅框中选择该图幅名，然后用鼠标单击"删除"按钮即可。用鼠标单击"清除"按钮，则可以把已选取图幅框中所有的图幅名清除，如图 4-179 所示。

图 4-179　手工选择

用鼠标单击"调入图幅"按钮，就可以把已选取图幅框中所有的图幅调入。用鼠标单击"退出"按钮退出图纸显示对话框，取消所有操作。

4.14.3　图幅列表

功能： 以树结构的形式在表中显示图名库和宗地图库。

操作：执行图幅列表，系统在界面左边打开表，点击十字就可以看到图名库或宗地图库下的所有图形列表，双击所需图幅系统就打开该图。

4.14.4　绘超链接索引图

功能：直接根据超链接绘制链接的图形。

操作：左键点击本菜单，图面显示如图 4-180 所示的界面。

图 4-180　绘超链接索引图

按下"Ctrl"并左键点击要绘制的图形的图名，在图面上会自动绘制出图形。

说明：将绘制出的图形放在"：\CASS90\DEMO\DT"文件夹内即可通过此方法直接显示出图形。

4.15　CASS 9.0 右侧屏幕菜单

CASS 9.0 屏幕的右侧设置了"屏幕菜单"，这是一个地形图绘制专用菜单。CASS 系统将各类地形图符号分类存储在"居民地（JMD）""独立地物（DLDW）""交通设施（DLSS）"等十余个菜单项中。这些菜单名本身也是 CASS 系统所设图层名，选择这些菜单中的选项时，不仅选中了绘图工具，实际上也选择了所绘图形元素的属性。例如，当要绘制建筑物时，点击"居民地"菜单，在随即弹出的对话框中，可选择适当的建筑物类型（多点房屋、四点房屋、围墙等），然后即可按提示在屏幕上绘制建筑物，这时所绘建筑物已带有 CASS 系统所设属性信息。正是这些属性信息，不仅决定了绘制的建筑物的色彩、线性等特性，也决定了所绘图形元素所在图层。

注意：若采用"工具"菜单下的绘图工具绘图，则所绘图形元素没有属性信息，并且位于当前层上。

进入 CASS 9.0 右侧屏幕菜单的交互编辑功能时，必须先选定定点方式。CASS 9.0 右侧屏幕菜单中定点方式包括"坐标定位""测点点号""电子平板""数字化仪"等方式。其各部分的功能将在下面分别介绍。

4.15.1 坐标定位

用鼠标单击屏幕右侧的"坐标定位"方式，将显示用"CASS 坐标"进行地图编辑的条目内容，界面如图 4-181 所示。

"CASS 坐标"有两个作用：第一，表明目前的定点方式为坐标定位方式；第二，当用鼠标单击本项目时将返回上级屏幕界面。

4.15.1.1 文字注记

执行此菜单后，会弹出一个对话框，如图 4-182 所示。

注意：注记内容均在 ZJ 图层。

图标菜单的操作：

（1）在左边的文字框或右边的图块框都可以选取。

（2）如果使用左边的文字框，请用鼠标按住文字框右边的竖直滚动杠进行翻页查找，找到后用鼠标选取，然后单击"OK"按钮确认。

（3）如果使用右边的图块框，请用鼠标分别按 PREVIOUS、NEXT 按钮翻页，查找所需要的注记，找到后用鼠标双击标有注记的图标或用鼠标选取后单击"OK"按钮确定。

图 4-181 坐标定位方式下的屏幕菜单

图 4-182 文字注记对话框

1. 注记文字

功能：在指定的位置以指定的大小书写文字。

操作：同下拉菜单的"工具/文字"。

注意：文字字体为当前字体，CASS 9.0 系统默认字体为细等线体。

提示：请输入注记内容：录入注记内容。

请输入图上注记大小（mm）：<3.0>：指定文字大小，默认值是 3.0。

请输入注记位置（中心点）：指定注记位置。

2．坐标标注

功能：在图形屏幕上注记任意点的测量坐标，如房角点、围墙角点、空白区域等，还可用于注记地坪高。

注意：在进行坐标注记时，应精确捕捉待注点。

提示：指定注记点：　用鼠标指定要注记的点。

注记位置：指定注记位置。

注记标高值：输入要注记的标高值。

注记位置：指定注记位置。

系统将根据所设定的捕捉方式捕捉到合乎要求的点位，然后由注记点向注记位置点引线并在注记位置处注记点的坐标。

3．变换字体

功能：同下拉菜单的"工具/文字/变换字体"。

4．定义字型

功能：同下拉菜单的"工具/文字/定义字型"。

5．常用文字

功能：实现常用字的直接选取（不需用拼音或其他方式输入）。

选定其中的某个汉字（词）后，命令栏提示文字定位点（中心点）。用鼠标指定定位点后，系统即在相应位置注记选定的汉字（词）。

在这里注记的汉字的字高在 1∶1 000 时恒为 3.0 mm，如果想改变已注记字体的大小，可以使用下拉菜单"地物编辑/批量缩放/文字"操作。

4.15.1.2　控制点

功能：交互展绘各种测量控制点。用鼠标点取此菜单后，将弹出如图 4-183 所示的对话框。

图 4-183　控制点对话框

菜单中各个子项的操作方法基本上一样。仅以导线点为例说明其操作步骤。

操作： 按命令栏提示反复输入导线点。

提示： 高程（m）：输入控制点高程。

点名：输入控制点点名。

输入点：输入控制点点位，用鼠标指定或用键盘输入坐标。

系统将在相应位置上依图式展绘控制点的符号，并注记点名和高程值。

4.15.1.3 居民地

功能： 交互绘制居民地图式符号（一般房屋、普通房屋、特殊房屋、房屋附属、支柱墩、垣栅）。其对话框如图 4-184 所示。

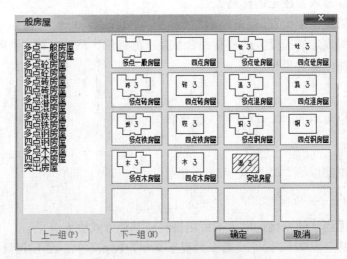

图 4-184　绘制居民地对话框

下面分别介绍绘制不同房屋的具体步骤：

1. 多点房屋类

操作： 根据命令栏提示操作。

提示： 第一点：<跟踪 T/区间跟踪 N>

指定下一个点或 [圆弧（A）/半宽（H）/长度（L）/放弃（U）/宽度（W）]：输入房屋的任意拐点。可用鼠标直接确定，也可以输入坐标确定点位。

指定下一点或 [圆弧（A）/闭合（C）/半宽（H）/长度（L）/放弃（U）/宽度（W）]：输入点：输入房屋的第二个拐点。

曲线 Q/边长交会 B/跟踪 T/区间跟踪 N/垂直距离 Z/平行线 X/两边距离 L/隔一点 J/微导线 A/延伸 E/插点 I/回退 U/换向 H<指定点>

曲线 Q/边长交会 B/跟踪 T/区间跟踪 N/垂直距离 Z/平行线 X/两边距离 L/闭合 C/隔一闭合 G/隔一点 J/微导线 A/延伸 E/插点 I/回退 U/换向 H<指定点>：这一步共有 15 个选项，可选其中某一项然后根据提示进行操作（具体操作与下拉菜单"工具"→"多功能复合线"的操作相同）。系统默认操作为输入下一点坐标。

2. 四点房屋类

操作：根据命令栏提示操作。

提示：1.已知三点/2.已知两点及宽度/3.已知四点<1>：选择 1（缺省为 1），则依次输入三个房角点（如果三点间不成直角将出现平行四边形）；选择 2，则依次输入房屋两个房角点和宽度（单位米，向连线方向左边画时输正值，向连线方向右边画时输负值）。选择 3，则依次输入房屋的四个顶点。

3. 楼梯台阶类

当做这项操作时注意，一定要去掉所有的捕捉方式。

（1）台阶、室外楼梯。

操作：根据命令栏提示操作。

提示：第一点：输入楼梯第一边的始点。

第二点：输入楼梯第一边的终点。

对面一点：输入楼梯另一边上起点或任意一点。

对面另一点：（直接回车默认两边平行）

（2）不规则楼梯。

操作：根据命令栏提示操作。

提示：请选择：（1）选择线 （2）画线 <1>：

如选择 1，根据提示用鼠标点取已画好的楼梯两边线（注意必须是复合线），系统将自动生成梯级。

提示：选择一边：

选择另一边：measure

如选择 2，则出现以下提示，具体操作与下拉菜单"工具"→"多功能复合线"的操作相同。

提示：开始画第一边：

第一点：

曲线 Q/边长交会 B/<指定点>pline

拟合线<N>?

开始画另一边：

第一点：

曲线 Q/边长交会 B/<指定点>pline

拟合线<N>?

4. 依比例尺围墙

操作：根据命令栏提示操作。

提示：第一点：<跟踪 T/区间跟踪 N>

指定下一个点或［圆弧（A）/半宽（H）/长度（L）/放弃（U）/宽度（W）］：

指定下一点或［圆弧（A）/闭合（C）/半宽（H）/长度（L）/放弃（U）/宽度（W）］：

曲线 Q/边长交会 B/跟踪 T/区间跟踪 N/垂直距离 Z/平行线 X/两边距离 L/隔一点 J/微导线

A/延伸 E/插点 I/回退 U/换向 H<指定点>

曲线 Q/边长交会 B/跟踪 T/区间跟踪 N/垂直距离 Z/平行线 X/两边距离 L/闭合 C/隔一闭合 G/隔一点 J/微导线 A/延伸 E/插点 I/回退 U/换向 H<指定点>

拟合吗？<N>：如需要拟合，键入 Y；如不需要拟合，直接回车即可。

以上具体操作与下拉菜单"工具"→"多功能复合线"的操作相同。待绘制完围墙骨架线后，根据提示输入围墙的宽度。

输入宽度（左+右- 米）：<0.500> 输入正值在骨架线前进方向的左侧画围墙符号，输入负值则在骨架线前进方向的右侧画围墙符号。

5. 不依比例尺围墙、栅栏（栏杆）、篱笆、活树篱笆、铁丝网类、门廊、檐廊

操作：根据命令栏提示操作。

提示：第一点：<跟踪 T/区间跟踪 N> 用鼠标连续指定此类符号通过的点，按鼠标右键或回车键结束。

指定下一个点或［圆弧（A）/半宽（H）/长度（L）/放弃（U）/宽度（W）］：

指定下一点或［圆弧（A）/闭合（C）/半宽（H）/长度（L）/放弃（U）/宽度（W）］：

曲线 Q/边长交会 B/跟踪 T/区间跟踪 N/垂直距离 Z/平行线 X/两边距离 L/隔一点 J/微导线 A/延伸 E/插点 I/回退 U/换向 H<指定点>

曲线 Q/边长交会 B/跟踪 T/区间跟踪 N/垂直距离 Z/平行线 X/两边距离 L/闭合 C/隔一闭合 G/隔一点 J/微导线 A/延伸 E/插点 I/回退 U/换向 H<指定点>

6. 阳台

操作：根据命令栏提示操作。

注意：画阳台前应先画出阳台所在房屋。

提示：请选择：（1）已知外端两点（2）皮尺量算（3）多功能复合线<1>

如选 1，出现以下提示：请选择阳台所在房屋的墙壁：用鼠标点取房屋边。

选取阳台外端第一点：

选取阳台外端第二点：定出两点后，自动从这两点向房屋引垂直线，绘出阳台。

如选 2，出现以下提示：请输入阳台所在墙壁第一端点：

请输入第二端点：分别用鼠标指定阳台所在墙壁的两个端点。

请输入阳台一端与墙壁第一端点间的距离：系统根据此输入值确定阳台位置。

请输入阳台长度：

请输入阳台宽度：阳台长度和宽度都既可以键盘输入，又可以用鼠标指定。

说明：如能测到阳台两个外端点，可采用第一种方法，否则只能用皮尺量算。如果阳台不规则可选 3，选 3 后出现以下提示（具体操作与下拉菜单"工具栏"→"多功能复合线"的操作相同）：

第一点：

曲线 Q/边长交会 B/<指定点>pline 输入点：

闭合 C/隔一闭合 G/隔一点 J/微导线 A/曲线 Q/边长交会 B/回退 U/<指定点>

4.15.1.4　独立地物

具体操作方法可分如下几种情况：

（1）面状独立地物。面状独立地物的绘制与多点房屋和四点房屋的绘制步骤相同。

（2）点状独立地物。选取点状地物的图式符号后，用鼠标给定其定位点（给定的定位点是该点状符号的定位点）。地物符号有时会随鼠标的移动而旋转，此时按鼠标左键确定其方位即可。

4.15.1.5　交通设施

功能： 交互绘制道路及附属设施符号。

下面分别介绍不同交通设施的绘制方法：

（1）两边平行的道路，如平行高速公路、平行等级公路、平行等外公路等。

操作： 按命令栏提示操作。

提示： 第一点：这一提示将反复出现，按提示输入点以确定道路的一条边线。

闭合 C/隔一闭合 G/隔一点 J/微导线 A/曲线 Q/边长交会 B/回退 U/<指定点>：根据需要选择某一选项进行操作。具体操作参见下拉菜单"工具"→"多功能复合线"。

拟合线<N>？当确定道路的一条边后，将出现这一提示，如不需拟合，直接回车即可，如需要拟合，键入 Y 然后回车。

1.边点式/2.边宽式<1>：如选 1，用户需用鼠标点取道路另一边任一点；如选 2，用户需输入道路的宽度以确定道路的另一边。选 2 后出现以下提示：

请给出路的宽度（m）：<+/左，－/右>：输入道路的宽度。如未知边在已知边的左侧，则宽度值为正，反之为负。

（2）只画一条线的道路，如铁路、高速公路等。所有的单线道路和某些双线道路只需画一条线即可确定其位置和形状。凡出现以下提示者即为单线道路。

操作： 按命令栏提示操作。

提示： 第一点：<跟踪 T/区间跟踪 N>这一提示将反复出现，按提示依次输入相应点位。

指定下一个点或 [圆弧（A）/半宽（H）/长度（L）/放弃（U）/宽度（W）]：

指定下一点或 [圆弧（A）/闭合（C）/半宽（H）/长度（L）/放弃（U）/宽度（W）]：

曲线 Q/边长交会 B/跟踪 T/区间跟踪 N/垂直距离 Z/平行线 X/两边距离 L/隔一点 J/微导线 A/延伸 E/插点 I/回退 U/换向 H<指定点>

曲线 Q/边长交会 B/跟踪 T/区间跟踪 N/垂直距离 Z/平行线 X/两边距离 L/闭合 C/隔一闭合 G/隔一点 J/微导线 A/延伸 E/插点 I/回退 U/换向 H<指定点>

根据需要选择某一选项进行操作。具体操作参见下拉菜单"工具"→"多功能复合线"。

拟合线<N>？如不需拟合，直接回车即可，如需要拟合，键入 Y 然后回车。

（3）只需输入一点的交通设施。各种点状交通设施如路灯、水塘、汽车站等均属此类。

操作： 按命令栏提示操作。

提示： 指定点：用鼠标点取点位即可。

注意： 输入点后有些地物符号会随着鼠标的移动旋转，此时移动鼠标确定其方向后按鼠标右键或回车键即可。

（4）需输入两点的交通设施。有些地物需输入起点和端点以确定其位置和形状，如过河缆、电车轨道电杆等。

操作： 按命令栏提示操作。

提示： 第一点：输入第一点。

第二点：输入第二点。

（5）面状交通设施。面状交通设施又可以分为以下几类：

① 圆形面状交通设施，如转车盘。

操作： 按命令栏提示操作（三点画圆法）。

提示： 圆上第一点：输入第一点。

圆上第二点：输入第二点。

圆上第三点：输入第三点。

② 规则（如长方形、菱形）四边形面状交通设施，如站台雨棚。

按命令栏提示操作。具体操作与居民地→四点房屋相同。

③ 不规则面状地物。

按命令栏提示操作。具体操作与居民地→多点房屋相同。

（6）需输入三点或四点的交通设施。例如铁路桥、公路桥等。

提示： 第一点：输入第一边一端点。

第二点：输入第一边另一端点。

对面一点：按顺时针或逆时针输入另一边一端点。

对面另一点：（直接回车默认两边平行） 输入另一边另一端点，如直接回车则默认两边是平行的，此时输入的第三个点可以不在对边上。

4.15.1.6 管线设施

功能： 交互绘制电力、电信、垣栅管线及附属设施等地物。

下面分别叙述不同管线设施的绘制方法。

（1）点状管线设施。在输入点状管线设施时用户只需用鼠标指定该地物的定位点即可。输入点后有些地物符号会随着鼠标的移动旋转，此时移动鼠标确定其方向后回车即可。

提示： 指定点：用鼠标指定点。

（2）线状管线设施。线状管线设施的绘制方法与多功能线的绘制相同，用户可参看下拉菜单"工具/多功能复合线"。有些线状管线设施只需两点（起点和端点）即可确定其位置；有些管线设施在输完点以后系统会提问"拟合线<N>？"，输入 Y 进行拟合，如不需拟合，按鼠标右键或直接回车。

操作： 根据命令栏提示进行操作即可。

4.15.1.7 水系设施

功能： 交互绘制坝、水系及附属设施符号。

下面分别叙述不同水系设施的绘制方法。

1. 点状或特殊水系设施

（1）单点式。地下灌渠出水口、泉等都属于这种地物。绘制时只需用鼠标给定点位。若给定点位后地物符号随着鼠标的移动而旋转，待其旋转到合适的位置后按鼠标右键或回车键。有的点状地物需要输入高程，根据提示键入高程值即可。

提示： 指定点：用鼠标给定点位。

（2）水闸。

操作： 操作同交通设施的三点或四点定位。

（3）依比例水井。

操作： 用 3 点画圆的方法来确定依比例水井的位置和形状。依提示输入圆上三点。

2. 线状水系设施的绘制

具体又可以分为以下几类：

（1）无陡坎或陡坎方向确定的单线水系设施。绘制这类水系时只需根据提示依次输入水系的拐点，然后进行拟合即可。

（2）陡坎方向不确定的单线水系设施。这类水系设施的绘制方法与第（1）种大致相同，只是需要确定陡坎方向。

提示： 请选择：（1）按右边画（2）按左边画<1>：当输入 1 时干沟的一边向左边生成；当输入 2 时干沟的一边向右边生成。以后操作同上。

（3）示向箭头、潮涨、潮落。

操作： 输入相应符号的定位点接着移动鼠标器时，符号便动态地旋转，用鼠标使符号定位方向满足要求。

（4）有陡坎的双线水系设施。绘制这类水系设施时一般是先绘出其一边［绘制方法同第（2）种］，然后再用不同的方法绘制另一边。

提示： 请选择：（1）按右边画（2）按左边画<1>：

第一点：

曲线 Q/边长交会 B/<指定点>指定点：

曲线 Q/边长交会 B/隔一点 J/微导线 A/延伸 E/插点 I/回退 U/换向 H<指定点>

曲线 Q/边长交会 B/闭合 C/隔一闭合 G/隔一点 J/微导线 A/延伸 E/插点 I/回退 U/换向 H<指定点>

拟合线<N>?：

1.边点式/2.边宽式/（按 ESC 键退出）：选 1 时需给出对边上一点；选 2 时根据提示输入地物宽度；选 3 则不画另一边。

（5）各种防洪墙。

操作： 先绘出墙的一边，然后根据提示输入宽度以确定墙的另一边。

（6）输水槽。如果输水槽两边平行，给出一边的两端点及对边上任一点；如果输水槽两边不平行，需给出每一条边的两个点。

3. 面状水系设施

画出面状水系的边线，然后进行拟合即可。具体操作请注意命令栏提示。

4.15.1.8 境界线

功能：交互址境界线符号，符号都绘制在 JJ 层。

绘制境界线符号时只需依次给定境界线的拐点即可。如果需要拟合，根据提示进行拟合。

4.15.1.9 地貌土质

功能：交互绘制陡坎、斜坡及土质的相应符号。

1. 点状元素

绘制时只需用鼠标给定点位，若给定点位后地物符号随着鼠标的移动而旋转，待其旋转到合适的位置后按鼠标右键或回车键。

2. 线状元素

（1）无高程信息的线状地物（自然斜坡除外）。绘制这类地物时只需根据提示依次输入地物的拐点，然后进行拟合。

（2）有高程信息的线状地物。包括等高线和陡坎。绘制这类地物的方法与第（1）种大致相同，只是需要先行输入高程信息。

提示（以等高线为例）：输入等高线高程：输入等高线的高程。

第一点：

曲线 Q/边长交会 B/<指定点>

曲线 Q/边长交会 B/隔一点 J/微导线 A/延伸 E/插点 I/回退 U/换向 H<指定点>

曲线 Q/边长交会 B/闭合 C/隔一闭合 G/隔一点 J/微导线 A/延伸 E/插点 I/回退 U/换向 H<指定点>

请选择拟合方式：（1）无（2）曲线（3）样条<2>：选择等高线的拟合方式。

（3）自然斜坡。通过画坡顶线和坡底线绘出斜坡。

提示：请选择：（1）选择线 （2）画线<1>：选择 1 时（缺省值），将要求依次选择屏幕上已绘制的坡底线和坡顶线。

选择坡底线：

选择坡顶线：

选择 2 时，将要求依次给定坡底线定位点（输完后回车）和坡顶线定位点（输完后回车），并分别提问坡底线和坡顶线是否要光滑，输完后，由用户来判断坡向，最后系统将画出坡底线和坡顶线。

3. 面状元素

包括盐碱地、沼泽地、草丘地、沙地、台田、龟裂地等地物。绘制这类地物时只要根据提示给出地块的各个拐点画出边界线，然后根据需要进行拟合。

4.15.1.10 植被园林

功能：交互绘制植被和园林的相应符号。

植被园林符号分为点、线、面三类。点状符号包括各种独立树、散树，绘制时只需用鼠标给定点位即可。线状符号包括地类界、行树、防火带、狭长竹林等，绘制时用鼠标给定各个拐点，然后根据需要进行拟合。面状符号包括各种园林、地块、花圃等，绘制时用鼠标画出其边线，然后根据需要进行拟合。

4.15.1.11　设置图层

功能：设置当前图层，它对屏幕图形不产生任何影响。

说明：如果想直接用 AutoCAD 底部命令绘制图形，应先使用本菜单项设置相应的图层，以方便图形的管理与应用。

4.15.1.12　捕捉方式

功能：启动图表菜单设置实体捕捉方式。

说明：在这里设置实体捕捉模式与在顶部下拉菜单设定物体捕捉模式有所不同。其区别是：在顶部菜单进行设置须在命令执行前，且设置后将在以后的操作中一直起作用；而这里是在命令进行当中设置，而且是一次性的。

4.15.1.13　量算定点

功能：根据输入的方向和距离确定点位。

操作：根据命令栏提示进行操作，操作可反复进行。

提示：请指定第一点：用鼠标确定一点。

请指定第二点：用鼠标确定第二点。这两点将确定一条基准线。

键盘输入角度（K）/<指定方向点（只确定平行和垂直方向）>：如果直接用鼠标指定方向点，系统默认为与基准线垂直或平行。

请输入长度：输入所求点与最新画的一点的距离。

如输入 K，出现以下提示：

请输入夹角：输入与基准线的夹角。

请输入长度：输入所求点与最新画的一点的距离。

4.15.1.14　图形复制

功能：复制已有图形属性，在绘制与图上已有实体相同属性的实体时，应用此法可大大提高绘图效率。

操作：选取本命令，依提示先选中图上已有地物，再绘制相同属性的新地物。

4.15.1.15　自由续接

功能：使绘出的新实体与已有的实体连成属性相同的一个整体。

操作：选取本命令，选中已有地物，输入新点即可。

4.15.1.16　窗口缩放

功能：调用 AutoCAD 中的窗口放大命令：ZOOM 回车 W。

4.15.1.17　显示前图

功能：调用 AutoCAD 中的返回前图命令：ZOOM 回车 P。

4.15.1.18　缩放全图

功能：调用 AutoCAD 中的缩放全图命令：ZOOM 回车 E。

4.15.1.19　取消操作

功能：中断正在运行的程序回到等待命令状态。

4.15.2　点号定位

在右侧屏幕菜单用鼠标单击"测点点号"选项即可进入"测点点号"定点方式。

进入此定点方式时会显示一个对话框，根据对话框提示输入坐标数据文件名，命令栏将出现提示：读点完成！共读入 n 个点。

用户可以看到图上所示的界面与"坐标定位"方式的显示界面基本相同，只是多了一项"找指定点"，它的功能是在用户输入一个点的点号后，把该点平移到用户所指定的点位。其余菜单项的操作方法与"坐标定位"方式下相应菜单的操作基本相同，只是点的输入方法有所变化，命令栏提示如下：

请输入点号：此时可直接输入点号。

指定下一个点或 [圆弧（A）/半宽（H）/长度（L）/放弃（U）/宽度（W）]：

指定下一点或 [圆弧（A）/闭合（C）/半宽（H）/长度（L）/放弃（U）/宽度（W）]：

曲线 Q/边长交会 B/跟踪 T/区间跟踪 N/垂直距离 Z/平行线 X/两边距离 L/隔一点 J/微导线 A/延伸 E/插点 I/回退 U/换向 H 点 P/<点号>

曲线 Q/边长交会 B/跟踪 T/区间跟踪 N/垂直距离 Z/平行线 X/两边距离 L/闭合 C/隔一闭合 G/隔一点 J/微导线 A/延伸 E/插点 I/回退 U/换向 H 点 P/<点号>：也可先输入 P，然后用鼠标捕捉一点。

说明：用户在用"测点点号"方式作业时，最好将测点点号展绘出来，便于对照编辑。

4.15.3　电子平板

本菜单功能就是用一专用电缆线连接便携机与全站仪，将装有 CASS 软件的便携机显示屏当作测图平板，将全站仪当作照准仪而组成"电子平板"。电子平板可实现一机多镜作业。在进入"电子平板"作业模式以前，用户需做以下准备工作：

（1）在 Windows 的记事本或其他编辑软件中，按照 CASS 9.0 的系统文件格式将测区已知控制点坐标编辑为坐标数据文件。

（2）在测站点架好仪器，用电缆连接便携机与全站仪，开机后进入 CASS 9.0 系统。

准备工作完成后，用户可在右侧屏幕菜单用鼠标单击"电子平板"选项进入"电子平板"作业模式。此时将弹出一个对话框，如图 4-185 所示。

图 4-185 电子平板对话框

首先选择坐标数据文件，然后确定定向方式，其中方位角定向要求录入定向方位角度。设置测站点、定向点及检查点的坐标值，其中可以直接录入数据文件中的点号，也可以直接在图面上选取，当然手工录入也是可以的。做完之后点击检查按钮供用户检查测站设置是否正确，如图 4-186 所示。

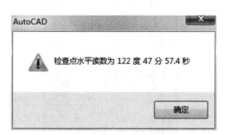

图 4-186 电子平板测站检查提示

确定所属信息正确无误后按回车键即可进入电子平板测量模式。具体操作可参见 CASS 的有关说明书。

1. 特色功能说明

安置测站：用于重新安置测站，执行之后系统弹出如图 4-185 所示的对话框，操作同上述方法相同。

找测站点：用于寻找当前测站点，执行之后系统会自动定位于测站点。

找当前点：用于寻找当前观测点，执行之后系统会自动定位于观测点。

方式转换：用于鼠标和全站仪方式之间的切换。

2. 多镜测量

功能：应用多镜之间的切换，实现同时测绘不同的地物。

操作过程：按命令栏提示操作。

提示：选择要连接的复合线：<回车输入测尺名>：选择要继续观测的复合线地物，则系统自动连接该线；输入测尺名则系统自动切换到该测尺上次所测地物；直接回车则弹出如图4-187所示的对话框。

其中，操作类型包括：切换、新地物和赋尺名。

切换是镜与镜之间的切换，操作选中切换之后在已有测尺名中选中要切换到的测尺，确定即可完成多镜切换工作。新地物是开始观测新的地物时应用的选项。选中新地物选项，开始测量新地物可以选中已有测尺或者是建立新测尺，建立新测尺需要在输入测尺名中录入新测尺的名字。赋尺名用于开始还没有观测时，首先给各个测尺命名，在输入测尺名文本框中录入测尺名后确定即可。执行新地物或者切换时，有以下提示：

图 4-187　测尺选择

切换 S/测尺 R<李强>/<鼠标定点，回车键连接，ESC 键退出> 其中鼠标定点直接在图面上点击；ESC 表示退出；回车表示与全站仪连接，弹出如图4-188所示的对话框。

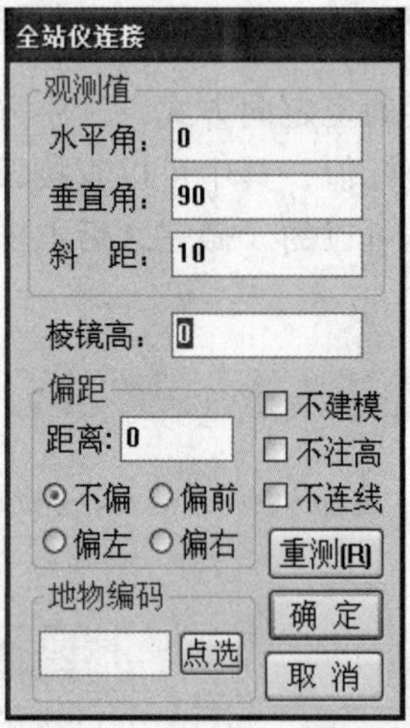

命令: dzpb
绘图比例尺 1:<500>　LTSCALE 输入新线型比例因子 <1.0000>: 0.500000000000000 正在重生成模型。
命令:
选择要连接的复合线:<回车输入测尺名>
切换S/测尺R<1>/<鼠标定点,回车键连接,ESC键退出>
等待徕卡全站仪信号...

图 4-188　全站仪连接

重测可实现多次观测。地物编码可手工录入也可点击点选在图上选择编码相同的地物，系统自动将编码录入。

切换 S 表示要切换到另外的测镜，在提示下选择要继续测的地物。

测尺 R 表示将目前在测的测镜更改名字，在弹出的对话框中键入新尺名；还可以用来切换测镜和开始测新地物。确定之后继续观测。

4.16　CASS 9.0 工具条

当启动 CASS 9.0 以后，可以看到在屏幕的上部和左侧各有一个工具条。其中上部的工具条属于 AutoCAD 标准工具条，上面有 AutoCAD 的许多常用功能快捷键，如图层的设置、打开老图、图形存盘、重画屏幕等。屏幕左侧的工具条则是 CASS 系统所特有的，上面有察看实体编码、加入实体编码、查询坐标、注记文字、绘陡坎、绘多点房屋、绘斜坡等众多快捷键按钮，均是 CASS 常用的功能。所有按钮均设置有在线提示功能，即当鼠标指针在某个按钮图标上停留一两秒钟时，鼠标的尾部将弹出该工具按钮的文字说明，鼠标移动则说明消失。若将鼠标置于任一工具条上击右键，此时会弹出更多工具条菜单选项，这些菜单都是 CAD 系统的绘图工具，可视编辑需要点选择。

虽然快捷键的使用比下拉菜单方便，但由于工具条上的快捷键功能绝大多数已经作为下拉菜单项介绍过了，因此本小节仅作选择性的介绍。

4.16.1　标准工具栏

标准工具栏如图 4-189 所示。

图 4-189　标准工具栏

1. 图标"铝"

功能：同菜单条"编辑/图层控制/图层设定"，调用图层特性管理器。

2. 图标"参"

功能：将当前所选定的对象所在的图层设为当前图层。

3. 图标"〇☼☰Ꮪ■0"

（1）"〇"：可控制一个或多个图层是否显示。首先选择图层，然后单击"〇"，该图标将变成灰蓝色，这时所选择图层将消失。

（2）"☼"：可控制一个或多个图层是否显示，还可控制一个或多个图层在出图时是否显示。

（3）"Ꮪ"：控制一个或多个图层在出图时是否显示。

（4）"☰"：控制一个或多个图层是否能被打印出来。

（5）"■"：显示图层的颜色，不能被编辑。

（6）"0"：显示当前图层名。

4. 图标"☰"

功能：调用线型管理器，用户可以通过线型管理器加载线型和设置当前线型。

5. 图标"☞"

功能：同菜单条"文件/打开已有图形"。

6. 图标"⬥"

功能：同菜单条"显示/重画屏幕"。

7. 图标"⬥"

功能：同菜单条"显示/显示缩放/前图"。

8. 图标"⬥"

功能：同菜单条"编辑/对象特性"。

9. 图标"⬥"

功能：同菜单条"编辑/删除/单个目标选择"。

10. 图标"⬥"

功能：同菜单条"编辑/移动"。

11. 图标"⬥"

功能：同菜单条"编辑/复制"。

12. 图标"⬥"

功能：同菜单条"编辑/修剪"。

13. 图标"⬥"

功能：同菜单条"编辑/延伸"。

4.16.2 CASS 实用工具栏

显示如图 4-190 所示。

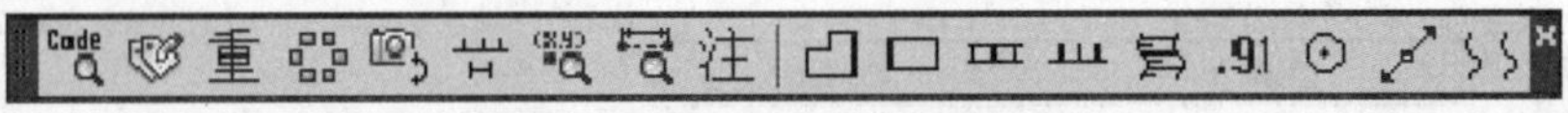

图 4-190　CASS 实用工具栏

1. 图标"⬥"

功能：同菜单条"数据处理/察看实体编码"。

2. 图标"⬥"

功能：同菜单条"数据处理/加入实体编码"。

3. 图标"重"

功能：同菜单条"地物编辑/重新生成"。

4. 图标"⬥"

功能：同菜单条"编辑/批量选取目标"。

5. 图标"⬥"

功能：同菜单条"地物编辑/线型换向"。

6. 图标"𝖧"

功能：同菜单条"地物编辑/修改坎高"。

7. 图标"🔍"

功能：同菜单条"工程应用/查询指定点坐标"。

8. 图标"🔍"

功能：同菜单条"工程应用/查询距离与方位角"。

9. 图标"注"

功能：同右侧屏幕菜单"文字注记"。

10. 图标"囗"

功能：根据提示"画多点房屋"。

11. 图标"口"

功能：根据提示"画四点房屋"。

12. 图标"▥"

功能：根据提示"画依比例围墙"。

13. 图标"ш"

功能：根据提示画各种类型的陡坎。

14. 图标"昗"

功能：根据提示画各种斜坡、等分楼梯。

15. 图标"⋅9⋅"

功能：通过键盘进行交互展点。

16. 图标"⊙"

功能：展绘图根点。

17. 图标"↗"

功能：根据提示绘制电力线。

18. 图标"⎰⎰"

功能：根据提示绘制各种道路。

第5章 CASS 9.0数字地形图编辑及工程应用

5.1 数字地形图编辑概述

5.1.1 CASS 9.0 使用的数据文件

1. 数字地图编辑采用的数据文件

全站仪测量碎部点的原始观测值为水平角 α、竖角 v 和斜距 s，并在坐标测量模式选择下，通过全站仪或者电子手簿内置的计算程序计算出测点坐标保存起来。虽然不同型号仪器的文件数据格式不尽相同，但文件内容基本相同。通过执行 CASS 9.0 系统的"数据处理"菜单下"读入全站仪数据"（电子手簿）命令，将全站仪内存或电子手簿中的数据传入 CASS 9.0 中，并转化为统一格式的 CASS 9.0 坐标数据文件。

CASS 9.0 坐标数据文件是 CASS 最基础的数据文件，扩展名为".dat"，只要是从 CASS 9.0 支持的全站仪或电子手簿传输到计算机的数据，都会生成下列格式的坐标数据文件。

1点点名，1点编码，1点 Y（东）坐标，1点 X（北）坐标，1点高程

$\vdots$

N 点点名，N 点编码，N 点 Y（东）坐标，N 点 X（北）坐标，N 点高程

对于 CASS 9.0 坐标数据文件，作说明如下：

（1）文件内每一行代表一个点，各行第一个逗号前的数字，是该测点的点号。点号作为点的识别符，在数字化地形图的编辑中非常重要，若没有准确清晰的点号及其相互关系的记录，所有测点将是相互没有联系的离散点，不可能编辑成图。

（2）每个点的坐标和高程的单位均是"米"，要特别注意的是 Y 坐标在前，X 坐标在后。

（3）无码作业时，文件中的编码位置为空或为自定义的代码，此时的文件称为无码坐标数据文件。但是即使编码为空，文件中第二个逗号也不能省略。

（4）有码作业时，各点编码有如下约定：若该点是地形点（离散地貌点）则为空；若该点是地物点则为测点的简码；此时的文件称为有码坐标数据文件。

（5）所有的逗号不能在全角方式下输入。

2. 地形图成果文件

CASS 9.0 软件是以 AutoCAD 为开发平台设计的数字化成图软件，其编辑完成的地形、地籍图都是扩展名为"＊.dwg"的 AutoCAD 格式的 CASS 图形文件。AutoCAD 在国内用户众多，＊.dwg 格式的数字地形图成果，被广泛地应用于各种规划设计和图库管理，应用领域非常广泛。

3. CASS 数据交换文件（.cas）

CASS 9.0 除了提供数字地图的 AutoCAD 文件外，还提供 CASS 软件自定义的数据交换文件，扩展名为".cas"。cas 文件包含了数字地图中的几何数据（坐标、高程）、属性数据（道路或房屋）和拓扑数据（点间连接关系），属于全息文件，它为用户的各种应用带来了极大方便，经过一定的处理后，可将数字地图的所有信息毫无遗漏地导入 GIS。

CASS 9.0 数据交换文件的总体格式如下：

CASS 9.0
西南角坐标
东北角坐标
[层名]
实体类型
⋮
nil
实体类型
⋮
nil
⋮
[层名]
⋮
[层名]
⋮
END

文件的第一行和最后一行固定为 CASS 9.0 和 END，第二、第三行规定了图形的范围，设想用一个矩形刚好把所有的实体包括进去，则该矩形左下角坐标是西南角坐标，右上角坐标是东北角坐标。

CASS 9.0 交换文件的坐标格式为"Y 坐标，X 坐标，[高程]"，单位为米，其中 Y 和 X 坐标分别表示东方向和北方向坐标，高程可以省略，但在表示等高线、陡坎等时不要省略。CASS 9.0 交换文件中线状地物都有线型的定义，如在其他系统生成 CASS 9.0 交换文件，可在线型栏中以"N"代替，成图时系统会自动根据编码选择相应的线型，如无相应线型，则默认为 CONTINUOUS 型，即实线型。

文件正文从第四行开始，以图层为单位分成若干独立的部分，用中括号将层名括起来，作为该图层区的开始行，每个层内部又以实体类别划分开来，CASS 交换文件共有 POINT、LINE、ARC、CIRCLE、PLINE、SPLINE、TEXT、SPECIAL 等八种实体类型，文件中每个层的每种实体类型部分以实体类型名为开始行，以字符串"nil"为结束行，中间连续表示若干个该类型的实体。

5.1.2 地形图编辑成图方法概述

测量数据录入计算机后，即要运用 CASS 9.0 的各种图形编辑方法，将离散的定位点编辑成数字形式的地形图。地形图编辑大体上有两种方法，人机交互编辑成图和计算机自动成图。对于无码数据文件，主要采用人机交互编辑成图，当然也可以根据测点记录事后编辑出合乎 CASS 9.0 要求的绘图文件，再通过计算机自动成图。若是有码文件，理论上可以计算机自动成图，但是一般而言，野外地形十分复杂、数据采集及编码工作量巨大，错误不可避免，加之对于需要结合丈量数据的地形、地物编辑，编码方法较难处理。因此，即使是编码法作业，人工编辑工作也是不可缺少的，而且地形图编辑基本完成后，还需进行图形整饰工作，如添文字注记、植被符号、河流走向示标、加图框等工作，这都是必须通过人机交互方式完成的。

工程实践中，无论是野外采集数据还是内业编辑成图，总是根据实际情况，综合运用多种方法，以追求更高的工作效率。

5.1.3　本章的主要内容

在第 4 章一般性地介绍了 CASS 9.0 基本功能的基础上，本章按地形、地物分类，系统全面地讲述数字地形图编辑的步骤、方法，侧重常用地形图图元编辑命令的使用技能。希望学习本章后结合上机练习，能熟练掌握 CASS 9.0 编辑数字地形图的方法。

5.2　测量数据的录入

作为数字地形图编辑成图工作的第一步，首先要将观测数据输入计算机。CASS 9.0 为几乎所有内存全站仪及 PC-E500、HP2110、MG（测图精灵）等电子手簿预设了通信接口，能使各种型号的全站仪及电子手簿中的观测数据，以统一的坐标数据文件格式传送到计算机，供 CASS 9.0 打开、展绘及编辑成图。

全站仪或电子手簿数据传送到计算机的基本步骤相同，本小节仅以全站仪为例，介绍操作过程：

将全站仪数据传送到计算机，操作步骤如下：

（1）将全站仪通过串口通信电缆与微机连接好。

（2）点击"数据"菜单下的"读取全站仪数据"项，弹出如图 5-1 所示的对话框。

图 5-1　全站仪内存数据转换的对话框

（3）点击图 5-1 中"仪器"选项右侧下拉箭头，在如图 5-2 所示的弹出选项菜单中，选择使用的仪器型号，并设置好通信参数及要保存的数据文件名，再点"转换"按钮后，按提示操作即可。

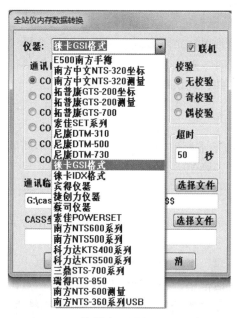

图 5-2　仪器类型选择下拉列表

如果要将以前已由全站仪下载的数据进行数据转换，可先选好仪器类型，再将仪器型号后面的"联机"选项取消。这时通信参数全部变灰。接下来，在"通信临时文件"选项下面的空白区域填上已有的临时数据文件，再在"CASS 坐标文件"选项下面的空白区域填上转换后的 CASS 坐标数据文件的路径和文件名，点"转换"键即可。

5.3　CASS 9.0 编辑成图方式

5.3.1　"无码法"工作方式

"无码法"工作方式外业工作时，没有输入描述各定位点之间相互关系的编码，而是以"草图"的形式记录点位之间的关系以及所测地形、地物的属性信息。由于没有输入编码，所以坐标文件中仅有碎部点点号及测量坐标值，对于这样的数据文件，系统不能自动处理编辑成地形图，只能对照"草图"，在计算机上通过人机交互方法，一步步编辑成图。"无码法"编辑成图的基本过程如下：

5.3.1.1　定显示区

当测量范围较大时，计算机屏幕显示全图时局部不够清晰。为了编辑成图时方便，可设定显示区，使计算机显示所设定的区域。本选项具体操作见第 4 章相关部分，本节不再赘述。需要指出的是，对于大比例尺地形图编辑，图形分块编辑，图幅面积不大，此项步骤可以省略。作业时运用移动、局部放大等功能，也十分方便。

5.3.1.2　设定定点方式

人机交互成图方式有两种绘图定点方式，"测点点号"和"坐标定位"方法，选择这两种方法，只需点击屏幕右侧菜单区之"测点点号\坐标定位"选项即可。两者的差别在于，选择"坐标定位"时只能通过屏幕鼠标定点，而选择"测点点位"时，既可在图形编辑时，以键盘输入点号定点，也可以切换到鼠标定点方式，所以一般应选择"测点点号"模式。

选择"测点点号"模式时，系统会弹出"打开文件"对话框，提示输入观测数据文件，这时选中观测点坐标数据文件，确认即可。

5.3.1.3　地形图绘制

"无码法"绘制地形图的基本原理和手工绘图相同，所不同的是以计算机屏幕代替了绘图板；以计算机绘图工具代替了画笔。具体的步骤如下：

1. 展绘测点

本项工作是将测点展绘到计算机屏幕上以点号标注，作为屏幕绘图的定位依据。展绘测点的步骤如下：

（1）点击菜单"绘图处理"下"野外测点点号"子菜单。

（2）在弹出文件打开对话框中，找到测量坐标文件名后点击确认。

说明： 展绘测点时，也可以选择"野外测点代码"。有经验的作业员，有时在测量地形、地物时输入自定义的简码。例如凡是建筑物测点，就输入"F"；凡是电线杆测点，就输入"D"。此时若选择"野外测点代码"，则计算机屏幕上测点不显示点号，而是显示输入的代码。由于屏幕上显示的点大大减少，绘图时可以更快地找到定点位置，也可以利用代码检查编辑中是否出现错误，例如是否有漏绘的电线杆等。

2. 人机交互绘图

在计算机完成展绘测点后，即可根据野外作业时绘制的草图，有秩序、有步骤地编辑地形图。在屏幕上通过人机交互方法编辑地形图是一项烦琐而细致的工作，不仅需要作业人员有熟练的专业技能，还需要严谨、有序、精益求精的工作态度，才能完成高质量的测绘成果。

（1）注意事项。地形图编辑作业方法实际工作时要综合考虑各种因素而定，并无固定的模式。具体的操作本章其他小节有专题阐述，但一般应注意以下事项：

① 应按地形、地物的分类，逐次编绘。首先应编绘方位作用明显的道路、建筑物等主要地物，以方便图形编辑时作为参照物寻找定位点。然后编绘相对次要的管线设施、植被、一般文字注记等内容。

② 绘制地形、地物时，应严格采用屏幕右侧地形图符号专业绘图工具绘制，这是保证所绘地形、地物图形元素属性、分层正确的基本保障。若采用了"工具"菜单下的 AutoCAD 绘图工具（绘直线、曲线、圆及椭圆等工具），则图形元素无属性，并且所绘图形元素均位于当前层上（系统默认为 0 层）。不仅如此，地形符号专业工具所绘线型是复合线，而"工具"菜单下绘图工具所绘线型是不连续的一般直线或曲线。出现这种情况，再实施转换就比较麻烦。

③ 当地形、地物不复杂，测点数不多时，可以选择鼠标屏幕定点方式（坐标定位）。做法是：首先根据绘制的地形、地物类型在屏幕右侧菜单选择绘制工具，然后对照"草图"，以

屏幕上测点为定位位置用鼠标定点，逐点、逐线地绘制地形图。

一般而言，直接在屏幕上通过鼠标按点号定点绘图速度较快，但是若测区地形复杂、测点众多时，在屏幕上寻找测点点号不太容易，这时可选择"测点点号"定点方式。这种方式绘图时，通过键盘输入测点点号作为绘图时的定位点，在选择了绘图工具后，同样对照"草图"，通过键入点号定点绘图。

"测点点号"和"坐标定位"方式可以相互切换，方法是在屏幕右侧菜单选择"测点点号"方式，当要转入鼠标定点方式时，只要在绘图状态键入"P"，就实现了切换。若要再次切换到测点点号时，重复上述操作即可。

④ 当采用鼠标定点方式绘图时，为了准确地将点状地形、地物符号定位于测点，或者要使地形、地物符号线型边界准确通过定位点，就需要采用屏幕捕捉方式。CASS 9.0 基于 CAD 的捕捉功能设置多达十余种，选择不同的捕捉方式会出现不同形式的黄颜色光标，其中较常用的是"节点""中心"等，分别用于捕捉展绘"测点点号"和"高程点"时的定点位置。绘图时应根据定点对象不同选择适当的捕捉方式，不可同时选择过多的捕捉方式，并且不需要时应关闭该功能，以免绘图时出现混乱。

⑤ 在地形图绘制过程中，要结合"工具"菜单下或者快捷按钮中 AutoCAD 功能强大的编辑命令，如放大显示、移动图纸、删除、文字注记等，对采用屏幕右侧菜单工具绘制的图形元素进行编辑。

（2）操作实例。如图 5-3 所示，33、34、35 号点是一矩形房屋的 3 个角点，绘制过程如下：

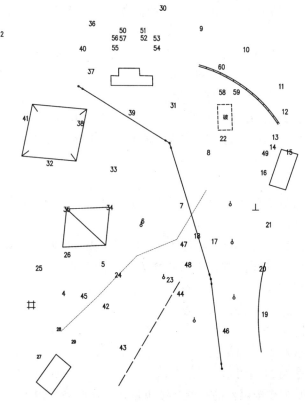

图 5-3　外业作业草图

① 点击屏幕右侧菜单选择"居民地"。

② 在随后弹出的房屋类型选择对话框中，选择"一般房屋"。

③ 若是第一次绘图，屏幕下命令显示区会提示：

绘图比例尺 1：？：设定为 1：1 000 回车。

出现本条提示是因为系统需要确定绘图输出时的比例尺，以便确定点状符号的大小，或者是齿状线型符号的短线间距、短齿线长度等，保证绘图输出时符合国家制图规范。若第二次操作此命令，则不再出现此提示。

④ 命令显示区提示：

1.已知三点/2.已知两点及宽度/3.已知四点<1>：输入 1，回车（或直接回车默认选 1）。

说明：已知三点是指测矩形房子时测了三个角点；已知两点及宽度则是指测了两个相邻角点并丈量了房子的一条边；已知四点则是指测了房子的四个角点。

⑤ 设采用"测点点号"定位方法，下面按命令区提示，依次输入 3 个角点点号：

点 P/<点号>：输入 33，回车。

点 P/<点号>：输入 34，回车。

点 P/<点号>：输入 35，回车。

这样，系统就自动将 33、34、35 号点连成一间普通房屋。

若采用"坐标定位"方式，在命令行输入字母 P 后回车，则定点方式转换为鼠标定点。此时打开屏幕捕捉方式，选择"节点"为捕捉目标，用鼠标依次选择 33、34、35 号点，选中时出现以定位点为中心的黄色小圆圈，表示捕捉成功。当依次选中并单击结束时，系统自动绘制完成房屋。

⑥ 重复上述操作，将 37、38、41 号点绘成四点棚房；60、58、59 号点绘成四点破坏房子；12、14、15 号点绘成四点建筑中房子；50、52、51、53、54、55、56、57 号点绘成多点一般房屋；27、28、29 号点绘成四点房屋。

⑦ 同样在"居民地/垣栅"层找到"依比例围墙"的图标，将 9、10、11 号点绘成依比例围墙的符号；在"居民地/垣栅"层找到"篱笆"的图标，将 47、48、23、43 号点绘成篱笆的符号。

⑧ 再把草图中的 19、20、21 号点连成一段陡坎。其操作方法：在右侧屏幕菜单中单击"地貌土质"项，并在随后弹出的地形符号中选择"坡坎"，并单击。

⑨ 命令区出现下列提示：

请输入坎高，单位：米<1.0>：输入坎高，回车（或直接回车默认坎高 1 米）。

说明：在这里输入的坎高（实测得的坎顶高程），系统将坎顶点的高程减去坎高得到坎底点高程，这样在建立 DTM 时，坎底点便参与组网的计算。

⑩ 按陡坎通过顺序，依次输入点号：

点 P/<点号>：输入 19，回车。

点 P/<点号>：输入 20，回车。

点 P/<点号>：输入 21，回车。

点 P/<点号>：回车或按鼠标的右键，结束输入，这时系统提示：

拟合吗？<N>回车或按鼠标的右键，默认输入 N 后，陡坎生成。

　　说明：拟合的作用是对复合线进行圆滑。由于拟合方法是以数学公式构建曲线方程，所以当陡坎上定位点不是很密时，拟合虽然使线性光滑，但可能使其位置偏离定位点，形状失真，所以一般不宜拟合。

　　陡坎上的短齿线是朝向绘图前进方向的左侧，但绘制时不必按此规则绘图。若绘制完成后齿向不对，则只要选中"线性换向"工具后，点击要换向的线性，即可实现换向操作。对于普通的线段，此项操作仍然有效，虽然看起来没有变化，但是线段的绘制顺序已经反向。

　　上述绘制工作结束后的图形如图 5-4 所示。

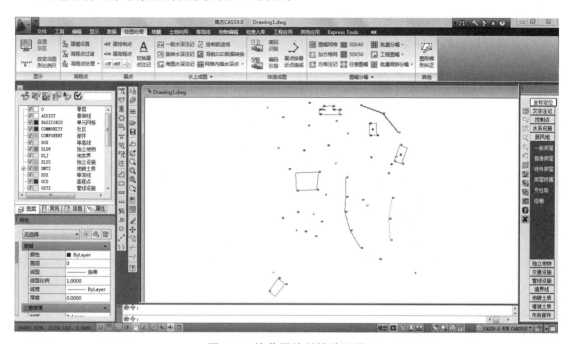

图 5-4　按草图绘制的地形图

5.3.2 "编码引导"工作方式

1. 概　述

　　此方式又称为"编码引导文件+无码坐标数据文件自动绘图方式"，这种方法根据草图编写一种称为"编码引导文件"的特殊文件，然后计算机根据"编码引导文件"和测点坐标文件自动编辑成图。这种作业方法实际上是将编码工作转移到内业来做，相对于外业编码作业，可以减少野外作业时间，由于外业工作相对较为艰苦，所以有一定实际意义。而对于无码作业法，这种方法对于编辑技巧不熟练的作业人员来说较为容易，同时对于计算机或绘图软件不足的情况，也不失为一种解决方法。

　　CASS 9.0 系统中规定"编码引导文件"扩展名为".yd"，其数据格式为：

　　Code, N1, N2, …, Nn, E

　　说明：

　　（1）文件的每一行描绘一个地物，其中：Code 为该地物的地物代码（即简码）；Ni 为构

成该地物的第 n 点的点号。

（2）必须要注意，N1，N2，…，Nn 的排列顺序应与实际顺序一致。同行的数据之间用逗号分隔。

（3）表示地物代码的字母要大写。

（4）每一行最后的字母 E 为地物结束标志。最后一行只有一个字母 E，为文件结束标志。

显然，编码引导文件是对无码坐标数据文件缺少编码的补充，二者结合即可完整地描述地图上的各个地物，起到与简码坐标数据文件相同的作用。但是其缺点是，当对一个地形、地物的测量是不连贯的，绘制需要依靠部分丈量数据时，这种方法难以处理。

下面介绍"编码引导"方法的作业程序。

2. 编辑"编码引导文件"

点击"编辑"菜单下的"编辑文本文件"选项，屏幕上将弹出记事本（见图5-5），然后根据野外作业草图，参考本章5.6.3节介绍的野外操作码中地物代码，按上述的文件格式编辑"编码引导文件"。

下面是一个编码引导文件的实例（ D：\ CASS 9.0 \ DEMO \ WMSJ.YD ），如图 5-5 所示。

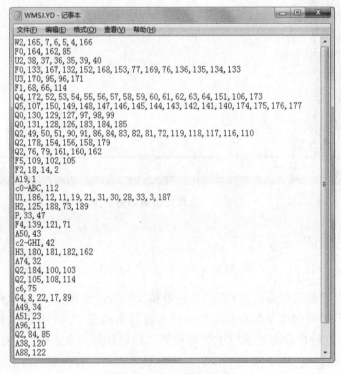

图 5-5 编码引导文件

说明：用户可根据自己的需要定制野外操作简码，通过更改 CASS 9.0 安装目录下 CASS 9.0\ SYSTEM\JCODE.DEF 文件即可实现。

3. 编码引导

编码引导的作用是将"编码引导文件"与"无码的坐标数据文件"合并生成一个新的带

简编码格式的坐标数据文件。这个新的带简编码格式的坐标数据文件在下一步"简码识别"操作时将要用到，具体操作方法如下：

（1）选择"绘图处理"菜单下"编码引导"选项，点击左键。

（2）出现如图 5-6 所示"输入编码引导文件名"对话窗体，选择编辑的"编码引导文件"名后，用鼠标左键选择"确定"按钮（例如 CASS 9.0 \ DEMO \ WMSJ.YD），或者直接双击文件名。

（3）接着，屏幕出现如图 5-7 所示对话窗，要求输入坐标数据文件名（例如输入 CASS 9.0 \ DEMO \ WMSJ.DAT）。此时输入测点坐标文件名即可。

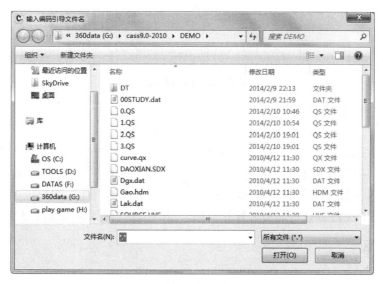

图 5-6　输入编码引导文件

图 5-7　输入坐标数据文件

（4）这时，屏幕就按照这两个文件自动生成图形，如图 5-8 所示。

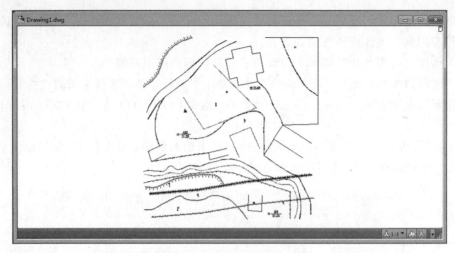

图 5-8　系统自动绘出图形

5.3.3　"简码法"工作方式

此种工作方式也称作"带简编码格式的坐标数据文件自动绘图方式"。与"草图法"野外测量时不输入任何属性值不同，每测一个地物点时都要在电子手簿或全站仪上输入地物点的简编码，简编码一般由一位字母和一两位数字组成，如先前所述，用户也可根据自己的需要通过 JCODE.DEF 文件自行定制野外操作简码。"简码法"计算机编辑成图的作业程序如下：

1. 定显示区

定显示区。

2. 简码识别

简码识别的作用是将带简编码格式的坐标数据文件转换成计算机能识别的程序内部码（又称绘图码）。

点击"绘图处理"菜单项下"简码识别"子菜单，随即出现下拉菜单，如图 5-9 所示。

图 5-9　选择简编码文件

图 5-9 显示的是系统示例数据所在目录，编辑者应上溯到自己的目录，选择自编简编码

文件后点击。当选择好简编码文件并确认后，命令显示区提示"简码识别完毕！"时，屏幕上即显示出自动绘制的平面图形。

读者可以以示例数据（CASS 9.0 \ DEMO \ YMSJ.DAT）为例，熟悉上述命令，简编码文件 YMSJ.DAT 数据的一部分格式如下：

33,F6,54132.03,31169.17,492.20

34,+,54130.77,31156.85,491.90

35,+,54116.55,31156.22,491.20

36,A73,54124.77,31216.21,495.10

⋮

运行后自动生成的图形如图 5-10 所示。

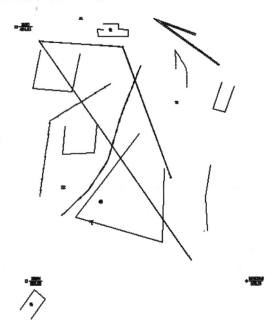

图 5-10　用 YMSJ.DAT 绘的平面图

5.3.4　"测图精灵"掌上平板成图方式

如果用"测图精灵"在外业采集数据，内业将会非常轻松。使用这种作业模式，外业有"草图法"的便捷，内业有"简码法"的轻松。因为在野外作业时"测图精灵"通过点选"测图精灵"中的地物来给测得的实体赋属性，如同在 CASS 9.0 中给实体赋属性一样方便、快捷，不仅将大部分地物的属性写进了图形文件，同时采集了坐标数据和原始测量数据（角度和距离）。

野外作业的过程中，若能熟练运用"测图精灵"作业模式，可在很大程度上缩短内业工作时间。"测图精灵"的具体用法请参考《测图精灵用户手册》。

在野外测量工作结束后进行保存时，"测图精灵"会提示输入文件名，点"确定"后在"测图精灵"的"My Documents"目录下会有扩展名为 SPD 的文件。

在"测图精灵"的"测量"菜单项下选择"坐标输出"，就可得到 CASS 9.0 的标准坐标数据文件（扩展名为 DAT），这个文件可直接在 CASS 9.0 中展点，也可以用来生成等高线，计算土方量等。这个文件和图形文件在同一个目录下，文件名相同，扩展名为 DAT。

测图精灵外业结束后，可将 SPD 文件复制到 PC 机上，利用 CASS 9.0 进行图形重构即可。具体操作为：

（1）点击菜单"数据处理"下子菜单"测图精灵数据格式读入（\转换）"。

（2）在弹出的文件打开对话框中，选择*.SPD 文件并确认，则 CASS 系统读入测图精灵生成的*.SPD 格式数据，自动进行图形重构并生成 DWG 格式图形，与此同时还生成原始测量数据文件*.HVS 和坐标数据文件*.DAT。

5.4　图形编辑处理基本方法

5.4.1　基本编辑工具介绍

在大比例尺数字测图的工作中，无论采用什么方法作业，人机交互编辑成图均是内业编辑成图的主要工作。即使采用编码作业，复杂地形、地物的绘制以及图形元素的修改、增加文字注记、绘制等高线等内容也只能采取人机交互作业方法，所以人机交互方式编辑成图，在数字化测绘内业工作中起着不可替代的作用。

对于图形的编辑，CASS 9.0 提供"编辑"和"地物编辑"两种下拉菜单。其中，"编辑"菜单中的子菜单是 AutoCAD 系统的编辑功能，有图元编辑、删除、断开、延伸、修剪、移动、旋转、比例缩放、复制、偏移拷贝等功能。"地物编辑"是由南方 CASS 系统对地形图图形元素的编辑功能，主要是线型换向、植被填充、土质填充、批量删剪、批量缩放、窗口内的图形存盘、多边形内图形存盘等。

CASS 9.0"编辑"菜单主要通过调用 AutoCAD 命令，利用其强大、方便的编辑功能来编辑图形。由于"编辑"菜单中各子菜单的功能与使用方法在第 4 章中已阐述，所以本章仅就地形图编辑中需要注意的问题作必要补充。

1.　删　除

（1）上个选定目标。

功能： 删除最后一个生成的目标。

操作过程： 左键点取本菜单后，自动完成删除。

（2）实体所在图层。

功能： 删除所有与选定实体在同一图层上的实体。

操作过程： 左键点取本菜单后，选定想要删除的图层中的一个实体即可。

（3）实体所在编码。

功能： 删除所有与选定实体属性编码相同的实体。

操作过程： 左键点取本菜单后，选定想要删除的属性编码中的一个实体即可。

2.　移　动

功能： 将一组对象移到另一位置（执行 MOVE 命令）。

操作过程： 左键点取本菜单后，见命令区显示。

提示：选择对象：用光标选取要被移动的目标。可多次选取，回车结束。

指定基点或 [位移（D）] <位移>：指定移动基点。

指定第二个点或 <使用第一个点作为位移>：指定基点移动的目标点。

说明：图形移动时不仅相应图元的坐标会发生变化，高程点的高程也会发生变化。下面就此加以说明：

（1）当移动图形的基点与基点移动的目标点都是具有高程属性值的测点时，设其高程值分别为 $h_1 h_2$，则移动完成后基点高程被强制附和到目标点高程，h_1 加入高差 $\Delta h = h_2 - h_1$，并且移动图形的其他高程点也加入同样的高差 $\Delta h = h_2 - h_1$。

（2）若基点是没有高程值的点，目标点高程值为 h_2，则所有移动的测点高程值被加 $h'_i = h_i + \Delta h = h_i + h_2$。

（3）若基点是有高程属性的测点，目标没有高程属性，则基点高程值变为 0，其余所有移动点的高程属性值变为：$h'_i = h_i + \Delta h = h_i - h_1$。

（4）综上所述，移动后所有测点的高程属性值均加入改正数 $\Delta h = h_2 - h_1$，但是要指出，改变的只是其属性值，高程值的文字注记没有发生变化。

3. 复　制

本功能在地形图编辑中，用来复制相同的地形地物元素，可以有效地提高内、外业作业效率。

对于电线杆、上下水检修井、电力、电信检修井等单点定位的地形、地物符号，可以采用多重复制方式连续复制，绘图效率远较选择专用绘图工具逐点绘制高。具体步骤如下：

（1）选择对象：当前设置：复制模式 = 多个

（2）系统再次提示"指定基点或 [位移（D）/模式（O）] <位移>:"时，用鼠标指定被复制符号的基点。

（3）打开捕捉方式开关，设定"节点"方式，采用鼠标定点，连续复制选择的地形、地物符号。指定第二个点或 <使用第一个点作为位移>：

对于形状大小完全相同的地形、地物图形元素，例如外形完全相同的宿舍楼等，可以在外业测绘时，完整测绘 1 栋后，其余仅仅只需测两个定位点，内业编辑时，通过复制方法绘制。具体步骤如下：

① 由于这类图形元素必须两点定位，所以绘制时可采用多重复制方法先复制在图形空白处。

② 用测站改正功能（参见 5.4.2），将空白处的图形元素平移、旋转到位。

4. 镜　像

功能：根据镜像线以相反的方向将指定实体进行复制（执行 MIRROR 命令）。

对于具有对称性的地形、地物，在外业测绘时，可以仅测绘对称轴一侧的部分，另一侧则可通过镜像功能复制完成，从而减轻测绘工作量。本命令的具体操作，详见第 4 章中的相关部分，在此不再赘述。

5. 偏移拷贝

功能：生成一个与指定实体相平行的新实体（执行 OFFSET 命令）。

此项功能常用来生成平行曲线的另一半，在测绘工作中道路、水渠等都是平行曲线，测绘时可以仅测绘一侧和另一侧的一点，或者量取宽度，然后运用此功能生成另一侧。

注意：对于一般的曲线通过复制功能是不能生成平行线的，只能通过偏移拷贝方法实现。偏移拷贝方法的有效对象包括直线、圆弧、圆、样条曲线和二维多义线。如果选择了其他类型的对象（如文字），将会出现错误信息。

5.4.2 地物编辑

此菜单中的内容是 CASS 9.0 专设的地形、地物绘图工具，主要对地物进行加工编辑。同"编辑"菜单一样，"地物编辑"菜单中的各个子菜单功能及使用方法已在第 4 章中作了简要介绍，本小节仅就地形图编辑中的应用问题作阐述，一般的功能及使用方法不再赘述。

1. 重新生成

功能：此功能将根据图上骨架线重新生成一遍图形，通过这个功能，修改已经绘制的复杂地物时，只需编辑其骨架线。

操作过程：执行此菜单后，见命令区提示。

提示：选择需重构的实体：<重构所有实体>：选择需重构的实体，直接回车则重新生成图上所有骨架线，如用鼠标点取某实体，则只对该实体代码所对应实体进行重构。

例如，通过右侧屏幕菜单绘出一面围墙、一块菜地、一条电力线、一个自然斜坡，如图5-11 所示。

CASS 设计了骨架线的概念，复杂地物的主线一般都是有独立编码的骨架线。用鼠标左键点取骨架线，再点取显示蓝色方框的节点使其变红，移动到其他位置，或者将骨架线移动位置，效果如图 5-12 所示。

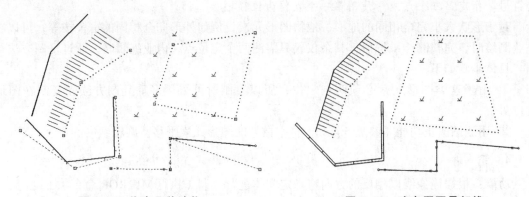

图 5-11　作出几种地物　　　　　图 5-12　改变原图骨架线

将鼠标移至"地物编辑"菜单项，按左键，选择"重新生成"功能（也可选择左侧工具条的"图形重构"按钮），命令区提示：

选择需重构的实体：<重构所有实体>：回车表示对所有实体进行重构功能。

此时，原图转化成图 5-13。

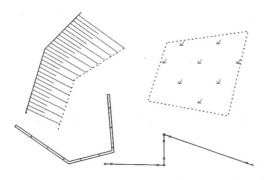

图 5-13　对改变骨架线的实体进行图形重构

2. 查询坎高

功能：查看或改变陡坎各点的坎高，在构建数字高程模型绘制等高线时，检查并更正坎高是非常必要的。点击本菜单后按命令行提示执行如下操作：

提示：选择陡坎线：用鼠标选择一条陡坎或加固陡坎，该条陡坎将会显示在屏幕中央，系统依次查询陡坎的每一个节点，正在处理的节点会有一个十字符号作标志。

提示：当前坎高=1.000 米，输入新坎高<默认当前值>：此时应输入该节点实际坎高。若直接回车，则默认是整个陡坎的缺省坎高。修改一拐点后，系统自动跳至下一点，直至结束。

例如，通过右侧屏幕菜单的"地貌土质"项绘一条未加固陡坎，在命令区提示输入坎高：（米）<1.000>时，回车默认 1 米。

将鼠标移至"地物编辑"菜单项，点击左键，弹出下拉菜单，选择"修改坎高"，则在陡坎的第一个节点处出现一个十字丝，命令区提示：

选择陡坎线

请选择修改坎高方式：（1）逐个修改　（2）统一修改 <1>

当前坎高=1.000 米，输入新坎高<默认当前值>：输入新值，回车（或直接回车默认 1 米）。

十字丝跳至下一个节点，命令区提示：

当前坎高=1.000 米，输入新坎高<默认当前值>：输入新值，回车（或直接回车默认 1 米）。

如此重复，直至最后一个节点结束。这样便将坎上每个测量点的坎高进行了更改。

若选择修改坎高方式中选择 2，则提示：

请输入修改后的统一坎高：<1.000>：输入要修改的目标坎高，则将该陡坎的高程改为同一个值。

3. 符号等分内插

功能：在两相同符号间按设置的数目进行等距内插。

此项功能用来实现点状地形、地物符号的等距内插，在实践中可用于处理路灯、电杆等符号的绘制。测量时对此类成直线的等距地物，可以只测量首尾两个，然后通过此方法绘制，以减轻外业工作量。

4. 图形属性转换

此项菜单中包含 14 项子菜单，均用于图形的属性转变，每种方式都有单个和批量两种处理方法。图形元素的属性不仅决定其线性、颜色等外观，还决定了其所在的图层。众所周知，将图层合并远较将图层分解容易，CASS 系统的图层设置较细，使其按用户要求分层相对容易，在测图工作完成后即可以此菜单内的功能实现图层的转换。

此菜单内各项命令及其功能第 4 章已有介绍，用户按操作提示进行即可。

5. 坐标转换

本命令利用公共点包含的坐标转换信息实现平面坐标转换，不仅可以转换图形，也可以转换 CASS 9.0 坐标数据文件。若公共点数量多于必要数（2 个），则采用最小二乘准则求得坐标转换参数，实现最小二乘坐标转换。

点击此命令后出现如图 5-14 所示的对话框，转换前若将欲转换的图形、公共点均展绘在屏幕上，则可以采用拾取（即屏幕点击）的方法输入公共点；否则就只能通过键盘输入公共点转换前后的坐标值。

成对输入公共点坐标后，点击"添加"使数据进入对话框上部的显示窗口，重复进行直到输入全部公共点坐标为止。

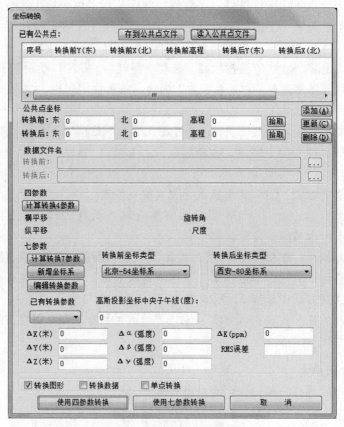

图 5-14　坐标转换对话框

当输入全部公共点坐标信息，并检查无误后，在对话框下方选择是否转换图形、数据。选择转换数据时，系统弹出对话框供用户指定转换前和转换后的文件名；选择转换图形时，需要在平面上框选图形。此类选项属于多项选择，用户可以选择其中一项或者两项，然后依次点击"计算转换参数键"和"转换键"，完成操作。

6. 测站改正

功能：如果用户在外业不慎搞错了测站点或定向点，或者采用任意设站测量碎部点，通过联测已知坐标点实现坐标及图形转换的作业方法时，主要利用此项功能。通过屏幕捕捉输入一对公共点后，系统将自动对选中的图形实体作旋转平移，使其调整到正确位置，之后系统提示输入需要调整和调整后的数据文件名，自动改正坐标数据，用户若放弃改正，按"Esc"键即可。

由于野外测量工作量巨大、头绪繁多，仪器设置错误很难避免，这种情况下就会造成测量数据整体位移、旋转。另外野外作业时，为了提高作业效率，常常采用任意设站，利用公共点实现坐标及图形转换的作业方法，所以本项功能在工程实践中应用较多。

"测站改正"功能的使用方法在第 4 章中已有介绍，操作相对简单，用户按命令屏幕下方区提示，一步步执行即可。

说明：测站改正只能通过屏幕捕捉输入公共点，其纠正方法也只是一点定位，一方向旋转的简单纠正；若公共点较多，要求进度较快时，可采用坐标转换方法。注意，若是测站设置错误，测站改正只能改变平面坐标，坐标文件中的高程数据，尚需要用"数据／批量修改坐标数据"功能进行修改。

5.4.3　屏幕右侧菜单的编辑功能

CASS 9.0 屏幕的右侧设置了"屏幕菜单"，这是一个地形图专用的交互绘图菜单。要进入该菜单的交互编辑功能时，必须先设置定点方式。CASS 9.0 右侧屏幕菜单中定点方式包括"坐标定位""测点点号""电子平板""数字化仪"等方式。

若不慎关闭了屏幕右侧菜单，则屏幕上找不到右侧菜单。这时可点击"文件\AutoCAD 系统配置\显示（display）"后，选中"显示屏幕菜单\display screen menu"确认即可。

1. 设置图层

功能：设置当前图层，它对屏幕图形不产生任何影响。

说明：如果要直接用 AutoCAD 图形编辑命令绘制图形，可先使用本菜单项设置相应的图层，这样用 AutoCAD 命令或工具条绘制的图形将位于选择的图层上。

操作方法是，点击本菜单后在弹出的对话框中选择图层名确认。这里需要指出，设置完成后虽然使随后用 AutoCAD 绘图工具所绘图形元素位于该图层上，但是这些图形元素没有地形、地物属性。

2. 捕捉方式

功能：启动图表菜单设置实体捕捉方式。

说明：在这里设置实体捕捉模式与在顶部"工具"菜单下物体捕捉模式设置有所不同。其区别是：在顶部菜单进行设置须在命令执行前，且设置后将在以后的操作中一直起作用；而这里是在命令进行当中设置，而且是一次性的。

3. 量算定点

功能：根据输入的方向和距离确定点位。

操作：根据命令栏提示进行操作，操作可反复进行。

提示：请指定第一点：用鼠标确定第一点。

请指定第二点：用鼠标确定第二点。这两点将确定一条基准线。

键盘输入角度（K）/<指定方向点（只确定平行和垂直方向）>：如果直接用鼠标指定方向点，系统默认为与基准线垂直或平行。

请输入长度：输入所求点与最新画的一点的距离。

如输入 K，出现以下提示：

请输入夹角：输入与基准线的夹角。

请输入长度：输入所求点与最新画的一点的距离。

本工具作用只定点不连线，所定点位不会因移动屏幕而消失，此功能非常适用于通过丈量距离确定定位点。

4. 图形复制

功能：复制已有图形属性，在绘制与图上已有实体相同属性的实体时，应用此法可大大提高绘图效率。

操作过程：选取本命令，依提示先选中图上已有地物，再绘制相同属性的新地物，采用本工具绘图，绘图效率比起选择地物类型菜单中工具来，更加方便快捷。

5. 自由续接

功能：使绘出的新实体与已有的实体连成属性相同的一个整体。

操作过程：点击本命令菜单后，首先选中已有地物，然后接着绘制即可，所绘图形与原有图形成为一个整体，自然属性也相同。采用此命令绘图省去了点击菜单，寻找绘图工具的麻烦，可显著提高作业效率。

5.4.4 图层管理

应用图层技术可以方便地对图上的有关实体进行分门别类的操作。图层可以理解为一个透明的薄膜，而地形图则是各图层的叠加，通过有选择的叠加，可以实现突显重要信息，方便地形图使用与编辑的目的。"图层"划分是数字图的一大特色，也是其最重要的优势之一。AutoCAD 中图上的各种实体可以放在一个图层上，也可以根据需要放在不同的图层上，每个图层都具有特定的属性。图层属性主要包括图层名、颜色号、线型名、可见性及冻结和解冻状态等。

CASS 中地形、地物图形元素属性及其所在图层是在选择屏幕右侧菜单中工具，绘制地物和地貌时自动实现的，例如要用屏幕右侧菜单绘制居民地，则点击菜单"居民地"后，在弹出菜单中根据房屋类型选择适当的工具绘制；要绘制植被园林，则在"植被园林"菜单下找相应的工具。CASS 的图层分类名称如图 5-15 所示。

如利用 CASS "工具"菜单或工具条中的 CAD 绘图命令绘图，则所绘图形位于当前层，并且绘制的图形无地形实体编码。要解决此问题可先在屏幕右侧菜单中选定设置的图层，再利用 AutoCAD 命令绘图，利用"数据"菜单中的"加入实体编码"对所绘实体赋属性。需要指出的是，除非选择复合线绘制，否则 AutoCAD 绘图命令绘制的线性将是不连续的。

图 5-15　图层设置

在 CASS 编辑下拉菜单中有对图层进行管理的命令，其功能是控制层的创建和显示。

操作： 左键点取"图层设定"菜单项后，会弹出图层特性管理器对话框，对话框中选项的基本功能已在第 4 章中有所阐述，在此仅就一些问题作出补充。

冻结 ASSIST 层：冻结 CASS 9.0 的 ASSIST（骨架线）层，该操作通常是在要进行绘图打印时用到。

打开 ASSIST 层：解冻 ASSIST（骨架线）层。上一操作的逆操作。

实体层→目标实体层：将所选实体的图层转换为目标实体的图层。左键点取本菜单后，见提示。

提示： 选择要更改的对象：用光标（此时变成一个小框）选择待转换的实体。

选择对象：继续选取，直接回车则结束选取。

选择目标图层上的对象或 [名称（N）]：用光标选择目标实体或手工键入目标图层名。

实体层→当前层：转换实体图层。与上一菜单操作过程相似。不同的是上一菜单中，所选实体层向所选目标层转换；而在本菜单中，所选实体图层转换到当前图层来。

仅留实体所在层：左键点取本菜单后，用光标选取实体后回车，则系统将关闭所有除所选实体图层外的图层。

冻结实体所在层：左键点取本菜单后，用光标选取实体，系统将马上将该实体所在层冻结。但如果该实体层是当前层，则命令区会提示，要求确认是否冻结当前层。

关闭实体所在层：与冻结实体所在层操作过程完全一样。

锁定实体所在层：左键点取本菜单后，用光标选取实体，其所在层即被锁定。

解锁实体所在层：将被锁定的图层解锁，是上一操作的逆操作。

合并实体所在层：左键点取本菜单后，用光标选取实体，可重复选取，回车结束选取，然后再选取目标实体层，则前面所选实体所在层都被合并到目标实体层中。

删除实体所在层：将所选实体所在图层及该图层上所有实体删除掉。

打开所有图层：将所有图层打开。

解冻所有图层：将所有图层解冻。

5.4.5 图形的插入、拼接

图形实际上可以看成是一组实体的集合，这些实体组成块并取唯一的文件名存盘后，这组实体便可以作为一个整体被引用。块所包含的实体可以位于不同的层，每层的实体可以包含自己的颜色和线型等属性信息。AutoCAD 中的图块插入功能可以将存在磁盘上的图形插入正在建立的图形之中，一般而言，当块被插入并分解时，块中的每个实体在原来的层上画出，并保存原来的线型和颜色信息；若正在建立的图形含有相同的图层，则插入后实体被置入当前图层的基本属性设置。对于采用图元编辑方法单独设置属性的图元，则其属性不会改变。

类似于图形移动操作，图块插入后，所有定位点的高程属性均要加一个常数值，这个"常数" = "极点的目标点高程" – "基点高程"。但改正的仅仅是其属性值，已注记的高程值文字不会改变。

图形的制作与插入是 AutoCAD 的一项重要的功能，尤其是在地形图编辑过程中特别常用，其主要用于：

（1）图形的拼接。在图形编辑过程中，往往是采用多人分工编辑，最后成果的合并、拼接就需要通过图形插入功能完成。

（2）由于数字图占用内存容量太大时使用不便，所以数字图也是按传统纸质图的划分规定分幅存档。而在计算机上查阅多张图的结合部位时，则需要将其拼接，而这也是需要利用图形拼接功能的。

（3）图形编辑时在不同的文件中插入已定义好的块文件，并通过块上的基准点来确定块在图幅中插入的位置，可以使不同图幅文件的编辑过程中共享形状、属性相同的图块单元，提高作业效率。

在 CASS 顶部菜单的"工具"下拉菜单中有制作和插入图块的命令，具体操作请见第 4 章相关章节。这里仅作如下补充：

（1）制作图块时，对象区内快速选择（QuickSelect）图标按钮，这是一个非常有用的控件，它能够通过共同属性特征，选中地形图中所有具有此属性的图形元素，在图形编辑及整饰工作中非常有用。

在对象区选择按钮下方，有三个单项选择项，分别是：

① 保留（Retain）单选按钮：选择此选项将在创建块后，仍在图形中保留构成块的对象，一般应选择此项。

② 转换为块（Convert to block）单选按钮：选择此选项后，将把所选的对象作为图形中的一个块。

③ 删除（Delete）单选按钮：选择此选项将在创建块后，删除所选的原始对象。

（2）插入图块时，"插入"对话框中"名称"栏中填写需插入的"块"或"图形文件"名，"浏览"键用来选择"图形文件"名。"插入点"栏中输入插入点的坐标，"缩放比例"栏中输入 X、Y、Z 方向上的图形比例，"旋转"中输入图形旋转角度。如果在"在屏幕上指定"栏中打√，则插入点坐标、图形比例、旋转角等即在屏幕图形上依命令栏提示输入。若在"分解"栏中打√，则插入图形与原图图块自动分离。参数设置完毕后，点击"确定"即可。

块被插入图形中后，只能作为一个实体被选中和编辑，块中的图形将不能查看图形编码和图形名称，但在"分解"复选框中打√后，插入的块被分解为许多独立的实体，能够被单独选中和编辑，各独立实体将具有和在制作图块前的原图形相同的实体属性，即具有相同的图层、颜色、线型、实体名称及编码等。在用制作块和插入块拼接地形图时，一般应选中"分解"复选框。

（3）批量插入图块时，批量选择需要插入的图块，点击"打开"即将图块插入。该功能在插入多个块合并成图中很有用，块的插入点即是制作块时的基点。

5.5　数字地形图绘制方法

外业采集数据，内业绘图，可以采用"草图法"和"简码法"进行；在野外边采集数据边绘图可采用 CASS 的"电子平板"或者南方的掌上"测图精灵"成图。有关 CASS 内业成图方法在 5.1 中已有较详尽的介绍，因此，本节主要介绍地形图绘制中的一些注意事项和怎样灵活利用 CASS 的命令提高绘图效率及地貌符号的绘制问题。

虽然是采用计算机绘制数字地形图，但数字地形图与传统的白纸测图的地形图表示方法是相同的，在数字测图中无论采用何种方式绘图，均要熟悉《地形图图示》中地物符号和地貌符号的分类和表示方法，以及地形图上各要素配合表示的一般原则。这些内容已在《测量学》中有详细的介绍，读者可参考《测量学》相关章节内容和大比例尺《地形图图示》的规定。本节仅针对 CASS 绘制地形图中要注意的一些问题进行介绍。

5.5.1　地物绘制

CASS 9.0 的地形、地物绘制工具众多，方法多样，绘制时应根据具体情况，灵活选择适合的方法，以追求高效率为目标。作为一般的原则，下面列举一些要考虑的问题：

（1）绘制地形图之前，首先要展绘野外测点点号，则测点点号和点位均在屏幕中绘出。"无码法"作业一般应选择屏幕右侧菜单中的"测点点号"方式，然后作业时在"坐标定点"和"测点点号"两种方式中进行切换，以提高绘图效率。

（2）"测点点号"定位方式要求输入测点的点号，但每次输入点号较为烦琐，效率不高，在绘制地物时可将要绘制的部分屏幕局部放大，再切换到"坐标定位"，点击"编辑"菜单中的"物体捕捉方式"，鼠标左键点"节点"，再选择屏幕右侧菜单中要绘制的地物类型，根据草图捕捉点位绘图，在局部区域该方式较点号绘图效率要高许多。

（3）在绘制地物时除可以利用定位点点位绘图以外，还要灵活利用已测点与待定点间的几何关系。例如两点边长交会、微导线、直线延伸等方法，结合野外丈量数据，通过作图方法确定未直接测量的定位点。

（4）在展点前先选择屏幕右侧菜单的"坐标点位"，再点击屏幕右侧菜单"设置图层"，选择"展点号层"确定后，再利用"工具"菜单下的交会定点功能展点，所计算出的点位即在屏幕中展出，并且点位于 ZDH 层（展点号层）。

（5）外业测量能直接测量的地形、地物特征点应尽量测量，只有测碎部点坐标不便，才根据实际情况采用丈量方法或者交会定点方法定点。一般而言，丈量方法定点，在内业成图时作业效率较低。

（6）在绘制地形图时，一个命令执行完成，可在命令行中直接敲回车键，则可再次执行刚完成的命令。例如，刚绘制完成了一个四点房的绘制，接下来又要绘制一个四点房屋，就可在命令行中敲回车键，则又执行绘制四点房的命令，这样可以避免在屏幕右侧菜单中重新选择的烦琐操作。

（7）利用屏幕右侧菜单的"图形复制"，选择已绘好的地物图形执行相同属性地物的绘制时，用不着每次绘制时都要选择图像菜单的"图示"，这样可以极大地提高绘图效率。

（8）对一些形状相同的建筑物可以利用 CASS "编辑"菜单中的复制命令，根据屏幕提示选择要复制的图形，再指定基点和要复制到的定位点，则可在新的定位点绘制一个相同的建筑物。在利用复制命令时将端点和节点捕捉打开可提高绘制效率。

（9）对一些对称的建筑物或者对称排列的建筑物群，可先绘制部分图形，再利用"编辑"菜单的镜像命令绘制，在利用"镜像"绘制对称图形时要注意对称线（镜像线）不要搞错，一般可以先绘制一条辅助线作为镜像线，再利用"镜像"绘图，采用端点捕捉选择对称线较好。

注意：如果利用"工具"菜单中的画复合线绘制了对称建筑物的一部分，再利用"镜像"命令绘制对称图形，绘好的图形并没有实体编码，要解决这一问题可以用"数据"下拉菜单下的"加入实体编码"，按屏幕提示操作即可。

5.5.2 地貌符号的绘制

1. 线状地貌符号

线状地貌符号绘制时，首先选择相应的绘制工具（如未加固陡坎、加固斜坡等），然后按命令区提示一步步操作即可。但完成这一部分工作，应考虑如下问题：

（1）在绘制地貌符号时应分清陡坎与陡坡、自然斜坡、法线斜坡、加固斜坡（陡坎）符号的定义，坎（坡）向的情况确定，斜坡长齿线的位置等。绘制斜坡（陡坎）线是否应选择拟合要根据实际确定，如坡顶（坎顶）线是明显的折线，碎部点测量在转折点，则应不拟合；如坡顶（坎顶）线是曲线，而碎部点测量较为密集时，应选择拟合。

（2）在地貌土质符号中的陡坎、斜坡、陡岩等符号的齿线均是指向坡度降低的方向。在 CASS 绘图软件中默认齿线绘制是朝前进方向的左边，但作业时不必严格按此进行。若绘制出的齿线与实际情况相反，则可以采用"地物编辑"下拉菜单中的"线型换向"解决。

（3）在绘制陡坎符号时，默认坎高为 1 米，在绘制陡坎时固然可以修改坎高，但这样绘制的陡坎各转折点上均有相同的坎高属性，这可能与实际不符。在 CASS 9.0，可以利用"地物编辑"下拉菜单中的"修改坎高"命令行提示，逐点修改各转折点的坎高。坎高直接影响到坎底的标高，在绘制等高线时若坎高较大，则在建立 DTM 时应选择考虑坎高。

2. 点状地貌符号绘制

点状符号绘制时仅需一点定位，可以在右侧菜单中选定符号类型后，通过键盘输入点号绘制，也可以直接在屏幕定点绘制。对于不连线的点状地物符号，如城市中大量存在的检修井等，可以采用多次复制的方法，鼠标定点复制，效率较高。对于需要旋转的点状地物符号，绘制时只需用鼠标给定点位，然后使符号随着鼠标的移动而旋转，待其旋转到合适的位置后按鼠标右键或回车键。

3. 面状元素符号绘制

面状符号包括盐碱地、沼泽地、草丘地、沙地、台田、龟裂地等地物，绘制这类地物时一般是指符号填充问题。符号填充绘制有下列方法：

（1）选择绘制单个符号：对于较小的区域，可以采用此选项。对于单个符号，采用多次复制的方法，通过屏幕捕捉定点绘制，不仅是一种效率较高的方法，也可以将符号分布安排更美观。

（2）选择或划定闭合区域，系统按设定的密度自动填充，此时系统会提示是否保留边界，一般选择不保留。

5.5.3　文字注记

用鼠标单击屏幕右侧的"坐标定位"方式，将显示如图 5-16 所示的界面。

"CASS 坐标"有两个作用：第一，表明目前的定点方式为坐标定位方式；第二，用鼠标单击本项目时将返回上级屏幕界面。

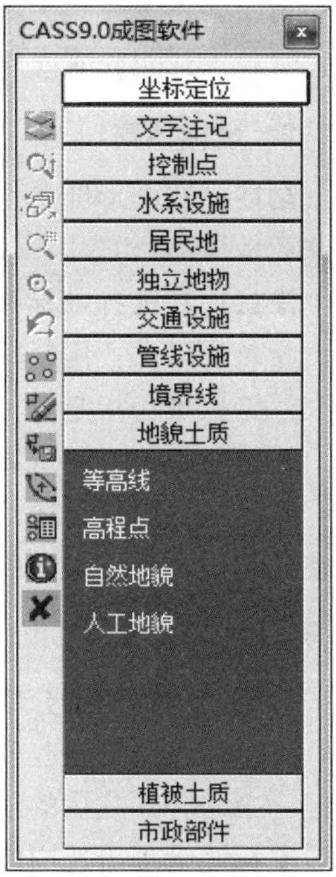

图 5-16　坐标定位方式下的屏幕菜单

1. 注记文字

执行"文字注记"菜单后，会弹出一个对话框，如图 5-17 所示。

图 5-17　文字注记对话框

功能： 在指定的位置以指定的大小书写文字。

操作过程： 同第 4 章所介绍的下拉菜单"工具"→"文字"。

注意： 文字字体为当前字体，CASS 9.0 系统默认字体为细等线体。提示：请输入注记内容：录入注记内容。

请输入图上注记大小（mm）：<3.0>：指定文字大小，默认值是 3.0。

请输入注记位置（中心点）：指定注记位置。

2. 坐标坪高

功能：在图形屏幕上注记任意点的测量坐标，如：房角点、围墙角点、空白区域等，用于注记地坪高。

注意：在进行坐标注记时，应精确捕捉待注点。提示：

指定注记点：用鼠标指定要注记的点。

注记位置：指定注记位置。

注记标高值：输入要注记的标高值。

系统将根据所设定的捕捉方式捕捉到合乎要求的点位，然后由注记点向注记位置点引线，并在注记位置处注记点的坐标。

3. 变换字体

功能：同第 4 章介绍的下拉菜单"工具"→"文字"→"变换字体"。

变换字体操作会改变当前默认字体，字体改变后不仅影响到汉字，也影响到高程等数字注记。CASS 9.0 默认的细等线体汉字不太美观，若用户要改动为其他字体，可在注记完成后，用对象特性管理器选中汉字批量改正，注记前通过变换字体改正，会改变数字注记的字型。

4. 定义字型

功能：同第 4 章介绍的下拉菜单"工具"→"文字"→"定义字型"。

5. 常用文字

功能：实现常用字的直接选取（不需用拼音或其他方式输入）。

选定其中的某个汉字（词）后，命令栏提示文字定位点（中心点）。用鼠标指定定位点后，系统即在相应位置注记选定的汉字（词）。

在这里注记的汉字的字高在 1 : 1 000 时恒为 3.0 毫米，如果想改变字体的大小，可以使用下拉菜单"地物编辑"→"批量缩放"→"文字"菜单操作。

对已注记的文字内容进行修改可以在屏幕上双击要修改的文字，这时系统会弹出"工具"菜单下"文字编辑"的对话框，输入改变内容，确认即可。若除了修改内容外，还要对已有内容的文字字体、文字颜色等进行修改，可以先选择注记的文字，再点击 CASS "编辑"菜单下的"对象特性管理"子菜单，点击后弹出对象特性管理器，如图5-18 所示。

在此可对对象进行修改。选择文字后点击鼠标右键，在弹出菜单中用鼠标左键点击特性也可进入对象特性管理器。

图 5-18　对象特性管理器对话框

5.5.4　等高线绘制

在地形图中，等高线是表示地貌起伏的一种重要手段。在数字化自动成图系统中，等高线是由计算机自动勾绘，生成的等高线内插精度相当高。

CASS 9.0 在绘制等高线时，充分考虑到等高线通过地性线和断裂线时情况的处理，如陡坎、陡崖等。CASS 9.0 能自动切除通过地物、注记、陡坎的等高线。由于采用了轻量线来生成等高线，CASS 9.0 在生成等高线后，文件大小比其他软件小了很多。

在绘等高线之前，必须先将野外测的高程点建立数字地面模型（DTM），然后在数字地面模型上生成等高线。

对于初学者来说，一定不要忘记在作等高线前首先展绘出图面的高程点。图面只有展点号和点位是不能用来建立数字地面模型（DTM）的，也绘不出等高线。

绘制等高线的操作过程如下：

1.　建立数字地面模型（构建三角网）

建立数字地面模型之前，可以先"定显示区"及"展点"，展点时应该选择"展高程点"选项。在弹出的文件打开对话框中选择测量坐标文件名并确认后，系统提示：

注记高程点的距离（米）：要求输入高程点注记距离（即注记高程点的密度），默认值为展全部高程点。对于输出最后的成果图，高程注记的密度根据不同比例尺，有不同的规定，而对于等高线绘制，这时应选择默认值。

（1）点击下拉菜单"等高线"，出现如图 5-19 所示的菜单。

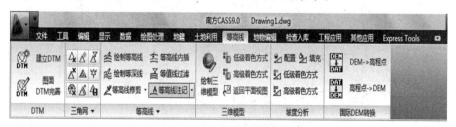

图 5-19　等高线菜单栏

（2）移动鼠标至"建立 DTM"项，该处以高亮度（深蓝）显示，按左键，出现如图 5-20 所示的对话窗。

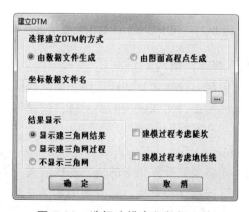

图 5-20　选择建模高程数据文件

首先，选择建立 DTM 的方式，分为两种方式：由数据文件生成和由图面高程点生成。如果选择由数据文件生成，则在坐标数据文件名中选择坐标数据文件；如果选择由图面高程点生成，则在绘图区选择参加建立 DTM 的高程点。一般情况下，可以用闭合的复合线来确定建立数字高程模型（DTM）的范围。如果选用根据图面高程点来生成 DTM，就需要在之前先用闭合的复合线确定建模范围。

其次，选择结果显示分为三种：显示建三角网结果、显示建三角网过程和不显示三角网。

最后，选择在建立 DTM 的过程中是否考虑陡坎和地性线。如果选择建模过程中考虑陡坎，则在建立 DTM 前系统自动沿着陡坎的方向插入坎底的点（坎底点的高程等于坎顶线上的已知点的高程减去坎高），这样新建的坎底点便参与三角网组网的计算，因此在建立 DTM 前应先将陡坎绘出。

如果地貌有明显的山脊和山谷或者变坡线，则应选择在建模过程中考虑地性线，以避免所建立的三角网在山谷处出现"悬空"和在山脊处出现"切割"的现象，要考虑地性线应在建立 DTM 前根据所展的点先用复合线绘出。

点击确定后生成如图 5-21 所示的三角网。

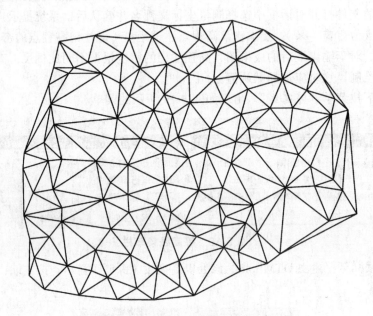

图 5-21　用 DGX.DAT 数据建立的三角网

2. 修改数字地面模型（修改三角网）

一般情况下，因现实地貌的多样性和复杂性，外业采集的碎部点很难一次性生成理想的等高线，自动构成的数字地面模型与实际地貌不太一致，这时可以通过修改三角网来修改这些局部不合理的地方。

（1）删除三角形。如果在某局部内没有等高线通过，则可将其局部内相关的三角形删除。删除三角形的操作方法是：先将要删除三角形的地方局部放大，再选择"等高线"下拉菜单的"删除三角形"项，命令区提示选择对象：这时便可选择要删除的三角形，如果误删，可用"U"命令将误删的三角形恢复。删除三角形后如图 5-22 所示。

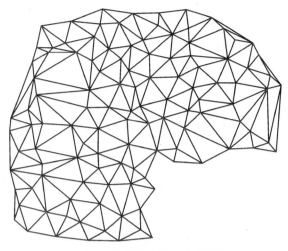

图 5-22　将右下角的三角形删除

（2）过滤三角形。可根据用户需要输入符合三角形中最小角的度数，或三角形中最大边长最多大于最小边长的倍数等条件的三角形。如果出现 CASS 9.0 在建立三角网后点无法绘制等高线，可过滤掉部分形状特殊的三角形。另外，如果生成的等高线不光滑，也可以用此功能将不符合要求的三角形过滤掉再生成等高线。

（3）增加三角形。如果要增加三角形时，可选择"等高线"菜单中的"增加三角形"项，依照屏幕的提示在要增加三角形的地方用鼠标点取，如果点取的地方没有高程点，系统会提示输入高程。此时，如果要点取高程点参加建模，必须选用圆心点捕捉模式，否则会出现捕捉不到高程点的高程属性。

（4）三角形内插点。选择此命令后，可根据提示输入要插入的点：在三角形中指定点（可输入坐标或用鼠标直接点取），提示"高程（米）="时，输入此点高程。通过此功能可将此点与相邻的三角形顶点相连构成三角形，同时原三角形会自动被删除。

（5）三角形顶点。用此功能可将所有由该点生成的三角形删除。因为一个点会与周围很多点构成三角形，如果手工删除三角形，不仅工作量较大而且容易出错。这个功能常用在发现某一点坐标错误时，将它从三角网中剔除的情况下。

（6）重组三角形。指定两相邻三角形的公共边，系统自动将两三角形删除，并将两三角形的另两点连接起来构成两个新的三角形，这样做可以改变不合理的三角形连接。如果因两三角形的形状特殊无法重组，会有出错提示。

（7）删三角网。生成等高线后就不再需要三角网了，这时如果要对等高线进行处理，三角网比较碍事，可以用此功能将整个三角网全部删除。

（8）修改结果存盘。通过以上命令修改三角网后，选择"等高线"菜单中的"修改结果存盘"项，把修改后的数字地面模型存盘。这样，绘制的等高线不会内插到修改前的三角形内。当命令区显示"存盘结束！"时，表明操作成功。

注意：修改了三角网后一定要进行此步操作，否则修改无效！

3. 绘制等高线

完成以上的准备操作后，便可点击"等高线"下拉菜单的"绘制等高线"项，弹出如图

5-23 所示的对话框。在对话框中输入设置值，确认系统即可自动进行等高线绘制。

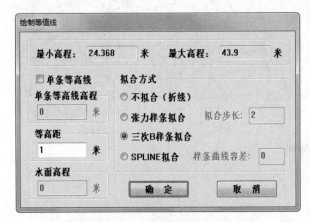

图 5-23　绘制等高线对话框

对话框中会显示参加生成 DTM 高程点的最小高程和最大高程。如果只生成单条等高线，那么就在单条等高线高程中输入此条等高线的高程；如果生成多条等高线，则在等高距框中输入相邻两条等高线之间的等高距。最后选择等高线的拟合方式。

总共有四种拟合方式：① 不拟合（折线）；② 张力样条拟合；③ 三次 B 样条拟合；④ SPLINE 拟合。观察等高线效果时，可输入较大等高距并选择不光滑，以加快速度。如选拟合方法②，则拟合步距以 2 米为宜，但这时生成的等高线数据量比较大，速度会稍慢。测点较密或等高线较密时，最好选择方法③，也可选择不光滑，过后再用"批量拟合"功能对等高线进行拟合。选择方法④则用标准 SPLINE 样条曲线来绘制等高线，提示请输入样条曲线容差：<0.0>，容差是曲线偏离理论点的允许差值，可直接回车。SPLINE 线的优点在于即使其被断开后仍然是样条曲线，可以进行后续编辑修改，缺点是较选项③容易发生线条交叉现象。

当命令区显示：绘制完成！，便完成绘制等高线的工作，如图 5-24 所示。

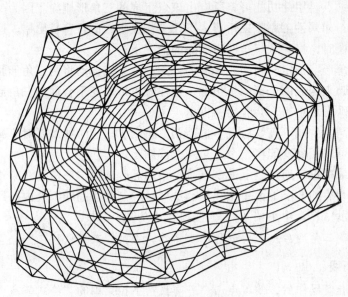

图 5-24　完成绘制等高线的工作

4．等高线的修饰

（1）注记等高线。用"窗口缩放"项得到局部放大图，如图 5-25 所示，再选择"等高线"下拉菜单之"等高线注记"的"单个高程注记"项。

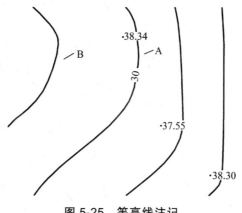

图 5-25　等高线注记

命令区提示：

选择需注记的等高（深）线：移动鼠标至要注记高程的等高线位置，按左键。

依法线方向指定相邻一条等高（深）线：垂直移动鼠标至相邻等高线位置，按左键。等高线的高程值即自动注记选择处，且字头朝向高处。

（2）等高线修剪。左键点击"等高线/等高线修剪/批量修剪等高线"，弹出如图 5-26 所示对话框。

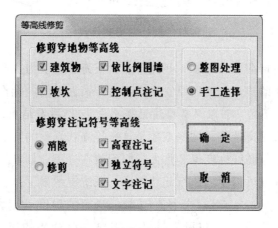

图 5-26　等高线修剪对话框

首先选择是消隐还是修剪等高线，然后选择是整图处理还是手工选择需要修剪的等高线，最后选择地物和注记符号，单击确定后会根据输入的条件修剪等高线。

（3）切除指定二线间等高线。命令区提示：

选择第一条线：用鼠标指定第一条线，例如选择公路的一边。

选择第二条线：用鼠标指定第二条线，例如选择公路的另一边。

程序将自动切除等高线穿过此二线间的部分。

（4）切除指定区域内等高线。选择一封闭复合线，系统将该复合线内所有等高线切除。注意，封闭区域的边界一定要是复合线，如果不是，系统将无法处理。

（5）等值线滤波。此功能可在很大程度上给绘制好等高线的图形文件减肥。一般的等高线都是用样条拟合的，这时虽然从图上看出来的节点数很少，但事实却并非如此。以高程为38的等高线为例说明，如图 5-27 所示。

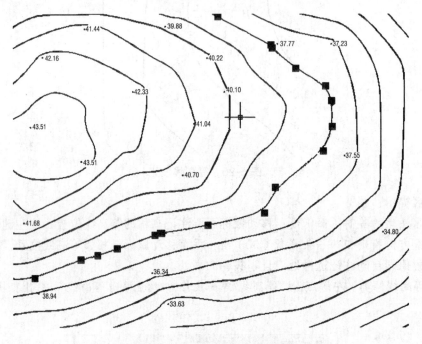

图 5-27　剪切前等高线夹持点

选中等高线，会发现图上出现了一些夹持点，千万不要认为这些点就是这条等高线上实际的点。这些只是样条的锚点，要还原它的真面目，请做下面的操作：

用"等高线"菜单下的"切除穿高程注记等高线"，然后看结果，如图 5-28 所示。这时，在等高线上出现了密布的夹持点，这些点才是这条等高线真正的特征点。所以，如果看到一个很简单的图在生成了等高线后变得非常大，原因就在这里。如果想将这幅图的尺寸变小，用"复合线滤波"功能就可以了。执行此功能后，系统提示如下：

请输入滤波阈值：<0.5 米>：这个值越大，精简的程度就越大，但是太大会导致等高线失真（即变形），因此，用户可根据实际需要选择合适的值。一般选系统默认的值就可以了。

5. 等高线局部替换

左键点击"等高线/等高线局部替换"，等高线局部替换有两种，即已有线和新画线。

通过等高线的替换，很容易修改一些在等高线自动生成时发生了明显变形的部分，从而使得等高线更加符合实地情况。此功能对于修改等高线非常实用。

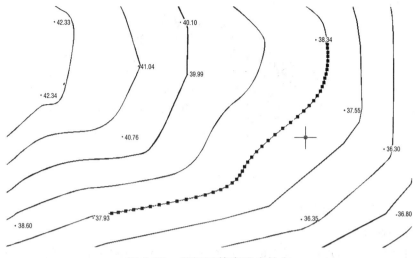

图 5-28　剪切后等高线夹持点

6. 等高线加示坡线

为等高线加示坡线有两种方法，即单个示坡线和沿直线示坡线，下面一一介绍。

（1）单个示坡线。

左键点击"等高线/等高线注记/单个示坡线"，命令区提示：

选择需注记的等高线：左键单击需要注记的等高线。

依法线方向指定相邻一条等高（深）线：在法线方向指定相邻一条等高线。

程序将自动将选择的等高线沿法线方向注记。

（2）沿直线示坡线。

左键点击"等高线/等高线注记/沿直线示坡线"，命令区提示：

请选择：（1）只处理计曲线（2）处理所有等高线：默认值<1>，回车。

选取辅助直线：该直线应从低往高画，即由高程值小的等高线向高程值大的方向画一条直线。

程序将自动沿直线方向注记。

7. 绘制三维模型

建立了 DTM 之后，就可以生成三维模型，观察一下立体效果。

移动鼠标至"等高线"项，按左键，出现下拉菜单。然后移动鼠标至"绘制三维模型"项，按左键，命令区提示：

输入高程乘系数<1.0>：输入 5。

如果用默认值，建成的三维模型与实际情况一致。如果测区内的地势较为平坦，可以输入较大的值，将地形的起伏状态放大。因本图坡度变化不大，输入高程乘系数将其夸张显示。

输入格网间距<8.0>：

是否拟合？（1）是　（2）否 <1>：回车，默认选 1，拟合。

这时将显示此数据文件的三维模型，如图 5-29 所示。

另外，利用"低级着色方式""高级着色方式"功能还可对三维模型进行渲染等操作；利用"显示"菜单下的"三维静态显示"功能可以转换角度、视点、坐标轴，利用"显示"菜单下的"三维动态显示"功能可以绘出更高级的三维动态效果。

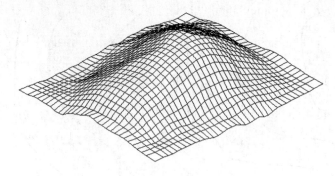

图 5-29　三维效果

8.　其他"等高线"菜单命令

（1）图面 DTM 完善。

功能：利用"图面 DTM 完善"即可将各个独立的 DTM 模型自动重组在一起，而不必进行数据的合并后再重新建立 DTM 模型。

操作过程：执行此菜单后，见命令区提示。

提示：选择要处理的高程点、控制点及三角网：选择需要建网的点或三角网。

（2）加入地性线。

在建立 DTM 过程中，加入地性线是非常重要的步骤。很多情况下的等高线失真或者等高线完全不正确，都是因为没有考虑地性线的因素。计算机绘制等高线可以说不是全智能化的，因为实地地貌非常复杂，高程点又是离散的、无序的，所以，必须要借助专业人员的辅助工作（连接地性线等）才能更好地表达出真实的地貌形态。

功能：由于等高线与地性线是互相垂直的关系，所以在建三角网时要考虑到地性线的位置。

操作过程：执行此菜单后，见命令区提示。

提示：第一点：<跟踪 T/区间跟踪 N>：输入一地性线的起点。

指定下一个点或 [圆弧（A）/半宽（H）/长度（L）/放弃（U）/宽度（W）]：输入第二点。

定下一点或 [圆弧（A）/闭合（C）/半宽（H）/长度（L）/放弃（U）/宽度（W）]：继续输入点，回车结束。

注意：这里加入地性线时应该使用圆心点捕捉模式来捕捉图面的高程点，否则，此地性线就没有高程属性。一般情况下，绘制地形线的目的是三角网中三角形边不可穿过地形线。

（3）绘制等深线。

功能：计算并绘制等深线。

操作过程：同"绘制等高线"，但过程中系统会提问水面高程，高于此高程的等深线将用实线来画，其余用虚线画。

（4）等高线内插。

功能：当等高线过疏时，通过此功能在其中内插等高线。

操作过程：根据命令区提示选择两条边界等高线，然后命令区会有提示。

提示：请输入等高距：采样点距越小，内插等高线精度越高，当然计算时间也越长。

在做此项工作之前，要使内插等高线更准确，最好先将等高线进行拟合。但有时在边界等高线弯曲过大时，内插线变形稍大，这时需要手工进行局部处理。

（5）等值线过滤。

功能：当等高线或等深线过密时，通过此功能删除部分等高线或等深线。

（6）删全部等高线。

功能：删除屏幕上的全部等高线。

（7）查询指定点高程。

功能：查询图面上任一点的坐标及高程。如之前没有建立过 DTM，系统会提示输入数据文件名。

（8）等高线局部替换。

（9）坡度分析。CASS 9.0 中提供了实用的坡度分析技术，根据坡度值用相应的颜色填充三角网，配合三维模型功能，全面解析测区实地空间立体模型，可方便地检查 DTM 模型中存在的错误，如高程异常等。

5.6　数字地形图的分幅、整饰

5.6.1　图形分幅

在图形分幅前，应做好分幅的准备工作，了解图形数据文件中的最小坐标和最大坐标。要特别注意：在 CASS 9.0 下侧信息栏显示的数学坐标和测量坐标是相反的，即 CASS 9.0 系统中前面的数为 Y 坐标（东方向），后面的数为 X 坐标（北方向）。

将鼠标移至"绘图处理"菜单项，点击左键，弹出下拉菜单，选择"批量分幅/建方格网"，命令区提示：

请选择图幅尺寸：（1）50*50　（2）50*40　（3）自定义尺寸<1>：按要求选择。此处直接回车默认选 1。

输入测区一角：在图形左下角点击左键。

输入测区另一角：在图形右上角点击左键。

这样在所设目录下就产生了各个分幅图，自动以各个分幅图左下角的东坐标和北坐标结合起来命名，如："29.50-39.50""29.50-40.00"等。如果要求输入分幅图目录名时直接回车，则各个分幅图自动保存在安装了 CASS 9.0 的驱动器的根目录下。

选择"绘图处理/批量分幅/批量输出"，在弹出的对话框中确定输出的图幅的存储目录名，然后点击"确定"即可批量输出图形到指定的目录。

5.6.2　图幅整饰

把图形分幅时所保存的图形打开，选择"文件"中的"打开已有图形..."项，在对话框中输入 STUDY.DWG 文件名（范例图名），确认后 STUDY.DWG 图形即被打开，如图 5-30所示。

选择"文件"中的"加入 CASS 9.0 环境"项。

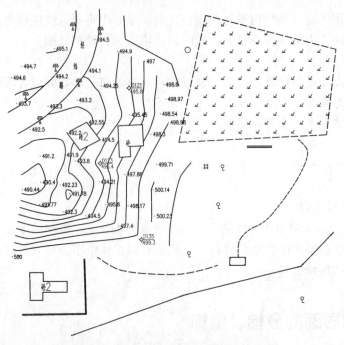

图 5-30　打开 STUDY.DWG 的平面图

选择"绘图处理"中"标准图幅（50×50CM）"项，显示如图 5-31 所示的对话框。输入图幅的名字、邻近图名、测量员、制图员、审核员，在左下角坐标的"东""北"栏内输入相应坐标，例如此处输入 40 000，30 000，回车。在"删除图框外实体"前打钩则可删除图框外实体，按实际要求选择，例如此处选择打钩。最后用鼠标单击"确定"按钮即可。

图 5-31　输入图幅信息对话框

因为 CASS 9.0 系统所采用的坐标系统是测量坐标，即 1∶1 的真坐标，加入 50 cm ×
50 cm 图廓后如图 5-32 所示。

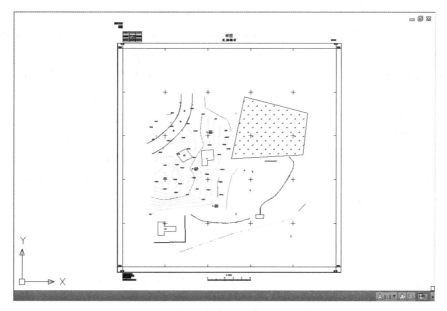

图 5-32　加入图廓的平面图

5.7　数字地形图的工程应用

CASS 工程应用可进行坐标查询、面积计算、断面图绘制和土方量计算等，其菜单如图
5-33 所示。

图 5-33　工程应用菜单

5.7.1　基本几何要素的查询

可查询指定点坐标，查询两点距离及方位，查询线长，查询实体面积，按屏幕提示操作
即可。

（1）查询指定点坐标。

用鼠标点取"工程应用"菜单下的"查询指定点坐标"。用鼠标点取所要查询的点即可，
也可以先进入点号定位方式，再输入要查询的点号。

说明：系统左下角状态栏显示的坐标是笛卡儿坐标系中的坐标，与测量坐标系的 X 和 Y
的顺序相反。用此功能查询时，系统在命令行给出的 X，Y 是测量坐标系的值。

（2）查询两点距离及方位。

用鼠标点取"工程应用"菜单下的"查询两点距离及方位"。用鼠标分别点取所要查询的两点即可，也可以先进入点号定位方式，再输入两点的点号。

说明：CASS 9.0 所显示的坐标为实地坐标，因此所显示的两点间的距离为实地距离。

（3）查询线长。

用鼠标点取"工程应用"菜单下的"查询线长"。用鼠标点取图上曲线即可。

（4）查询实体面积。

投影面积用鼠标点取待查询实体的边界线即可，要注意实体应该是闭合的。

对于不规则地貌，其表面积很难通过常规的方法来计算，通常的面积计算公式只能计算投影面积。CASS 9.0 可以通过建模的方法来计算，系统通过 DTM 建模，在三维空间内将高程点连接为带坡度的三角形，再通过每个三角形面积累加得到整个范围内不规则地貌的面积。如图 5-34 所示，计算矩形范围内地貌的表面积。

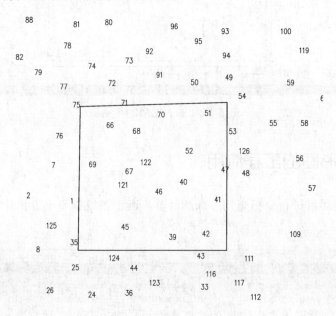

图 5-34　选定计算区域

点击"工程应用\计算表面积\根据坐标文件"命令，命令区提示：

请选择：（1）根据坐标数据文件（2）根据图上高程点：回车选 1。

选择土方边界线：用拾取框选择图上的复合线边界。

请输入边界插值间隔（米）：<20>输入在边界上插点的密度。

表面积=15 863.516 平方米，详见 surface.log 文件：显示计算结果，surface.log 文件保存在\CASS90\SYSTEM 目录下面。如图 5-35 所示为建模计算表面积的结果。

计算表面积还可以根据图上高程点，操作的步骤相同，但计算的结果会有差异，因为由坐标文件计算时，边界上内插点的高程由全部的高程点参与计算得到，而由图上高程点来计算时，边界上内插点只与被选中的点有关，故边界上点的高程会影响到表面积的结果。到底用哪种方法计算合理与边界线周边的地形变化条件有关，变化越大的，越趋向于由图面上来选择。

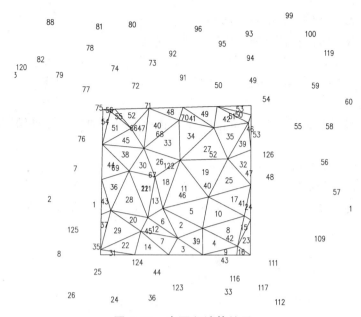

图 5-35　表面积计算结果

5.7.2　土方量的计算

5.7.2.1　DTM 法土方计算

由 DTM 模型来计算土方量是根据实地测定的地面点坐标（X，Y，Z）和设计高程，通过生成三角网来计算每一个三棱锥的填挖方量，最后累计得到指定范围内填方和挖方的土方量，并绘出填挖方分界线。

DTM 法土方计算共有三种方法：第一种是由坐标数据文件计算；第二种是依照图上高程点进行计算；第三种是依照图上的三角网进行计算。前两种算法包含重新建立三角网的过程，第三种方法直接采用图上已有的三角形，不再重建三角网。下面分述三种方法的操作过程。

1．根据坐标计算

（1）用复合线画出所要计算土方的区域，一定要闭合，但是尽量不要拟合。因为拟合过的曲线在进行土方计算时会用折线迭代，影响计算结果的精度。

（2）用鼠标点取"工程应用\DTM 法土方计算\根据坐标文件"。

提示：选择边界线：用鼠标点取所画的闭合复合线，弹出如图 5-36 所示的土方计算参数设置对话框。在对话框中输入下列设置参数：

区域面积：该值为复合线围成的多边形的水平投影面积。

平场标高：指设计要达到的目标高程。

边界采样间隔：边界插值间隔的设定，默认值为 20 米。

区域面积：该值为复合线围成的多边形的水平投影面积。

图 5-36　土方计算参数设置

平场标高：指设计要达到的目标高程。

边界采样间隔：边界插值间隔的设定，默认值为 20 米。

边坡设置：选中处理边坡复选框后，则坡度设置功能变为可选，选中放坡的方式（向上或向下：指平场高程相对于实际地面高程的高低，平场高程高于地面高程则设置为向下放坡），然后输入坡度值。

（3）设置好计算参数后点击确定，屏幕上显示填挖方的提示框如图 5-37 所示，命令行显示：

挖方量=××××立方米，填方量=××××立方米

同时图上绘出所分析的三角网、填挖方的分界线（白色线条）。

计算三角网构成详见 CASS 9.0\SYSTEM\dtmtf.log 文件，可用记事本打开查看，如图 5-38所示。

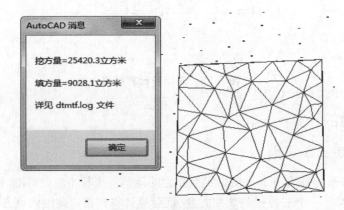

图 5-37 填挖方提示框

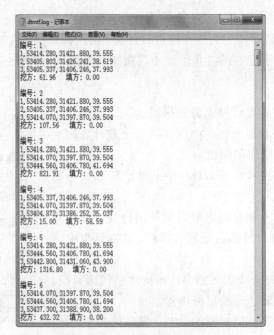

图 5-38 DTM 土方计算结果

（4）关闭对话框后系统提示：请指定表格左下角位置：<直接回车不绘表格> 用鼠标在图上适当位置点击，CASS 9.0 会在该处绘出一个表格，包含平场面积、最大高程、最小高程、平场标高、填方量、挖方量和图形，如图 5-39 所示。

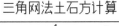

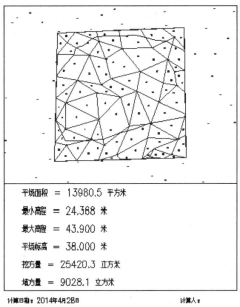

平场面积	= 13980.5 平方米
最小高程	= 24.368 米
最大高程	= 43.900 米
平场标高	= 38.000 米
挖方量	= 25420.3 立方米
填方量	= 9028.1 立方米

计算日期：2014年4月2日　　　　　计算人：

图 5-39　填挖方量计算结果表

2. 根据图上高程点计算

（1）首先要展绘高程点，然后用复合线画出所要计算土方的区域，要求同 DTM 法。

（2）用鼠标点取"工程应用"菜单下"DTM 法土方计算"子菜单中的"根据图上高程点计算"，然后按命令区提示操作。

提示： 选择边界线：用鼠标点取所画的闭合复合线。

提示： 选择高程点或控制点。

若采用选择高层点或控制点，则可逐个选取所要参与计算的高程点或控制点，也可拖框选择。如果键入"ALL"回车，将选取图上所有已经绘出的高程点或控制点。弹出土方计算参数设置对话框，以下操作则与坐标计算法一样。

3. 根据图上的三角网计算

（1）对已经生成的三角网进行必要的添加和删除，使结果更接近实际地形。

（2）用鼠标点取"工程应用"菜单下"DTM 法土方计算"子菜单中的"依图上三角网计算"。

提示： 平场标高（米）：输入平整的目标高程。

请在图上选取三角网：用鼠标在图上选取三角形，可以逐个选取，也可以拉框批量选取。

回车后屏幕上显示填挖方的提示框，同时图上绘出所分析的三角网、填挖方的分界线（白色线条）。

注意：用此方法计算土方量时不要求给定区域边界，因为系统会分析所有被选取的三角形，因此在选择三角形时一定要注意不要漏选或多选，否则计算结果有误，且很难检查出问题所在。

4. 根据两期土方计算

两期土方计算指的是对同一区域进行了两期测量，利用两次观测得到的高程数据建模后叠加，计算出两期之中的区域内土方的变化情况。适用的情况是两次观测时该区域都是不规则表面。

（1）两期土方计算之前，首先要对该区域分别进行建模，即生成 DTM 模型，并将生成的 DTM 模型保存起来，然后点取"工程应用\DTM 法土方计算\计算两期土方量"。命令区提示：

第一期三角网：（1）图面选择 （2）三角网文件 <2>：图面选择表示当前屏幕上已经显示的 DTM 模型，三角网文件指保存到文件中的 DTM 模型。

第二期三角网：（1）图面选择 （2）三角网文件 <1>：同上，默认选 1。则系统弹出计算结果，如图 5-40 所示。

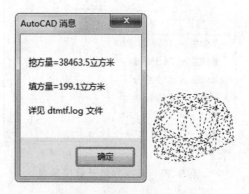

图 5-40　两期土方计算结果

（2）点击"确定"后，屏幕出现两期三角网叠加的效果，蓝色部分表示此处的高程已经发生变化，红色部分表示没有发生变化，如图 5-41 所示。两期土方计算结果表如图 5-42 所示。

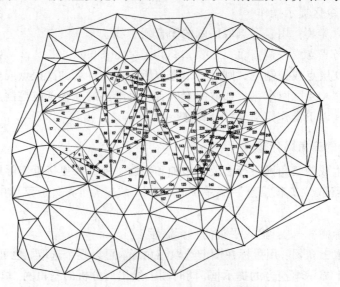

图 5-41　两期土方计算效果图

二期间土方计算

	一期	二期
平场面积	50487.3 平方米	50487.3 平方米
三角形数	224	174
最大高程	43.900 米	39.504 米
最小高程	24.368 米	24.368 米
挖方量	38463.5 立方米	
填方量	199.1 立方米	

计算日期：2014年4月28日　　　　计算人：
　　　　　　　　　　　　　　　审核人：

图 5-42　两期土方计算结果表

5.7.2.2　用断面法进行土方量计算

断面法土方计算主要用在公路土方计算和区域土方计算，对于特别复杂的地方可以用任意断面设计方法。断面法土方计算主要有道路断面、场地断面和任意断面三种计算土方量的方法。

1．道路断面法土方计算

（1）第一步：生成里程文件。

里程文件用离散的方法描述了实际地形。接下来的所有工作都是在分析里程文件里的数据后才能完成的。

生成里程文件常用的有四种方法，点取菜单"工程应用"，在弹出的菜单里选"生成里程文件"，CASS 9.0 提供了五种生成里程文件的方法，如图 5-43 所示。

① 由纵断面线生成里程文件。在 CASS 9.0 中综合了以前由图面生成和由纵断面生成里程文件的优点，在生成的过程中充分体现灵活、直观、简捷的设计理念，将图纸设计的直观和计算机处理的快捷紧密结合在一起。

在使用生成里程文件之前，要事先用复合线绘制出纵断面线。

用鼠标点取"工程应用\生成里程文件\由纵断面生成\新建"。

屏幕提示：

请选取纵断面线：用鼠标点取所绘纵断面线，弹出如图 5-44 所示的对话框。

图 5-43　生成里程文件菜单

图 5-44　由纵断面生成里程文件对话框

中桩点获取方式：节点表示节点上要有断面通过；等分表示从起点开始用相同的间距；等分且处理节点表示用相同的间距且要考虑不在整数间距上的节点。

横断面间距：两个断面之间的距离，此处输入 20。

横断面左边长度：输入大于 0 的任意值，此处输入 15。

横断面右边长度：输入大于 0 的任意值，此处输入 15。

选择其中的一种方式后，则自动沿纵断面线生成横断面线，如图 5-45 所示。

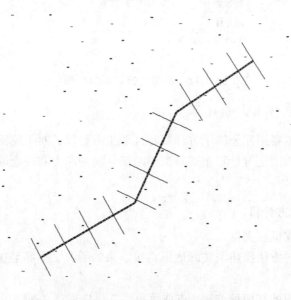

图 5-45 由纵断面线生成横断面线

其他编辑功能用法如图 5-46 所示。

添加：在现有基础上添加横断面线。执行"添加"功能，命令行提示：

选择纵断面线：用鼠标选择纵断面线。

输入横断面左边长度：（米）20

输入横断面右边长度：（米）20

选择获取中桩位置方式：（1）鼠标定点 （2）输入里程
<1>：1 表示直接用鼠标在纵断面线上定点，2 表示输入线路加桩里程。

指定加桩位置：用鼠标定点或输入里程。

变长：可将图上横断面左右长度进行改变；执行"变长"功能，命令行提示：

选择纵断面线：

选择横断面线：

选择对象：找到 1 个

选择对象：

输入横断面左边长度：（米）21

图 5-46 横断面线编辑命令

输入横断面右边长度：（米）21：输入左右的目标长度后该断面变长。

剪切：指定纵断面线和剪切边后，剪掉部分断面的多余部分。

设计：直接给横断面指定设计高程。首先绘出横断面线的切割边界，选定横断面线后弹出设计高程输入框。

生成：当横断面设计完成后，点击"生成"将设计结果生成里程文件。

② 由复合线生成里程文件。这种方法用于生成纵断面的里程文件。它从断面线的起点开始，按间距依次记下每一交点在纵断面线上离起点的距离和所在等高线的高程。

③ 由等高线生成里程文件。这种方法只能用来生成纵断面的里程文件。它从断面线的起点开始，处理断面线与等高线的所有交点，依次记下每一交点在纵断面线上离起点的距离和所在等高线的高程。

在图上绘出等高线，再用轻量复合线绘制纵断面线（可用 PL 命令绘制）。

用鼠标点取"工程应用\生成里程文件\由等高线生成"。

屏幕提示：

请选取断面线：用鼠标点取所绘纵断面线。

由屏幕上弹出"输入断面里程数据文件名"的对话框，来选择断面里程数据文件。这个文件将保存要生成的里程数据。屏幕提示：

输入断面起始里程：<0.0>：如果断面线起始里程不为 0，在这里输入，回车，里程文件生成完毕。

④ 由三角网生成里程文件。这种方法只能用来生成纵断面的里程文件。它从断面线的起点开始，处理断面线与三角网的所有交点，依次记下每一交点在纵断面线上离起点的距离和所在三角形的高程。

在图上生成三角网，再用轻量复合线绘制纵断面线（可用 PL 命令绘制）。

用鼠标点取"工程应用\生成里程文件\由三角网生成"屏幕提示：

请选取断面线：用鼠标点取所绘纵断面线。

屏幕上弹出"输入断面里程数据文件名"的对话框，来选择断面里程数据文件。这个文件将保存要生成的里程数据。屏幕提示：

输入断面起始里程：<0.0>：如果断面线起始里程不为 0，在这里输入，回车，里程文件生成完毕。

⑤ 由坐标文件生成里程文件。用鼠标点取"工程应用"菜单下的"生成里程文件"子菜单中的"由坐标文件生成"，屏幕上弹出"输入简码数据文件名"的对话框，来选择简码数据文件。这个文件的编码必须按以下方法定义，具体例子见"DEMO"子目录下的"ZHD.DAT"文件。

总点数

点号，M_1，X 坐标，Y 坐标，高程　　[其中，代码为 M_i 表示道路中心点，代码

点号，1，X 坐标，Y 坐标，高程　　　　i 表示该点是对应 M_i 的道路横断面上的点]

点号，M_2，X 坐标，Y 坐标，高程

点号，2，X 坐标，Y 坐标，高程

⋮

点号，M_i，X坐标，Y坐标，高程

点号，i，X坐标，Y坐标，高程

……

注意：M_1、M_2、M_3各点应按实际的道路中线点顺序，而同一横断面的各点可不按顺序。

屏幕上弹出"输入断面里程数据文件名"的对话框，来选择断面里程数据文件。这个文件将保存要生成的里程数据。

命令行出现提示：输入断面序号：<直接回车处理所有断面>，如果输入断面序号，则只转换坐标文件中该断面的数据；如果直接回车，则处理坐标文件中所有断面的数据。

严格来说，生成里程文件还可以用手工输入和编辑。手工输入就是直接在文本中编辑里程文件，在某些情况下这比由图面生成等方法还要方便、快捷。但此方法要求用户对里程文件的结构有较深的认识。

（2）第二步：选择土方计算类型。

用鼠标点取"工程应用\断面法土方计算\道路断面"，如图 5-47 所示。

图 5-47　断面土方计算子菜单

点击后弹出对话框，道路断面的初始参数都可以在这个对话框中进行设置，如图 5-48 所示。

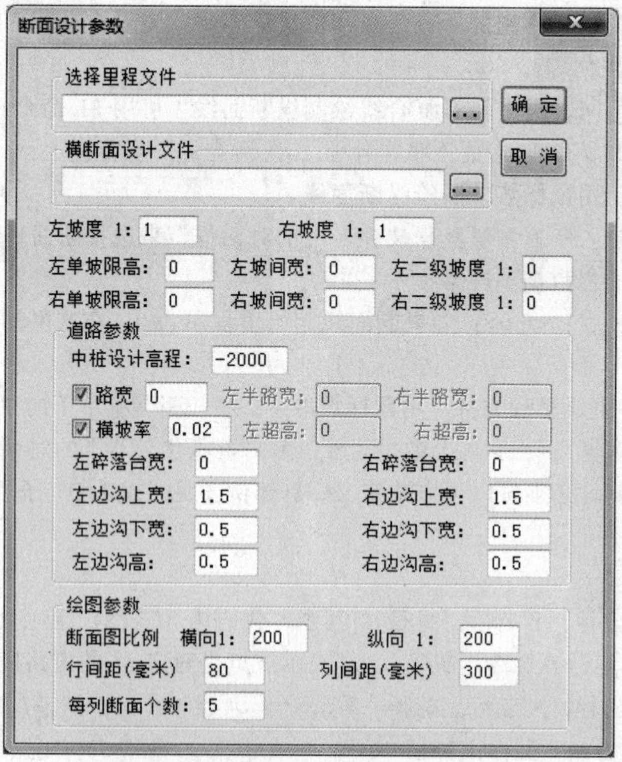

图 5-48　断面设计参数输入对话框

输入道路参数设计值数据时应注意：

首先，该设计参数对所有断面有效，即输入一次断面设计参数，则所有断面都照该参数来批量生成相同设计参数的断面图，然后可根据实际的情况在已生成的断面图上修改其设计参数或实际地面线，修改后该断面自动进行重算，最后使用"图面土方计算"功能在图上拉框选取要进行土方计算的面来计算土方量。

① 坡度：如果道路两边坡度相等，在坡度栏内输入坡度值，左坡度和右坡度栏内输入对应值；如果道路两边坡度不相等，分别输入左坡度和右坡度，坡度栏内输入对应值。

② 路宽：如果道路左宽和右宽相等，在路宽栏内输入路宽值（左宽和右宽之和）；如果道路左宽和右宽不相等，分别输入左宽和右宽。

③ 横坡率：如果道路两边设计高程相等，在横坡率栏内输入路边相对于路中的横坡率，左超高和右超高栏内输入对应值；如果道路两边设计高程不相等，分别输入左超高（路左高程－中桩高程）和右超高（路右高程－中桩高程），横坡率栏内输入对应值。

（3）第三步：给定计算参数。

接下来就是在上一步弹出的对话框中输入道路的各种参数，以达所需。

① 选择里程文件。点击确定左边的按钮（上面有三点的），出现"选择里程文件名"的对话框，选定第一步生成的里程文件。

② 横断面设计文件：横断面的设计参数可以事先写入到一个文件中点击："工程应用\断面法土方计算\道路设计参数文件"，弹出如图5-49所示的输入界面。

图5-49 道路设计参数输入

③ 如果不使用道路设计参数文件，则在如图5-50所示中把实际设计参数填入各相应的位置。**注意**：单位均为米。点击"确定"按钮后，系统根据上步给定的比例尺，在图上绘出道路的纵断面。至此，图上已绘出道路的纵断面图及每一个横断面图，结果如图5-51所示。

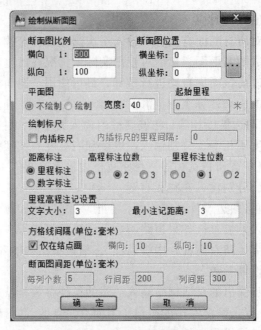

图 5-50　绘制纵断面图设置

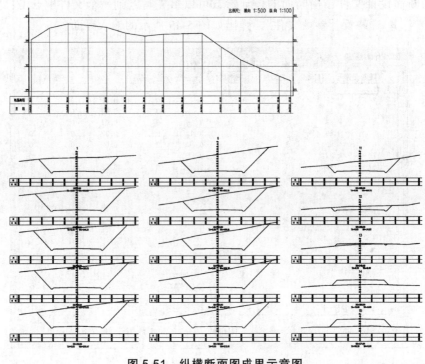

图 5-51　纵横断面图成果示意图

　　如果道路设计时该区段的中桩高程全部一样，就不需要下一步的编辑工作了。但实际上，有些断面的设计高程可能和其他的不一样，这样就需要手工编辑这些断面。

　　④　如果生成的部分设计断面参数需要修改，用鼠标点取"工程应用\断面法土方计算\修改设计参数"。屏幕提示：

选择断面线：这时可用鼠标点取图上需要编辑的断面线，选设计线或地面线均可。选中后弹出如图 5-52 所示的对话框，可以非常直观地修改相应参数。

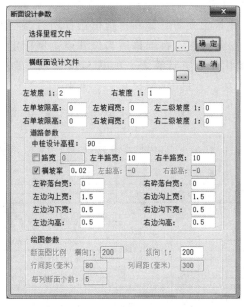

图 5-52　设计参数输入对话框

修改完毕后点击"确定"按钮，系统取得各个参数，自动对断面图进行重算。

⑤ 如果生成的部分实际断面线需要修改，用鼠标点取"工程应用\断面法土方计算\编辑断面线"功能。屏幕提示：

选择断面线：这时可用鼠标点取图上需要编辑的断面线，选设计线或地面线均可（但编辑的内容不一样）。选中后弹出如图 5-53 所示的对话框，可以直接对参数进行编辑。

图 5-53　修改实际断面线高程

⑥ 如果生成的部分断面线的里程需要修改，用鼠标点取"工程应用\断面法土方计算\修改断面里程"。屏幕提示：

选择断面线：这时可用鼠标点取图上需要修改的断面线，选设计线或地面线均可。

断面号×，里程：××.××××，请输入该断面新里程： 输入新的里程即可完成修改。

将所有的断面编辑完后，就可进入第四步。

（4）第四步：计算工程量。

① 用鼠标点取"工程应用\断面法土方计算\图面土方计算"。

命令行提示：选择要计算土方的断面图：拖框选择所有参与计算的道路横断面图。

指定土石方计算表左上角位置：在屏幕适当位置点击鼠标定点。

② 系统自动在图上绘出土石方计算表，如图 5-54 所示。命令行提示：

总挖方＝××××立方米，总填方＝××××立方米

道 路 土 石 方 数 量 计 算 表

里 程	中心高(m)		横断面积(m²)		平均面积(m²)		距离(m)	总数量(m³)	
	填	挖	填	挖	填	挖		填	挖
K0+0.00		5.51	0.00	162.66					
					0.00	204.48	20.00	0.00	4089.68
K0+20.00		7.84	0.00	246.31					
					0.00	263.20	20.00	0.00	5264.09
K0+40.00		8.64	0.00	280.10					
					0.00	276.86	20.00	0.00	5537.22
K0+60.00		8.37	0.00	273.62					
					0.00	266.04	20.00	0.00	5320.90
K0+80.00		7.95	0.00	258.47					
					0.00	235.28	20.00	0.00	4705.69
K0+100.00		6.78	0.00	212.10					
					0.00	200.35	20.00	0.00	4007.07
K0+120.00		6.19	0.00	188.61					
					0.00	198.70	20.00	0.00	3973.92
K0+140.00		6.58	0.00	208.78					
					0.00	213.35	20.00	0.00	4267.05
K0+160.00		6.66	0.00	217.92					
					0.00	215.27	20.00	0.00	4305.33
K0+180.00		6.71	0.00	212.61					
					0.00	159.17	20.00	0.00	3183.36
K0+200.00		3.92	0.00	105.72					
					0.00	70.28	20.00	0.00	1405.59
K0+220.00		1.30	0.00	34.83					
					4.05	17.64	20.00	81.00	352.90
K0+240.00	0.40		8.10	0.46					
					25.34	0.23	20.00	506.81	4.55
K0+260.00	2.01		42.58	0.00					
					55.42	0.00	11.84	655.96	0.00
K0+271.84	2.95		68.26	0.00					
合 计								1243.8	46417.3

图 5-54 道路土石方计算表

至此，该区段的道路填挖方量已经计算完成，可以将道路纵横断面图和土石方计算表打印出来，作为工程量的计算结果。

2. 场地断面土方计算

（1）第一步：生成里程文件。

在场地的土方计算中，常用的里程文件生成方法与由纵断面线生成里程文件的方法一样，不同是在生成里程文件之前利用"设计"功能加入断面线的设计高程。

（2）第二步：选择土方计算类型。

用鼠标点取"工程应用\断面法土方计算\场地断面"，点击后弹出对话框，场地的所有参数都是在如图 5-55 所示的对话框中进行设置的。

可能用户会认为这个对话框和道路土方计算的对话框是一样的。实际上在这个对话框中，道路参数全部变灰，不能使用，只有坡度等参数才可用。

（3）第三步：给定计算参数。

在如图 5-55 所示弹出的对话框中输入各种参数。

① 选择里程文件：点击确定左边的按钮（上面有三点的），出现"选择里程文件名"的对话框。选定第一步生成的里程文件。

② 把横断面设计文件（生成的里程数据文件）或实际设计参数填入各相应的位置，如图 5-56 所示。注意：单位均为米。点击"确定"按钮后，屏幕提示如图 5-56 所示。

图 5-55　断面设计参数输入对话框

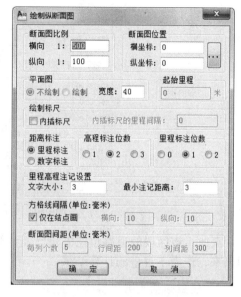

图 5-56　断面图要素设置

③ 点击"确定"在图上绘出场地的纵横断面图。

如果道路设计时该区段的中桩高程全部一样，就不需要下一步的编辑工作了。但实际上，有些断面的设计高程可能和其他的不一样，这样就需要手工编辑这些断面。

④ 如果生成的部分断面参数需要修改，用鼠标点取"工程应用\断面法土方计算\修改设计参数"。屏幕提示：

选择断面线：这时可用鼠标点取图上需要编辑的断面线，选设计线或地面线均可。弹出修改参数对话框则可以非常直观地修改相应参数。

修改完毕后点击"确定"按钮，系统取得各个参数，自动对断面图进行修正，这一步骤不需要用户干预。实现了"所改即所得"。

将所有的断面编辑完后，就可进入第四步。

（4）第四步：计算工程量。

① 用鼠标点取"工程应用"菜单下的"断面法土方计算"子菜单中的"图面土方计算"。命令行提示：

选择要计算土方的断面图：拖框选择所有参与计算的场地横断面图。

指定土石方计算表左上角位置：在适当位置点击鼠标左键。

② 系统自动在图上绘出土石方计算表，如图 5-57 所示。命令行提示：

总挖方=××××立方米，总填方=××××立方米

土 石 方 数 量 计 算 表

里 程	中心高(m)		横断面积(m³)		平均面积(m³)		距离 (m)	总数量(m³)	
	填	挖	填	挖	填	挖		填	挖
K0+0.00		5.51	0.00	162.66					
					0.00	204.48	20.00	0.00	4089.68
K0+20.00		7.84	0.00	246.31					
					0.00	263.20	20.00	0.00	5264.09
K0+40.00		8.64	0.00	280.10					
					0.00	276.86	20.00	0.00	5537.22
K0+60.00		8.37	0.00	273.62					
					0.00	266.04	20.00	0.00	5320.90
K0+80.00		7.95	0.00	258.47					
					0.00	235.28	20.00	0.00	4705.69
K0+100.00		6.78	0.00	212.10					
					0.00	200.35	20.00	0.00	4007.07
K0+120.00		6.19	0.00	188.61					
					0.00	198.70	20.00	0.00	3973.92
K0+140.00		6.58	0.00	208.78					
					0.00	213.35	20.00	0.00	4267.05
K0+160.00		6.66	0.00	217.92					
					0.00	215.27	20.00	0.00	4305.33
K0+180.00		6.71	0.00	212.61					
					0.00	159.17	20.00	0.00	3183.36
K0+200.00		3.92	0.00	105.72					
					0.00	70.28	20.00	0.00	1405.59
K0+220.00		1.30	0.00	34.83					
					4.05	17.64	20.00	81.00	352.90
K0+240.00	0.40		8.10	0.46					
					25.34	0.23	20.00	506.81	4.55
K0+260.00	2.01		42.58	0.00					
					55.42	0.00	11.84	655.96	0.00
K0+271.84	2.95		68.26	0.00					
合 计								1243.8	46417.3

图 5-57 场地土石方计算成果表

至此，该区段的道路填挖方量已经计算完成，可以将道路纵横断面图和土石方计算表打印出来，作为工程量的计算结果。

3. 任意断面土方计算

（1）第一步：生成里程文件。

根据情况选择四种方法中合适的方法生成里程文件。

（2）第二步：选择土方计算类型。

① 用鼠标点取"工程应用"菜单下的"断面法土方计算"子菜单中的"任意断面"。

② 点击后弹出对话框，如图 5-58 所示，在其中设置任意断面设计参数。

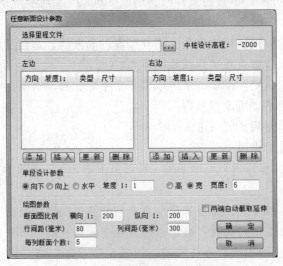

图 5-58 任意断面设计参数对话框

在"选择里程文件"中选择第一步中生成的里程文件。在左右两边的显示框中是对设计道路的横断面的描述，两边的描述都是从中桩开始向两边描述，如图 5-59 所示。

图 5-59　任意断面设计

图中参数所描述的是从中桩画 10 米的平行线，再向下是 0.5 米宽、1:1 坡度的向下斜坡，0.5 米宽的平行线，然后是 1:1 坡度的向上的斜坡。编辑好道路横断面线后，点击"确定"按钮弹出如图 5-60 所示的对话框。

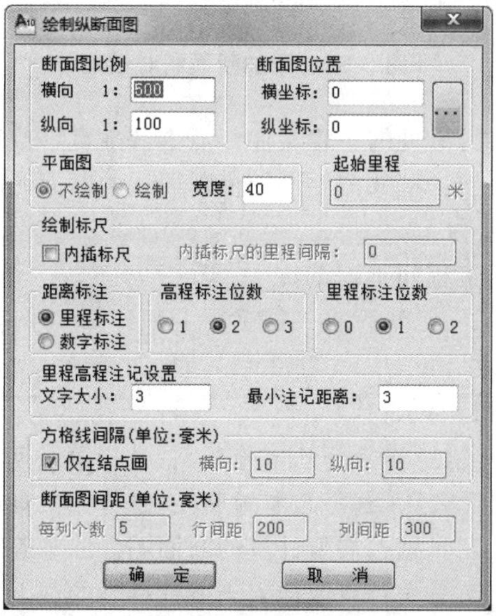

图 5-60　绘制断面图的参数设置

③ 设置好绘制纵断面的参数，点击"确定"，图上即已绘出道路的纵断面图及每一个横断面图。

（3）第三步：计算工程量。

计算土方如上例所述。

4. 二断面线间土方计算

二断面线间土方计算是计算两工期之间或土石方分界土方的工程量。

（1）第一步：生成里程文件。

分别用第一期工程、第二期工程（或是土质层、石质层）的高程文件，选择合适方法分别生成里程文件一和里程文件二。

（2）第二步：生成纵横断面图。

使用其中一个里程文件生成纵横断面图。用一个里程文件生成的横断面图，只有一条横断面线，另外一期的横断面线需要使用"工程应用"菜单下的"断面法土方计算"子菜单中的"图上添加断面线"命令。点击"图上添加断面线"菜单，系统弹出如图 5-61 所示的对话框。

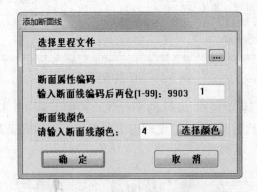

图 5-61　添加断面线对话框

在选择里程文件中填入另一期的里程文件，点击"确定"按钮，命令行显示：

选择要添加断面的断面图：框选需要添加横断面线的断面图。回车确认，图上的断面图上就有两条横断面线了。

（3）第三步：计算两期工程间工程量。

用鼠标点取"工程应用"菜单下的"断面法土方计算"子菜单中的"二断面线间土方计算"。

点击菜单命令后，命令行显示：

输入第一期断面线编码（C）/<选择已有地物>：选择第一期的断面线。

输入第二期断面线编码（C）/<选择已有地物>：选择第二期的断面线。

选择要计算土方的断面图：框选需要计算的断面图。回车确认，命令行显示：

指定土石方计算表左上角位置：点取插入土方计算表的左上角。

总挖方＝×××.××立方米，总填方＝×××.××立方米

至此，二断面线间土方计算已完成，结果如图 5-62 所示。

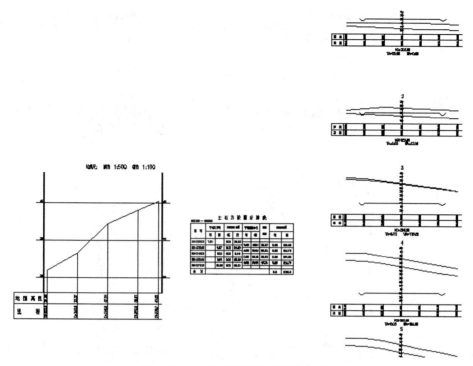

图 5-62　二断面线间土方计算成果

5.7.2.3　方格网法土方计算

由方格网来计算土方量是根据实地测定的地面点坐标（ X，Y，Z ）和设计高程，通过生成方格网来计算每一个方格内的填挖方量，最后累计得到指定范围内填方和挖方的土方量，并绘出填挖方分界线。

系统首先将方格的四个角上的高程相加（如果角上没有高程点，通过周围高程点内插得出其高程），取平均值与设计高程相减。然后通过指定的方格边长得到每个方格的面积，再用长方体的体积计算公式得到填挖方量。方格网法简便直观，易于操作，因此这一方法在实际工作中应用非常广泛。

用方格网法算土方量，设计面可以是平面，也可以是斜面，还可以是三角网，如图 5-63 所示。

1. 设计面是平面时的操作步骤

（1）用复合线画出所要计算土方的区域，一定要闭合，但是尽量不要拟合。因为拟合过的曲线在进行土方计算时会用折线迭代，影响计算结果的精度。

（2）选择"工程应用\方格网法土方计算"命令。

（3）命令行提示："选择计算区域边界线"时；选择土方计算区域的边界线（闭合复合线）。

（4）屏幕上将弹出如图 5-64 所示的方格网土方计算对话框，在对话框中选择所需的坐标文件；在"设计面"栏选择"平面"，并输入目标高程；在"方格宽度"栏，输入方格网的宽度，这是每个方格的边长，默认值为 20 米。由原理可知，方格的宽度越小，计算精度越高。但如果给的值太小，超过了野外采集的点的密度也是没有实际意义的。

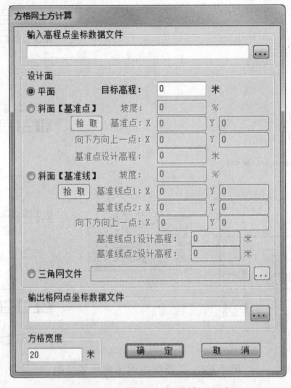

图 5-63　方格网土方计算对话框

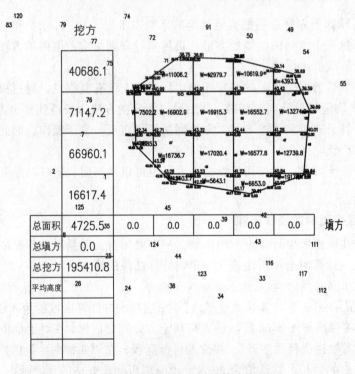

图 5-64　方格网法土方计算成果图

（5）点击"确定"，命令行提示：

最小高程=××.××××米，最大高程=××.××××米

总填方=××××.×立方米，总挖方=×××.×立方米

同时图上绘出所分析的方格网，填挖方的分界线（绿色折线），并给出每个方格的填挖方，每行的挖方和每列的填方，结果如图 5-64 所示。

2. 设计面是斜面时的操作步骤

设计面是斜面时，操作步骤与平面的时候基本相同，区别在于在方格网土方计算对话框"设计面"栏中，选择"斜面【基准点】"或"斜面【基准线】"。

如果设计的面是斜面（基准点），需要确定坡度、基准点和向下方向上一点的坐标，以及基准点的设计高程。

（1）点击"拾取"，命令行提示：

点取设计面基准点：确定设计面的基准点。

指定斜坡设计面向下的方向：点取斜坡设计面向下的方向。

（2）如果设计的面是斜面（基准线），需要输入坡度并点取基准线上的两个点以及基准线向下方向上的一点，最后输入基准线上两个点的设计高程即可进行计算。

点击"拾取"，命令行提示：

点取基准线第一点：点取基准线的第一点。

点取基准线第二点：点取基准线的第二点。

指定设计高程低于基准线方向上的一点：指定基准线方向两侧低的一边。

3. 设计面是三角网文件时的操作步骤

选择设计的三角网文件，点击"确定"，即可进行方格网土方计算。

5.7.2.4　等高线法土方计算

用户将白纸图扫描矢量化后可以得到数字图形，但这样的图都没有高程数据文件，所以无法用前面的几种方法计算土方量。

一般来说，这些图上都会有等高线，所以，CASS 9.0 开发了由等高线计算土方量的功能，专为这类用户设计。

用此功能可计算任意两条等高线之间的土方量，但所选等高线必须闭合。由于两条等高线所围面积可求，两条等高线之间的高差已知，可求出这两条等高线之间的土方量。

（1）点取"工程应用"下的"等高线法土方计算"，屏幕提示：选择参与计算的封闭等高线，可逐个点取参与计算的等高线，也可按住鼠标左键拖框选取。但是只有封闭的等高线才有效。

（2）回车后屏幕提示：输入最高点高程：<直接回车不考虑最高点>，回车后屏幕弹出总方量消息框。

（3）回车后屏幕提示：请指定表格左上角位置：<直接回车不绘制表格>，在图上空白区域点击鼠标右键，系统将在该点绘出计算结果表格，如图 5-65 所示。

从表格中可以看到每条等高线围成的面积和两条相邻等高线之间的土方量，另外，还有计算公式等。

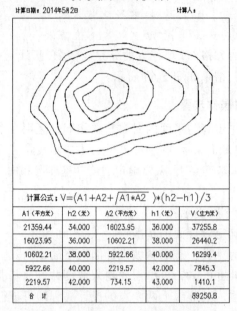

等高线法土石方计算

计算日期：2014年5月2日 　　　　　　　计算人：

计算公式：$V=(A1+A2+\sqrt{A1*A2})*(h2-h1)/3$

A1（平方米）	h2（米）	A2（平方米）	h1（米）	V（立方米）
21359.44	34.000	16023.95	36.000	37255.8
16023.95	36.000	10602.21	38.000	26440.2
10602.21	38.000	5922.66	40.000	16299.4
5922.66	40.000	2219.57	42.000	7845.3
2219.57	42.000	734.15	43.000	1410.1
合　计				89250.8

图 5-65　等高线法土方计算

5.7.2.5　区域土方量平衡

土方平衡的功能常在场地平整时使用。当一个场地的土方平衡时，挖掉的土石方刚好等于填方量。以填挖方边界线为界，从较高处挖得的土石方直接填到区域内较低的地方，就可完成场地平整，这样可以大幅度减少运输费用。操作步骤如下：

（1）在图上展出点，用复合线绘出需要进行土方平衡计算的边界。

（2）点取"工程应用\区域土方平衡\根据坐标数据文件（根据图上高程点）"。如果要分析整个坐标数据文件，可直接回车；如果没有坐标数据文件，而只有图上的高程点，则选择根据图上高程点。

（3）命令行提示：选择边界线。点取第一步所画闭合复合线。输入边界插值间隔（米）：<20>，这个值将决定边界上的取样密度。如前面所说，如果密度太大，超过了高程点的密度，实际意义并不大，一般用默认值即可。

（4）如果前面选择"根据坐标数据文件"，这里将弹出对话框，要求输入高程点坐标数据文件名；如果前面选择的是"根据图上高程点"，此时命令行将提示：选择高程点或控制点，用鼠标选取参与计算的高程点或控制点。

（5）回车后弹出如图 5-66 所示的消息框，同时命令行出现提示：

平场面积=××××平方米

土方平衡高度=×××米，挖方量=×××立方米，填方量=×××立方米

图 5-66　土方量平衡

（6）点击对话框的确定按钮，命令行提示：

请指定表格左下角位置：<直接回车不绘制表格>，在图上空白区域点击鼠标左键，系统

将在图上绘出计算结果表格，如图 5-67 所示。

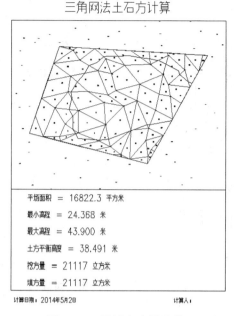

三角网法土石方计算

平场面积	= 16822.3 平方米
最小高程	= 24.368 米
最大高程	= 43.900 米
土方平衡高度	= 38.491 米
挖方量	= 21117 立方米
填方量	= 21117 立方米

计算日期：2014年5月2日　　　　　　　　计算人：

图 5-67　区域土方量平衡

5.7.3　断面图的绘制

绘制断面图的方法有四种：① 由图面生成；② 根据里程文件绘制；③ 根据等高线绘制；④ 根据三角网绘制。

1. 根据坐标文件绘制

坐标文件指野外观测的包含高程点的文件，方法如下：

（1）先用复合线生成断面线，点取"工程应用\绘断面图\根据已知坐标"功能。

（2）提示：选择断面线，用鼠标点取上步所绘断面线。屏幕上弹出"断面线上取值"的对话框，如图 5-68 所示。如果"坐标获取方式"栏中选择"由数据文件生成"，则在"坐标数据文件名"栏中选择高程点数据文件。

如果选"由图面高程点生成"，此步则在图上选取高程点，前提是图面存在高程点，否则此方法无法生成断面图。

（3）输入采样点间距：输入采样点的间距，系统的默认值为 20 米。采样点间距的含义是复合线上两顶点之间若大于此间距，则每隔此间距内插一个点。

（4）输入起始里程<0.0>：系统默认起始里程为 0。

图 5-68　根据已知坐标绘断面图

（5）点击"确定"之后，屏幕弹出绘制纵断面图对话框，如图 5-69 所示。

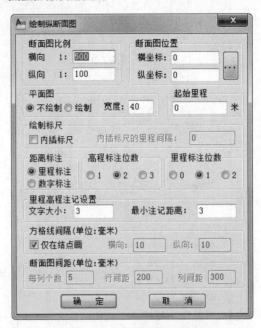

图 5-69　绘制纵断面图对话框

在对话框中输入相关参数，如：

横向比例为 1：<500>，输入横向比例，系统的默认值为 1：500。

纵向比例为 1：<100>，输入纵向比例，系统的默认值为 1：100。

断面图位置：可以手工输入，亦可在图面上拾取。

可以选择是否绘制平面图、标尺、标注，还有一些关于注记的设置。

（6）点击"确定"之后，在屏幕上出现所选断面线的断面图，如图 5-70 所示。

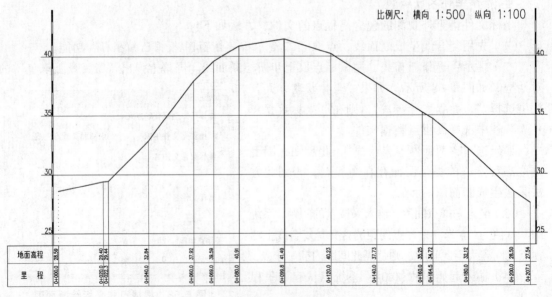

图 5-70　纵断面图

2. 根据里程文件绘制

里程文件格式：CASS 9.0 的断面里程文件扩展名是 ".HDM"，总体格式如下：

BEGIN，断面里程：断面序号

第一点里程，第一点高程

第二点里程，第二点高程

⋮

NEXT

另一期第一点里程，第一点高程

另一期第二点里程，第二点高程

⋮

下一个断面

⋮

说明：

① 每个断面第一行以 "BEGIN" 开始；"断面里程" 参数多用在道路土方计算方面，表示当前横断面中桩在整条道路上的里程，如果里程文件只用来画断面图，可以不要这个参数；"断面序号" 参数和下面要讲的道路设计参数文件的 "断面序号" 参数相对应，以确定当前断面的设计参数，同样在只画断面图时可省略。

② 各点应按断面上的顺序表示，里程依次从小到大。

③ 每个断面从 "NEXT" 往下的部分可以省略，这部分表示同一断面另一个时期的断面数据，例如设计断面数据，绘断面图时可将两期断面线同时画出来，如同时画出实际线和设计线。

一个里程文件可包含多个断面的信息，此时绘断面图就可一次绘出多个断面。

里程文件的一个断面信息内允许有该断面不同时期的断面数据，这样绘制这个断面时就可以同时绘出实际断面线和设计断面线。

3. 根据等高线绘制

如果图面存在等高线，则可以根据断面线与等高线的交点来绘制纵断面图。

4. 根据三角网绘制

如果图面存在三角网，则可以根据断面线与三角网的交点来绘制纵断面图。

5.7.4　公路曲线设计

5.7.4.1　单个交点处理

操作过程如下：

（1）用鼠标点取 "工程应用\公路曲线设计\单个交点"。

（2）屏幕上弹出 "公路曲线计算" 的对话框，输入起点、交点和各曲线要素，如图 5-71 所示。

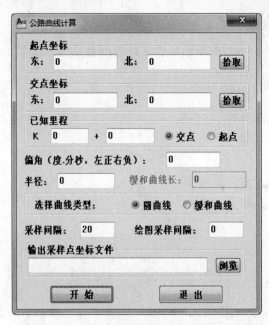

图 5-71　输入平曲线已知要素文件名对话框

（3）屏幕上会显示公路曲线和平曲线要素表，如图 5-72 所示。

里　程	X	Y
K0+−180	31498.954	53999.510
K0+−160	31490.791	53981.261
K0+−140	31484.491	53962.288
K0+−120	31480.116	53942.781
K0+−100	31477.710	53922.934
K0+−80	31477.298	53902.947
K0+−60	31478.883	53883.018
K0+−40	31482.450	53863.347
K0+−20	31487.963	53844.131
K0+0	31495.367	53825.560
K0+20	31504.587	53807.822
K0+40	31515.533	53791.093
K0+60	31528.094	53775.540
K0+80	31542.145	53761.319
K0+100	31557.545	53748.572

平曲线要素表

	JD	偏角		R	T	L	E	ZY	QZ	YZ
		左偏	右偏							
1	K0+000.00		90°0′ 0″	200.00	200.00	314.16	82.84	K0+00−200.00	K0+00−42.92	K0+114.16

图 5-72　公路曲线和平曲线要素表

5.7.4.2　多个交点处理

1. 曲线要素文件录入

鼠标选取"工程应用\公路曲线设计\要素文件录入",命令行提示:

(1)偏角定位　(2)坐标定位:<1>:选偏角定位则弹出要素输入框,如图 5-73 所示。

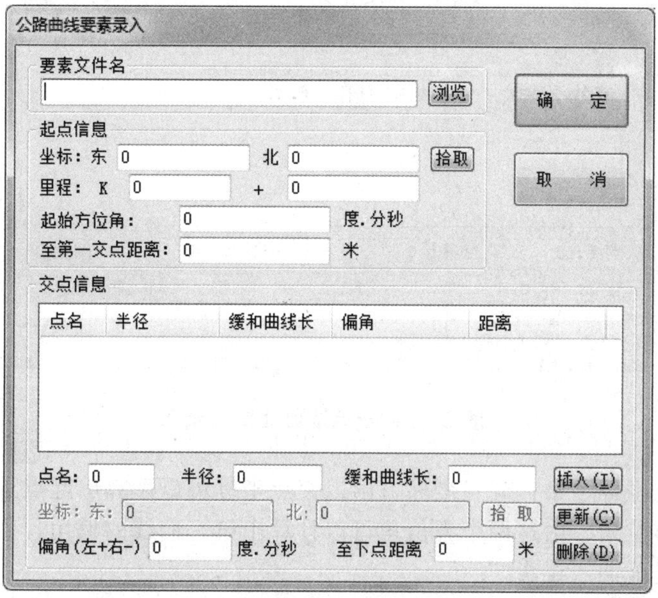

图 5-73　偏角法曲线要素录入

(1)偏角定位法。起点需要输入的数据:① 起点坐标;② 起点里程;③ 起点看下一个交点的方位角;④ 起点到下一个交点的直线距离。

各个交点所输入的数据:① 点名;② 偏角;③半径(若半径是 0,则为小偏角,即只是折线,不设曲线);④ 缓和曲线长(若缓和曲线长为 0,则为圆曲线);⑤ 到下一个交点的距离(如果是最后一个交点,则输入到终点的距离)。

分析:通过起点的坐标、到下一个交点的方位角和到第一交点的距离可以推算出第一个交点的坐标。

再根据到下一个交点的方位角和第一个交点的偏角可以推算出第一个交点到第二个交点的方位角,再根据第一个交点到第二个交点的方位角、到第二个交点的距离和第一个交点的坐标可以推出第二个交点的坐标。

以此类推,直到终点。

选坐标定位则弹出要素输入框,如图 5-74 所示。

(2)坐标定位法。起点需要输入的数据:① 起点坐标;② 起点里程。

各交点需输入的数据:① 点名;② 半径(若半径是 0,则为小偏角,即只是折线,不设曲线);③ 缓和曲线长(若缓和曲线长为 0,则为圆曲线);④ 交点坐标(若是最后一点则为终点坐标)。

图 5-74　坐标法曲线要素录入

分析：由起点坐标、第一交点坐标、第二交点坐标可以反算出起点至第一交点，第一交点至第二交点的方位角，由这两个方位角可以计算出第一曲线的偏角，由偏角半径和交点坐标则可以计算出其他曲线要素。

以此类推，直至终点。

2. 要素文件处理

鼠标选取"工程应用\公路曲线设计\曲线要素处理"命令，弹出如图对话框，如图 5-75所示。

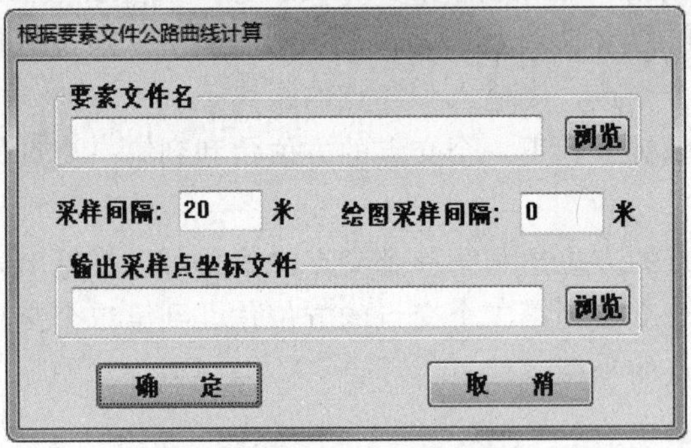

图 5-75　要素文件处理

在要素文件名栏中输入事先录入的要素文件路径，再输入采样间隔、绘图采样间隔。"输出采样点坐标文件"为可选。点"确定"后，在屏幕指定平曲线要素表位置后绘出曲线及要素表，如图 5-76 所示。

里　程	X	Y
K0+000.000	31515.582	53472.129
K0+020.000	31496.024	53476.050
K0+029.981	31476.103	53475.010
K0+040.000	31457.058	53469.075
K0+050.603	31440.075	53458.612
K0+060.000	31426.207	53444.272
K0+073.198	31416.319	53426.948
K0+082.302	31462.075	53551.134
K0+092.256	31447.260	53537.777
K0+100.000	31429.600	53528.501
K0+108.912	31410.194	53523.882
K0+120.000	31390.249	53524.208
K0+140.000	31371.004	53529.458
K0+160.000	31353.656	53539.306
K0+167.512	31444.822	53485.575

平曲线要素表

JD		偏角		R	T	L	E	ZY	QZ	YZ
		左偏	右偏							
1	K0+050.603		108°0′ 0″	80.00	110.11	150.80	56.10	K0+110.11	K0+034.71	K0+040.69

平曲线要素表

JD		偏角		R	T	L	E	ZY	QZ	YZ
		左偏	右偏							
2	K0+108.912	106°0′ 0″		80.00	106.16	148.00	52.93	K0+086.16	K0+012.16	K0+061.84

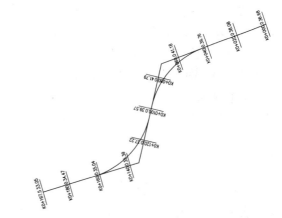

图 5-76　公路曲线设计要素表

5.7.5　面积应用

1. 长度调整

通过选择复合线或直线，程序自动计算所选线的长度，并调整到指定的长度。具体操作如下：

（1）选择"工程应用\线条长度调整"命令。

（2）提示：请选择想要调整的线条。

（3）提示：线条长度是×××米请输入要调整到的长度（米）:

（4）提示：需调整（1）起点（2）终点<2>：默认为终点。

回车或右键"确定"，完成长度调整。

2. 面积调整

CASS 9.0 设置三种面积调整方法，如图 5-77 所示。

通过调整封闭复合线的一点或一边，把该复合线面积调整成所要求的目标面积。复合线要求是未经拟合的。

如果选择调整一点，复合线被调整顶点将随鼠标的移动而移动，整个复合线的形状也会跟着发生变化，同时可以看到屏幕左下角实时显示变化着的复合线面积，待该面积达到所要求数值，点击鼠标左键确定被调整点的位置。如果面积数变化太快，可将图形局部放大再使用本功能。

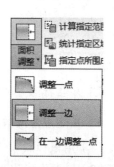

图 5-77　面积调整菜单

如果选择调整一边，复合线被调整边将会平行向内或向外移动，以达到所要求的面积值。

如果选择在一边调整一点，该边会根据目标面积而缩短或延长，另一顶点固定不动，原来连到此点的其他边会自动重新连接。

3. 计算指定范围的面积

（1）选择"工程应用\计算指定范围的面积"命令。

（2）提示：1. 选目标/ 2. 选图层/ 3. 选指定图层的目标<1>

输入 1：用鼠标指定需计算面积的地物，可用窗选、点选等方式，计算结果注记在地物重心上，且用青色阴影线标示。

输入 2：输入图层名，结果把该图层的封闭复合线地物面积全部计算出来并注记在重心上，且用青色阴影线标示。

输入 3：先选图层，再选择目标，特别采用窗选时系统自动过滤，只注记在指定图层中所选以复合线封闭的地物。

（3）提示：是否对统计区域加青色阴影线？<Y>：默认为"是"。

（4）提示：总面积 =×××××.××平方米

4. 统计指定区域的面积

该功能用来将注记在图上的面积累加起来。

（1）用鼠标点取"工程应用\统计指定区域的面积"。

（2）提示：面积统计——可用：窗口（W.C）/多边形窗口（WP.CP）/...多种方式选择已计算过面积的区域。

选择对象：选择面积文字注记：用鼠标拉一个窗口即可。

（3）提示：总面积 =×××××.××平方米

5. 计算指定点所围成的面积

（1）用鼠标点取"工程应用\指定点所围成的面积"。

（2）输入点：用鼠标指定想要计算的区域的第一点，底行将一直提示输入下一点，直到按鼠标的右键或回车键确认指定区域封闭（结束点和起始点并不是同一个点，系统将自动地封闭结束点和起始点）。

（3）显示计算结果：总面积 =×××××.××平方米

5.7.6 图数转换

5.7.6.1 坐标数据文件

1. 指定点生成数据文件

（1）用鼠标点取"工程应用\指定点生成数据文件"

（2）屏幕上弹出需要"输入数据文件名"的对话框，来保存数据文件，如图 5-78 所示。

图 5-78　输入数据文件名对话框

（3）提示：

指定点：用鼠标点需要生成数据的指定点。

地物代码：输入地物代码，如房屋为 F0 等。

高程：输入指定点的高程。

测量坐标系：X=31.121 m，Y=53.211 m，Z=0.000 m，Code：111111：此提示为系统自动给出。

请输入点号：<9> 默认的点号由系统自动追加，也可以自己输入。

是否删除点位注记？（Y/N）<N>：默认不删除点位注记。

至此，一个点的数据文件已生成。

2. 高程点生成数据文件

高程点生成数据文件菜单如图 5-79 所示。

（1）用鼠标点取"工程应用\高程点生成数据文件\有编码高程点（无编码高程点、无编码水深点、海图水深注记、图块生成数据文件）"。屏幕上弹出"输入数据文件名"的对话框，来保存数据文件。

提示：请选择：（1）选取区域边界（2）直接选取高程点或控制点<1>。选择获得高程点的方法，系统的默认设置为选取区域边界。

（2）选择 1，系统提示：请选取建模区域边界：用鼠标点取区域的边界后回车。

（3）选择 2，系统提示：选择对象：（选择物体）：用鼠标点取要选取的点。

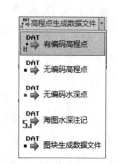

图 5-79　高程点生成数据文件菜单

（4）如果选择无编码高程点生成数据文件，则首先要保证高程点和高程注记在同一层中，执行该命令后命令行提示：

请输入高程点所在层：输入高程点所在的层名。

请输入高程注记所在层：<直接回车取高程点实体 Z 值>：输入高程注记所在的层名。

共读入×个高程点：有此提示时表示成功生成了数据文件。

（5）如果选择无编码水深点生成数据文件，则首先要保证水深高程点和高程注记在同一层中，执行该命令后命令行提示：

请输入水深点所在图层：输入高程点所在的层名。

共读入×个水深点：有此提示时表示成功生成了数据文件。

3. 控制点生成数据文件

（1）用鼠标点取"工程应用"菜单下的"控制点生成数据文件"。

（2）屏幕上弹出"输入数据文件名"的对话框，来保存数据文件。

（3）提示：共读入×××个控制点

4. 等高线生成数据文件

（1）用鼠标点取"工程应用"菜单下的"等高线生成数据文件"。

（2）屏幕上弹出"输入数据文件名"的对话框，来保存数据文件。

提示：（1）处理全部等高线节点，（2）处理滤波后等高线节点<1>

等高线滤波后节点数会少很多，这样可以缩小生成数据文件的大小。执行完后，系统自动分析图上绘出的等高线，将所在节点的坐标记入第一步给定的文件中。

5. 复合线生成数据文件

（1）用鼠标点取"工程应用"菜单下的"复合线生成数据文件"。

（2）屏幕上弹出"输入数据文件名"的对话框，来保存数据文件。

提示：选择对象：

共输出多段线：×条，顶点：×个

是否在多段线上注记点号（1）是，（2）否 <1>

执行完后，系统按照复合线的绘图顺序从1开始自动绘出顶点号。

5.7.6.2 交换文件

CASS的数据交换文件作为一种格式公开的数据文件，不仅为数字图成果进入GIS提供了通道，也为用户的其他格式数字化测绘成果进入CASS系统提供了方便之门。由于CASS的数据交换文件与图形的转换是双向的，它的操作菜单中提供了这种双向转换的功能，即"生成交换文件"和"读入交换文件"。这就是说，不论用户的数字化测绘成果是以何种方法、何种软件、何种工具得到的，只要能转换（生成）为CASS系统的数据交换文件，就可以将它导入CASS系统，就可以为数字化测图工作利用。另外，CASS系统本身的"简码识别"功能就是把从电子手簿传过来的简码坐标数据文件转换成CASS交换文件，然后用"绘平面图"功能读出该文件而实现自动成图的。

图5-80 数据处理菜单

1. 生成交换文件

（1）用鼠标点取"数据处理"菜单下的"生成交换文件"，如图5-80所示。

（2）屏幕上弹出"输入数据文件名"的对话框，来选择要保存的交换文件名。

（3）提示：绘图比例尺1：输入比例尺，回车。

（4）交换文件是文本的，可用"编辑"下的"编辑文本"命令查看。

2．读入交换文件

（1）用鼠标点取"数据处理"菜单下的"读入交换文件"。

（2）屏幕上弹出"输入 CASS 交换文件名"的对话框，来选择交换文件。如当前图形还没有设定比例尺，系统会提示用户输入比例尺。

（3）系统根据交换文件的坐标设定图形显示范围，这样交换文件中的所有内容都可以包含在屏幕显示区中了。

（4）系统逐行读出交换文件的各图层、各实体的各项空间或非空间信息，并将其画出来，同时，各实体的属性代码也被加入。

注意：读入交换文件将在当前图形中插入交换文件中的实体，因此，如不想破坏当前图形，应在新图环境中读入交换文件。

5.8　CASS 9.0 栅格图矢量化

首先，用工程扫描仪对白纸地形图进行扫描，得到一张栅格图，利用 CASS 9.0 光栅图像工具可以直接对光栅图进行图形的纠正，并利用屏幕菜单进行图形数字化。操作步骤为插入图像、图形纠正、图形矢量化。

5.8.1　插入图像

点击"工具"菜单下的"光栅图像→插入图像"子菜单项，如图 5-81 所示，这时会弹出图像管理对话框，如图 5-82 所示。选择"附着（**A**）…（attach）"按钮，弹出选择图像文件对话框，如图 5-83 所示；选择要矢量化的光栅图，点击"打开（**O**）"按钮，进入图形管理对话框，如图 5-84 所示；选择好图形后，点击"确定"即可。命令行将提示：

图 5-81　插入一幅栅格图

图 5-82　图形管理对话框

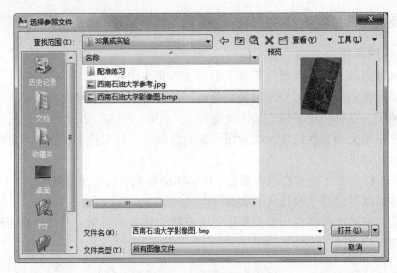

图 5-83   选择图形文件

图 5-84   选择图形

指定插入点<0，0>：输入图像的插入点坐标或直接在屏幕上点取，系统默认为（0，0）。
基本图像大小：宽：1.000 000，高：1.357 478，无单位：命令行显示图像的大小，直接回车。
指定缩放比例因子或 [单位（U）]<1>：图形缩放比例，直接回车。

5.8.2   图形纠正

CASS 9.0 可以插入扫描图来做矢量化，但由纸质原图扫描生成的光栅图存在旋转、位移和畸变等误差，必须对扫描图进行纠正才能让光栅图上的图形位置和形状与原图一致。

插入图形之后，用"工具"下拉菜单的"光栅图像→图形纠正"对图像进行纠正。命令区提示：选择要纠正的图像：点击扫描图像的最外框，这时会弹出图形纠正对话框，如图 5-85所示。

选择纠正方法"线性变换"，点击"图面："一栏中"拾取"按钮，返回到光栅图，局部放大后用鼠标点击角点或已知点（或坐标格网点），此时系统已捕捉到点击处的屏幕坐标，自动返回纠正对话框。

图 5-85　图形纠正

若正确点已经展绘在屏幕上，则在"实际："一栏中点击"拾取"按钮，再次返回光栅图，选取控制点图上的实际位置（即控制点的实际坐标），返回图像纠正对话框后，点击"添加"，使该点的实际坐标和屏幕坐标进入对话框中的显示窗口。

依次输入各点的实际坐标和屏幕坐标，最后进行纠正。此方法最少输入五个控制点，如图 5-85 所示。

下面对如图 5-85 所示话框中的选项加以说明：

（1）拾取：用鼠标在屏幕上点击定点。

（2）图面：纠正前光栅图上定位点的坐标。

（3）实际：图面上待纠正点改正后的坐标。

（4）添加：将要纠正点的图面实际坐标添加到已采集控制点列表。

（5）更新：用来修改已采集控制点列表中的控制点坐标。

（6）删除：删除已采集控制点列表中的控制点。

（7）纠正方法：不同纠正方法需用不同个数的控制点。具体是赫尔默特（henmert）法（不少于三个控制点）、仿射变换（affine）法（不少于四个控制点）、线性变换（linear）法（不少于五个控制点）、quadratic 法（不少于七个控制点）、cubic 法（不少于十一个控制点）。

（8）误差：可在纠正前给出图像纠正的精度，如图 5-86 所示。

图 5-86　误差信息显示

（9）纠正：执行图形纠正。

（10）放弃：不执行纠正，退出。

5.8.3　图形矢量化

经过两次纠正后，栅格图像应该能达到数字化所需的精度。值得注意的是，纠正过程中将会对栅格图像进行重写，覆盖原图，自动保存为纠正后的图形，所以在纠正之前需备份原图。

在"工具→光栅图像"中，还可以对图像进行图像赋予、图形剪切、图像调整、图像质量、图像透明度、图像框架的操作。用户可以根据具体要求，对图像进行调整。

矢量化的图像纠正完毕后，将纠正好的图像作为底图，利用右侧的屏幕菜单，进行图形的矢量化工作，即用屏幕右侧菜单的地物、地貌绘图功能沿底图重新描绘，如图 5-87 所示。

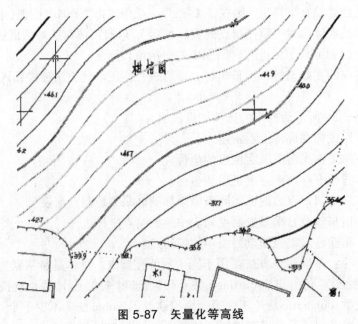

图 5-87　矢量化等高线

说明：应使用灰度级扫描仪扫描图像，或使用扫描软件将黑白图像转换为灰度级图像；将图输进 AutoCAD 之前应用作图软件或扫描软件对图像作修整，去掉不要的灰色或斑点；如果作图软件或扫描软件有去污点功能，使用这一功能整理图像，能达到压缩 AutoCAD 文件的大小，节省输入时间的目的；以适当清晰度扫描图像，由于人手绘图的精度不大于千分之一英寸，所以用 150 dpi 或 200 dpi 扫描精度即可。

5.8.3.1　点状地物的矢量化

1. 高程点的矢量化

用鼠标点选 CASS "文件"下拉菜单中的 "CASS 参数配置"项，系统会弹出一个对话框，如图 5-88 所示。该对话框内有四个选项卡："地物绘制""电子平板""高级设置""图框设置"。

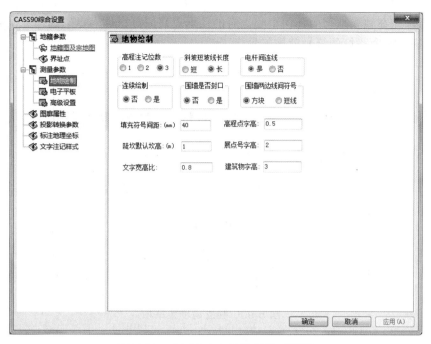

图 5-88 CASS 9.0 参数设置对话框

点击"地物绘制",弹出"地物绘制"对话框,在"高程注记位数"中选择"2 位",将高程注记中小数点后需要注记的位数设定为两位,点击"确定"按钮回到工作视图。

用鼠标点选屏幕右侧菜单中的"地貌土质"菜单项,弹出"地貌和土质"的图像菜单(见图 5-89),选择"一般高程点",点击"OK"按钮,在光栅图上用鼠标点选高程点的中心,在命令行的提示下输入高程值,此时在工作区中出现红色的矢量高程点。

图 5-89 屏幕菜单上的地貌土质菜单项

2. 独立地物符号的矢量化

在这里以路灯为例进行独立地物的矢量化。用鼠标点选屏幕右侧菜单中的"独立地物"菜单项,弹出"军事、工矿、公共、宗教设施"图像菜单(见图 5-90),在该菜单中选择"路灯"菜单项,在光栅图中拾取独立地物的插入点(注意:不同地物的插入点的位置是不相同的，有的插入点在独立地物的几何中心，有的插入点在底部，插入点的选择可根据具体的地物而定），这样一个路灯的符号就被矢量化了。

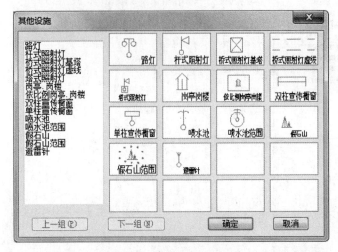

图 5-90　独立地物菜单项

5.8.3.2　线状地物的矢量化

1. 等高线的矢量化

用鼠标点选屏幕右侧菜单中的"地貌土质"菜单项，弹出"地貌和土质"图像菜单，在该菜单中选取"等高线首曲线"菜单项（见图 5-91）。

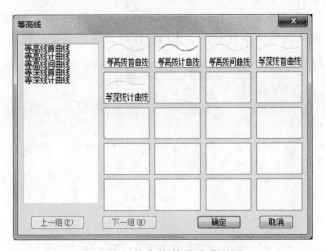

图 5-91　等高线首曲线菜单项

在命令行提示下输入等高线的高程值，用鼠标点取光栅图上等高线的中心，移动鼠标并对准光栅线上的下一点，此时屏幕上出现预跟踪的导线，完成后敲回车键，选择拟合方法完成一条等高线的矢量化。

2. 陡坎的矢量化

用鼠标点选屏幕菜单中的"地貌土质"菜单项，弹出"地貌和土质"图像菜单，在该菜单中选取"未加固陡坎"菜单项（见图 5-92），用鼠标点取光栅图上陡坎上的主线中心，移动鼠标并对准光栅线上的下一点，此时屏幕上出现预跟踪的导线，在预跟踪导线出现时点击鼠标左键，此时，在光栅线上生成矢量线，当跟踪完成时，回车结束后选拟合方法，则一条"未加固陡坎"就已矢量化了。

图 5-92　未加固陡坎菜单项

5.8.3.3　面状地物的矢量化

1. 有地类界的植被符号矢量化

以有地类界的稻田为例进行矢量化。用鼠标点选屏幕菜单中的"植被园林"菜单项，弹出"植被类"图像菜单，在该菜单中选取"稻田"菜单项（见图 5-93），用鼠标依次点取光栅图上一块稻田的地类界的转折点，当地类界转折点被一一点取后，在命令行的提示下闭合该地类界后回车，此时，在光栅图的地类界上生成了矢量线，并在命令行有如下提示："请选择：（1）保留边界（2）不保留边界<1>"，此时回车默认"（1）保留边界"，稻田的地类界及稻田的填充符号就自动生成了。

图 5-93　稻田菜单项

2. 房屋矢量化

以有多点一般房屋为例进行矢量化。用鼠标点选屏幕菜单中的"居民地"菜单项，弹出"居民地"图像菜单，在该菜单中选取"多点一般房屋"菜单项，用鼠标依次点取光栅图上一座房屋转折点，闭合房屋转折点后回车，一座房屋矢量化图即完成，再应用"地物编辑"下的"直角纠正"将物角改为直角。

如房屋均为直角，在矢量化时可将对象捕捉设置下的"垂足"捕捉方式和"启用对象捕捉追踪"（见图 5-94）选定，从房屋的长边开始绘制，这样矢量化时很容易得到完全为直角的房屋图形。

图 5-94　对象捕捉设置

5.9　CASS 9.0 的编码

5.9.1　CASS 9.0 的内部编码

CASS 9.0 绘图部分是围绕着符号定义文件 WORK.DEF 进行的，文件格式如下：
CASS 9.0 编码，符号所在图层，符号类别，第一参数，第二参数，符号说明
⋮
END
所有符号按绘制方式的不同分为 0～20 类别，各类别定义如下：
1——不旋转的点状地物，如路灯，第一参数是图块名，第二参数不用。
2——旋转的点状地物，如依比例门墩，第一参数是图块名，第二参数不用。
3——线段（LINE），如围墙门，第一参数是线型名，第二参数不用。

4——圆（CIRCLE），如转车盘，第一参数是线型名，第二参数不用。

5——不拟合复合线，如栅栏，第一参数是线型名，第二参数是线宽。

6——拟合复合线，如公路，第一参数是线型名，第二参数是线宽，画完复合线后系统会提示是否拟合。

7——中间有文字或符号的圆，如蒙古包范围，第一参数是圆的线型名，第二参数是文字或代表符号的图块名，其中图块名需要以"gc"开头。

8——中间有文字或符号的不拟合复合线，如建筑房屋，第一参数是圆的线型名，第二参数是文字或代表符号的图块名。

9——中间有文字或符号的拟合复合线，如假石山范围，第一参数是圆的线型名，第二参数是文字或代表符号的图块名。

10——三点或四点定位的复杂地物，如桥梁，用三点定位时，输入一边两端点和另一边任一点，两边将被认为是平行的；用四点定位时，应按顺时针或逆时针顺序依次输入一边的两端点和另一边的两端点；绘制完成会自动在 ASSIST 层生成一个连接四点的封闭复合线作为骨架线；第一参数是绘制附属符号的函数名，第二参数若为 0，定三点后系统会提示输入第四个点，若为 1，则只能用三点定位。

11——两边平行的复杂地物，如依比例围墙，骨架线的一边是白色，以便区分，第一参数是绘制附属符号的函数名，第二参数是缺省的两平行线间宽度，该值若为负数，运行时将不再提示用户确认默认宽度或输入新宽度。

12——以圆为骨架线的复杂地物，如堆式窑，第一参数是绘制附属符号的函数名，第二参数不用。

13——两点定位的复杂地物，如宣传橱窗，第一参数是绘制附属符号的函数名，第二参数若为 0，会在 ASSIST 层上生成一个连接两点的骨架线。

14——四点连成的地物，如依比例电线塔，第一参数是绘制附属符号的函数名，如不用绘制附属符号则为 0，第二参数不用。

15——两边平行无附属符号的地物，如双线干沟，第一参数是右边线的线型名，第二参数是左边线的线型名。

16——向两边平行的地物，如有管堤的管线，第一参数是中间线的线型名，第二参数是两边线的距离。

17——填充类地物，如各种植被土质填充，第一参数是填充边界的线型，第二参数若以"gc"开头，则是填充的图块名，否则是按阴影方式填充的阴影名。如果同时填充两种图块，如改良草地，则第二参数有两种图块的名字，中间以"-"隔开。

18——每个顶点有附属符号的复合线，如电力线，第一参数是绘制附属符号的函数名，第二参数若为 1，复合线将放在 ASSIST 层上作为骨架线。

19——等高线及等深线，画前提示输入高程，画完立即拟合，第一参数是线型名，第二参数是线宽。

20——控制点，如三角点，第一个参数为图块名，第二个参数为小数点的位数。

0——不属于上述类别，由程序控制生成的特殊地物，包括高程点、水深点、自然斜坡、不规则楼梯、阳台，第一参数是调用的函数名，第二参数依第一参数的不同而不同。

CASS 9.0 的内部编码可在文件菜单下的"CASS 系统配置文件"中查看，如图 5-95 所示，也可用记事本打开 WORK.DEF 文件查看内部编码。

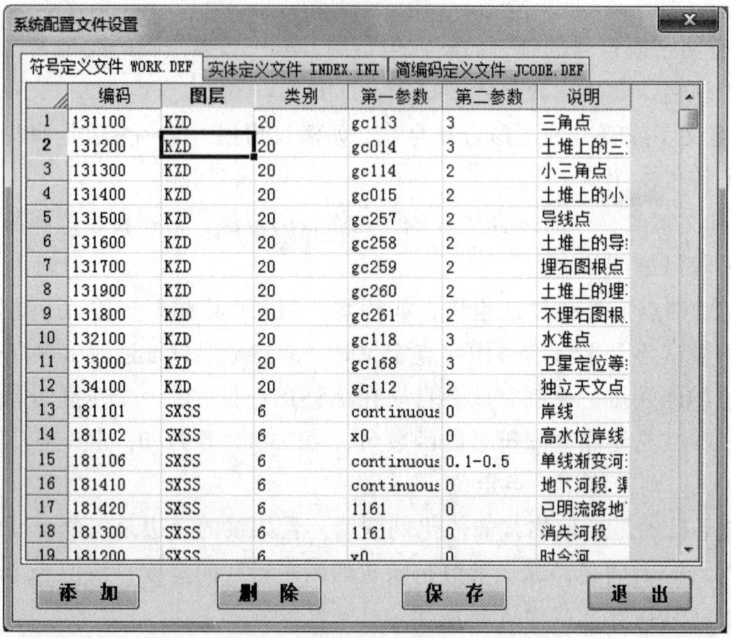

	编码	图层	类别	第一参数	第二参数	说明
1	131100	KZD	20	gc113	3	三角点
2	131200	KZD	20	gc014	3	土堆上的三
3	131300	KZD	20	gc114	3	小三角点
4	131400	KZD	20	gc015	2	土堆上的小
5	131500	KZD	20	gc257	2	导线点
6	131600	KZD	20	gc258	2	土堆上的导
7	131700	KZD	20	gc259	2	埋石图根点
8	131900	KZD	20	gc260	2	土堆上的埋
9	131800	KZD	20	gc261	2	不埋石图根
10	132100	KZD	20	gc118	3	水准点
11	133000	KZD	20	gc168	3	卫星定位等
12	134100	KZD	20	gc112	2	独立天文点
13	181101	SXSS	6	continuous	0	岸线
14	181102	SXSS	6	x0	0	高水位岸线
15	181106	SXSS	6	continuous	0.1-0.5	单线渐变河
16	181410	SXSS	6	continuous	0	地下河段、第
17	181420	SXSS	6	1161	0	已明流路地
18	181300	SXSS	6	1161	0	消失河段
19	181200	SXSS	6	x0	0	时令河

添加　　　　删除　　　　保存　　　　退出

图 5-95　　CASS 系统配置文件设置

骨架线编码定义按如下形式：

1+中华人民共和国国家标准地形图图式序号+顺序号+0 或 1

说明："1"起始，必须加；"中华人民共和国国家标准地形图图式序号"，指中华人民共和国国家标准地形图图式 2007 年版中符号的序号（去除点），如三角点序号为 3.1.1，编码用 311。

"顺序号"：此类符号的顺序号从零开始；"0 或 1"必须加。

例如：三角点编码：1+311+0+0，即 131100；一般房屋编码：1+411+0+1，即 141101；砼房屋编码：1+411+1+1，即 141111。

5.9.2　图元索引文件 INDEX. INI

该文件记录每个图元的信息，不管这个图元是不是主符号（骨架线），图元是最小的图形单位，一个复杂符号可以含有多个图元，INDEX.INI 的数据结构如下：

CASS 9.0 编码，主参数，附属参数，图元说明，用户编码，GIS 表名

图元只有点状和线状两种，如果是点状图元，主参数代表图块名，附属参数代表图块放大率；如果是线状图元，主参数代表线型名，附属参数代表线宽。

该文件每行代表一个符号，最后一行以"END"结束，用户可编辑这个文件，修改现有符号或加入新的符号，文件的具体内容可在文件菜单下的"CASS 系统配置文件"中查看，如图 5-96 所示，也可用记事本打开文件查看。

图 5-96　实体定义文件

5.9.3　CASS 9.0 的野外操作码

对于一般的绘图，可以不管系统的内部编码而只需野外操作码，CASS 9.0 的野外操作码由描述实体属性的野外地物码和一些描述连接关系的野外连接码组成。CASS 9.0 专门有一个野外操作码定义文件 jcode.def，该文件是用来描述野外操作码与 CASS 9.0 内部编码的对应关系的，用户可编辑此文件使之符合自己的要求，文件格式为：

野外操作码，CASS 9.0 编码

⋮

END

1. 野外操作码的定义规则

（1）野外操作码有 1~3 位，第一位是英文字母，大小写等价，后面是范围为 0~99 的数字，无意义的 0 可以省略，例如 A 和 A00 等价，F1 和 F01 等价。

（2）野外操作码后面可跟参数，如野外操作码不到 3 位，与参数间应有连接符"-"；如有 3 位，后面可紧跟参数。参数有下面几种：控制点的点名，房屋的层数，陡坎的坎高等。

（3）野外操作码第一个字母不能是"P"，该字母只代表平行信息。

（4）Y0，Y1，Y2 三个野外操作码固定表示圆，以便和老版本兼容。

（5）可旋转独立地物要测两个点，以便确定旋转角。

（6）野外操作码如以"U""Q""B"开头，将被认为是拟合的，所以，如果某地物有的拟合，有的不拟合，就需要两种野外操作码。

（7）房屋类和填充类地物将自动被认为是闭合的。

（8）房屋类和符号定义文件第 14 类别地物如只测三个点，系统会自动给出第四个点。

（9）对于查不到 CASS 编码的地物以及没有测够点数的地物，如只测一个点，自动绘图时不做处理，如测两点以上按线性地物处理。

CASS 9.0 系统预先定义了一个 JCODE.DEF 文件，用户可以编辑 JCODE.DEF 文件以满足自己的需要，但要注意不能重复。

表 5-1 为线面状地物符号代码表。例如 K0 为直折线型的陡坎，U0 为曲线型的陡坎，W1 为土围墙，T0 为标准铁路（大比例尺），Y012.5 为以该点为圆心半径为 12.5 米的圆。

表 5-1　线面状地物符号代码表

坎类（曲）：K（U）+数（0—陡坎，1—加固陡坎，2—斜坡，3—加固斜坡，4—垄，5—陡崖，6—干沟）
线类（曲）：X（Q）+数（0—实线，1—内部道路，2—小路，3—大车路，4—建筑公路，5—地类界，6—乡.镇界，7—县.县级市界，8—地区.地级市界，9—省界线）
垣栅类：W+数（0，1—宽为 0.5 米的围墙，2—栅栏，3—铁丝网，4—篱笆，5—活树篱笆，6—不依比例围墙，不拟合，7—不依比例围墙，拟合）
铁路类：T +数[0—标准铁路（大比例尺），1—标（小），2—窄轨铁路（大），3—窄（小），4—轻轨铁路（大），5—轻（小），6—缆车道（大），7—缆车道（小），8—架空索道，9—过河电缆]
电力线类：D +数（0—电线塔，1—高压线，2—低压线，3—通信线）
房屋类：F +数（0—坚固房，1—普通房，2—一般房屋，3—建筑中房，4—破坏房，5—棚房，6—简单房）
管线类：G +数（0—架空（大），1—架空（小），2—地面上的，3—地下的，4—有管堤的）
植被土质： 拟合边界：B +数（0—旱地，1—水稻，2—菜地，3—天然草地，4—有林地，5—行树，6—狭长灌木林，7—盐碱地，8—沙地，9—花圃） 不拟合边界：H+数（0—旱地，1—水稻，2—菜地，3—天然草地，4—有林地，5—行树，6—狭长灌木林，7—盐碱地，8—沙地，9—花圃）
圆形物：Y +数（0—半径，1—直径两端点，2—圆周三点）
平行体：P+[X（0~9），Q（0~9），K（0~6），U（0~6）…]
控制点：C +数（0—图根点，1—埋石图根点，2—导线点，3—小三角点，4—三角点，5—土堆上的三角点，6—土堆上的小三角点，7—天文点，8—水准点，9—界址点）

表 5-2 为点状地物符号代码表，表 5-3 为描述连接关系的符号的含义。

表 5-2　点状地物符号代码表

符号类别	编　码　及　符　号　名　称				
水系设施	A00 水文站	A01 停泊场	A02 航行灯塔	A03 航行灯桩	A04 航行灯船
	A05 左航行浮标	A06 右航行浮标	A07 系船浮筒	A08 急流	A09 过江管线标
	A10 信号标	A11 露出的沉船	A12 淹没的沉船	A13 泉	A14 水井

符号类别	编　码　及　符　号　名　称			
土质	A15 石堆			
居民地	A16 学 校	A17 肥气池	A18 卫生所	A19 地上窑洞	A20 电视发射塔
	A21 地下窑洞	A22 窑	A23 蒙古包		
管线设施	A24 上水检修井	A25 下水雨水检修井	A26 圆形污水箅子	A27 下水暗井	A28 煤气天然气检修井
	A29 热力检修井	A30 电信入孔	A31 电信手孔	A32 电力检修井	A33 工业、石油检修井
	A34 液体气体储存设备	A35 不明用途检修井	A36 消火栓	A37 阀门	A38 水龙头
	A39 长形污水箅子				
电力设施	A40 变电室	A41 无线电杆.塔	A42 电杆		
军事设施	A43 旧碉堡	A44 雷达站			
道路设施	A45 里程碑	A46 坡度表	A47 路标	A48 汽车站	A49 臂板信号机
独立树	A50 阔叶独立树	A51 针叶独立树	A52 果树独立树	A53 椰子独立树	
工矿设施	A54 烟 囱	A55 露天设备	A56 地磅	A57 起重机	A58 探井
	A59 钻孔	A60 石油、天然气井	A61 盐井	A62 废弃的小矿井	A63 废弃的平峒洞口
	A64 废弃的竖井井口	A65 开采的小矿井	A66 开采的平峒洞口	A67 开采的竖井井口	
公共设施	A68 加油站	A69 气象站	A70 路灯	A71 照射灯	A72 喷水池
	A73 垃圾台	A74 旗杆	A75 亭	A76 岗亭、岗楼	A77 钟楼、鼓楼、城楼
	A78 水塔	A79 水塔烟囱	A80 环保监测点	A81 粮仓	A82 风车
	A83 水磨坊、水车	A84 避雷针	A85 抽水机站	A86 地下建筑物天窗	
宗教设施	A87 纪念像碑	A88 碑、柱、墩	A89 塑像	A90 庙宇	A91 土地庙
	A92 教堂	A93 清真寺	A94 敖包、经堆	A95 宝塔、经塔	A96 假石山
	A97 塔形建筑物	A98 独立坟	A99 坟 地		

表 5-3　描述连接关系的符号的含义

符　　号	含　　　　　义
+	本点与上一点相连，连线依测点顺序进行
−	本点与下一点相连，连线依测点顺序相反方向进行
$n+$	本点与上 n 点相连，连线依测点顺序进行
$n−$	本点与下 n 点相连，连线依测点顺序相反方向进行
p	本点与上一点所在地物平行
np	本点与上 n 点所在地物平行
+A$	断点标识符，本点与上点连
− A$	断点标识符，本点与下点连

表 5-3 中"+""−"符号的意义："+""−"表示连线方向，如图 5-97 所示。

图 5-97　"+""−"符号的意义

2. 操作码的具体构成规则

（1）对于地物的第一点，操作码等于地物代码，如图 5-98 所示中的 1、5 两点（点号表示测点顺序，括号中为该测点的编码，下同）。

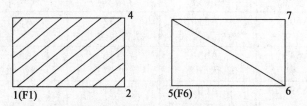

图 5-98　地物起点的操作码

（2）连续观测某一地物时，操作码为"+"或"−"。其中"+"号表示连线依测点顺序进行；"−"号表示连线依测点顺序相反方向进行，如图 5-99 所示。在 CASS 中，连线顺序将决定类似于坎类的齿牙线的画向，齿牙线及其他类似标记总是画向连线方向的左边，因而改变连线方向就可改变其画向。

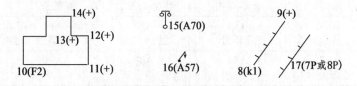

图 5-99　连续观测点的操作码

（3）交叉观测不同地物时，操作码为"$n+$"或"$n−$"。其中"+""−"号的意义同上，n 表示该点应与以上 n 个点前面的点相连（n=当前点号 − 连接点号 − 1，即跳点数），还可用

"+A＄"或"－A＄"标识断点，A＄是任意助记字符，当一对 A＄断点出现后，可重复使用 A＄字符，如图 5-100 所示。

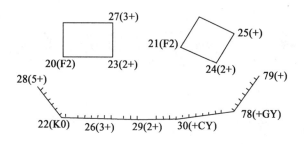

图 5-100　交叉观测点的操作码

（4）观测平行体时，操作码为"p"或"np"。其中，"p"的含义为通过该点所画的符号应与上点所在地物的符号平行且同类，"np"的含义为通过该点所画的符号应与以上跳过 n 个点后的点所在的符号画平行体，对于带齿牙线的坎类符号，将会自动识别是堤还是沟。若上点或跳过 n 个点后的点所在的符号不为坎类或线类，系统将会自动搜索已测过的坎类或线类符号的点。因而，用于绘平行体的点，可在平行体的一边未测完时测对面点，亦可在测完后接着测对面的点，还可在加测其他地物点之后，测平行体的对面点，如图 5-101 所示。

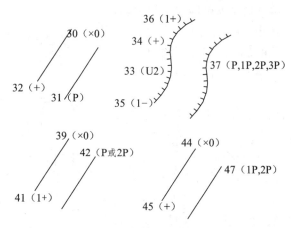

图 5-101　平行体观测点的操作码

对于 CASS 野外操作码及其连接关系，可以用记事本打开 CASS 9.0\DEMO 下的编码引导文件 WMSJ.YD 和带简码的坐标数据文件 YMSJ.DAT，对照上述内容理解。

第6章　CASS 9.0 新功能详解

6.1　CASS 9.0 新增功能

6.1.1　属性面板

从功能上来讲，和传统版本的属性面板不同的是，CASS 9.0 的属性面板不只是显示编辑属性的作用，它集图层管理、常用工具、检查信息、实体属性为一体，分别为图层、常用、信息、属性四个选项。如图 6-1 所示。

（1）"图层"选项—图层管理。

CASS 9.0 的图层管理采用了树状形式，比以往的下拉式的图层管理更加方便，让人一目了然，即使是初学者也能对 CASS 图层分类有个大概了解。按照实体编码来对实体进行树状分类，层次清晰明了，用户批量操作时也更简单。

除了树状分层管理图层外，另外一个亮点就是可以将图形进行 CASS 图层和 GIS 图层之间的相互转换，这对熟悉 GIS 图层的用户来说，当转到 CASS 下来作图时仍然轻车熟路。

另外还有其他新增的功能就是随心所欲地隐藏、显示实体。

（2）"常用"选项—常用命令。

该面板又分为常用命令、常用地物、常用文字三块。常用命令根据使用命令，地物的次数按从多到少的顺序自动排列在此功能处，如果再次使用就可直接在此处直接点击此命令或此地物即可，这些功能使绘图更加方便、快捷，常用命令也让使用者对自己常用的命令、常用的地物一目了然。

比起传统的常用文字，操作者可以更加自主地设置自己想要的文字，并且可以直接设置文字属性。常用文字分为 4 组，一共可设置 60 多个常用文字，把经常使用的文字输入空白处，在下面可设定文字属性、颜色、字高、图层、字体、宽高、插入点，然后点击更新，则下面方框处即设成此文字，每次使用时，直接点击此文字即可。设定了自己常用的文字后，下次

图 6-1　属性面板

再使用时就无须再次重复麻烦的操作，直接点击，这样比打字都快的快捷命令，更是让使用者的工作效率又提高了不少。

（3）"信息"选项—检查信息。

检查信息子面板是 CASS 9.0 功能加强的一大亮点。双击错误列表就能轻松定位到图形有错误的地方，并且直接选中了错误实体，解决了实体较多时用户难以辨认的麻烦，大大提高了图形检查的效率。另外该面板中还可以自定义实体关联时的显示模式。还有一个值得关注的地方，就是 CASS 9.0 的检查信息现在可以导出来了。如果不能把所有错误修改完，不妨将错误列表导出来（可以是 excel 和 xml 格式的），下次打开图形时再导入错误信息列表直接修改，无须再一次检查。

（4）"属性"选项—地物属性。

属性：可显示图形中地物属性，也可修改，补充属性。给被赋予了属性表的地物实体添加属性内容。

6.1.2　导出 goole 地球格式

菜单位置：检查入库—导出 goole 地球格式。

功能：将当前图形中的实体，输出成 goole 地球格式 kml。

操作：单击本菜单，按命令行提示选择要输出成 kml 的实体，选择保存路径和文件名称，即可将所选实体输出 kml。

6.1.3　过滤选择器

菜单位置：编辑—过滤选择器。

功能：仿照 AutoCAD 对象特性管理器中的"快速选择"，结合 cass 的特点，快速选择图形实体。

操作：同 AutoCAD 对象特性管理器中的"快速选择"，选择"运用范围""对象类型"和"特性"等，点击"确定"后，所有符合条件的图形元素都被选中，以高亮显示。如图 6-2 所示。

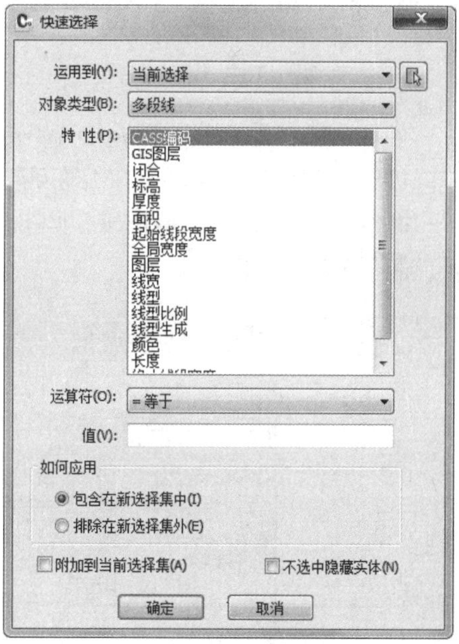

6.1.4　符号重置

菜单位置：地物编辑—符号重置。

功能：将当前图形中的实体，根据 cass 编码和其定义文件，将图层、线型、图块等进行重置，这是一种纠错的手段。

操作：点击本菜单，程序会自动检查当前图形中的实体，按编码进行重置，并在命令行提示重置的实体数目。

图 6-2　快速选择对话框

6.1.5　展点按最近点连线

菜单位置：绘图处理—展点按最近点连线。

功能：将展绘的野外测点点号，按一个设定的最小距离进行连线，方便绘图。

操作：在已经展绘了野外测点点号的图面，点击本菜单，出现如下提示：

请输入点的最大连线距离（米）：<100.000> 25。

请选择点：

选择对象：指定对角点：找到×个。

回车结束选择之后，点间距离小于 25 的，都将连线。

6.1.6 标注经纬度

菜单位置：右侧屏幕菜单—文字注记—特殊注记—注记经纬度。

功能：标注图上任意一点的经纬度坐标。

操作：先在菜单"文件—cass 参数配置"的"投影转化参数"项中，设置投影参数后，点击本菜单，即可标注图上任意一点的经纬度坐标。

6.1.7 生成纯 CAD 快捷方式

菜单位置：文件—生成纯 CAD 快捷方式。

功能：针对 2008 以前版本的 CASS，安装之后。点击 CAD 图标，也会进入 CASS 界面。增加此功能，生成一个新图标，点击进入纯 CAD 环境。

操作：点击本菜单，CASS 会在桌面生成一个所用 CAD 版本的 CASS 图标。

6.1.8 高程点与 DEM 的互转

菜单位置：等高线—国际 DEM 转换。

功能：实现高程点和 DEM 的互转。

操作：点击高程点→DEM（见图 6-3），弹出如图 6-4 所示对话框，保存 DEM 文件。

图 6-3 转换菜单栏

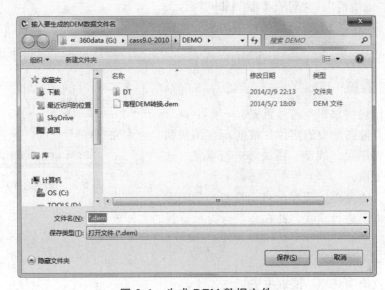

图 6-4 生成 DEM 数据文件

　　点击 DEM→高程点，弹出如图 6-5 所示对话框，打开.dem 格式文件，然后保存要生成的
CASS 坐标和数据文件，如图 6-6 ~ 图 6-8 所示。

图 6-5　选择已有 DEM 数据文件

图 6-6　保存 DEM 数据文件生成的 CASS 坐标数据文件

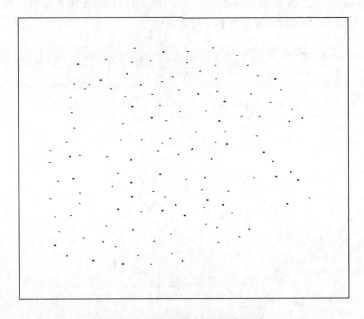

图 6-7 原始测量数据展高程点

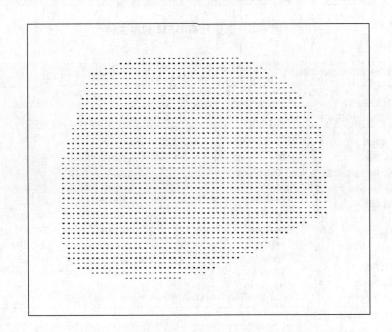

图 6-8 DEM 生成 CASS 坐标数据展高程点

6.1.9 快捷键配置

菜单位置：文件—CASS 快捷键配置。

功能：配置常用功能的快捷键，与编辑 cass\system\acad.pgp 效果相同。

操作：点击本菜单，在图 6-9 对话框里输入快捷命令和该命令对应的命令全名，点击"保存到配置文件"即可。

6.1.10   在线帮助

菜单位置：其他应用—CASS 在线帮助。

功能：启动 CASS 在线帮助界面，查询 CASS 常见问题，获得在线技术支持。

操作：点击本菜单，访问在线帮助界面。

图 6-9   CASS 快捷键配置

6.2   CASS 9.0 加强功能

6.2.1   统一参数设置

菜单位置：文件—CASS 参数配置。

功能：设置 CASS 9.0 中的常用参数，具体内容见本书第 4 章。

6.2.2   自定义宗地图框

菜单位置：地籍—绘制宗地图框—自定义宗地图框。

功能：设置自定义宗地图框的图廓要素。

操作：点击本菜单，出现图 6-10 所示对话框。编辑自定义信息后点击"绘制图框"和"设置插入点"。

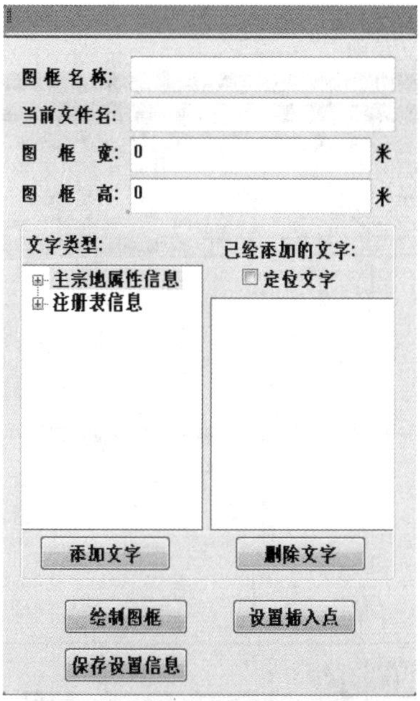

图 6-10   自定义宗地图框界面

6.2.3 点号成图

菜单位置：右侧屏幕菜单"点号定位"。

功能：点号成图画线时接受类似"1-3，7，20-23"的输入法。

操作：同 CASS 低版本操作。

6.2.4 复合线处理

菜单位置：地物编辑—复合线处理。

功能：增加了"局部替换已有线、新画线""部分偏移拷贝""定宽度多次拷贝""中间一段删除""中间一段切换圆弧""圆弧拟合线到折线""两线延伸到同一点""与其他线交点处加点"。

6.3 CASS 9.0 完善的符号

6.3.1 桥梁类符号

桥梁等边线可由多点组成而不是仅由两点组成，骨架线还是一条封闭线贯穿两条边，可用"setflexplace"命令改变拐点。绘制桥梁等符号，会出现如下所示命令提示。

请选择：（1）两点边 （2）平行的多点边 （3）不平行的多点边 <1>

6.3.2 渐变线

水系符号，如河流，存在宽度渐变的情况时，可在绘制完成之后，用菜单"地物编辑—复合线处理—设置宽度渐变"将线的宽度设置为逐渐改变的。执行命令，会出现如图 6-11 所示的提示。按实际情况输入起始和终止宽度。

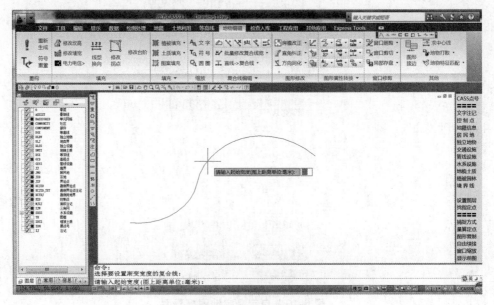

图 6-11 渐变线的设置

6.3.3　房屋地下室

房屋符号均加入是否绘制地下室的提示，绘制完成的地下室以虚线表示。

输入层数（有地下室输入格式：房屋层数－地下层数）<1>

6.3.4　L 形楼梯和阶梯路

加入 L 形楼梯、阶梯路符号。

第7章 绘制地籍图

7.1 地籍图

7.1.1 生成平面图

用第 6 章介绍过的"简码识别"的方法绘出平面图。示例文件 C：\CASS9.0\DEMO\ SOUTH.DAT 是带简码的坐标数据文件，故可用"简码法"来完成。所绘平面图如图 7-1 所示。

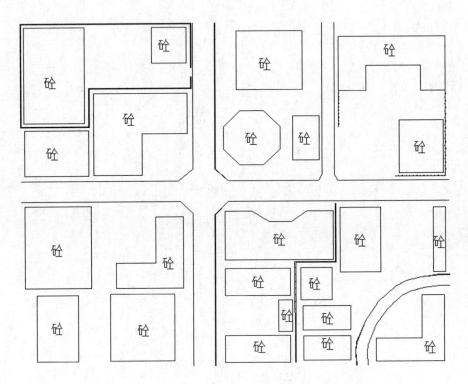

图 7-1 用 SOUTH.DAT 示例数据绘制的平面图

地籍部分的核心是带有宗地属性的权属线，生成权属线有两种方法：

（1）可以直接在屏幕上用坐标定点绘制。

（2）通过事前生成权属信息数据文件的方法来绘制权属线。

后面将介绍权属信息数据文件的生成方法。

7.1.2　生成权属信息数据文件

权属信息文件的格式如下：

权属信息文件（*.qs）：

➢ 宗地号；

➢ 宗地名；

➢ 土地类别；

➢ 界址点号；

➢ 界址点坐标 Y（东方向）；

➢ 界址点坐标 X（北方向）；

⋮

➢ E。

① 宗地编号方法同权属引导文件。

② 界址点坐标 X（北方向）的下一行的字母 E 为宗地结束标志。

③ 文件最后一行的字母 E 为文件结束标志。

可以通过文本方式编辑得到该文件后，再使用"地籍\依权属文件绘权属图"命令绘出权属信息图。

可以通过以下四种方法得到权属信息文件，如图 7-2 所示。

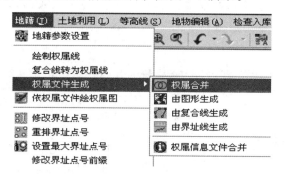

图 7-2　权属文件生成的四种方法

1. 权属合并

权属合并需要用到两个文件：权属引导文件和界址点数据文件。

权属引导文件的格式：

宗地号，权利人，土地类别，界址点号，……，界址点号，E（一宗地结束）

宗地号，权利人，土地类别，界址点号，……，界址点号，E（一宗地结束）

E（文件结束）

说明：

（1）每一宗地信息占一行，以 E 为一宗地的结束符，E 要求大写。

（2）编宗地号方法：街道号（地籍区号）＋街坊号（地籍子区）＋宗地号（地块号），街道号和街坊号位数可在"参数设置"内设置。

（3）权利人按实际调查结果输入。

（4）土地类别按规范要求输入。

（5）权属引导文件的结束符为 E，E 要求大写。

权属引导文件示例如图 7-3 所示。

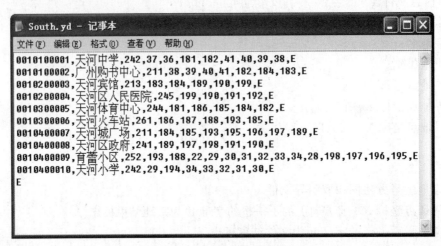

图 7-3　权属引导文件格式

　　如果需要编辑权属文件，可用鼠标点取菜单中的"编辑\编辑文本文件"命令，参考如图 7-3 所示的文件格式和内容编辑好权属引导文件，存盘返回 CASS 屏幕。

　　选择"地籍\权属文件生成\权属合并"项，系统弹出对话框，提示输入权属引导文件名，如图 7-4 所示。

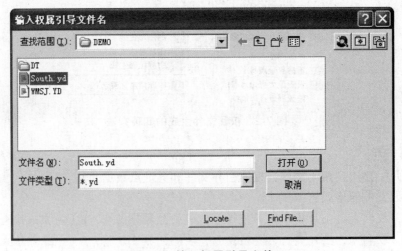

图 7-4　输入权属引导文件

　　选择上一步生成的权属引导文件，点击"打开"按钮。

　　系统弹出对话框，提示"输入坐标点（界址点）数据文件名"，与上步类似，选择文件，点"打开"按钮，如图 7-5 所示。

　　系统弹出对话框，提示"输入地籍权属信息数据文件名"，在这里要直接输入要保存地籍信息的权属文件名，如图 7-6 所示。

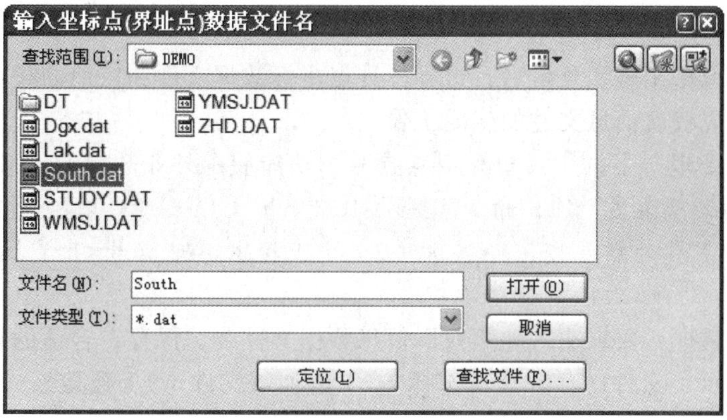

图 7-5　输入坐标点（界址点）数据文件

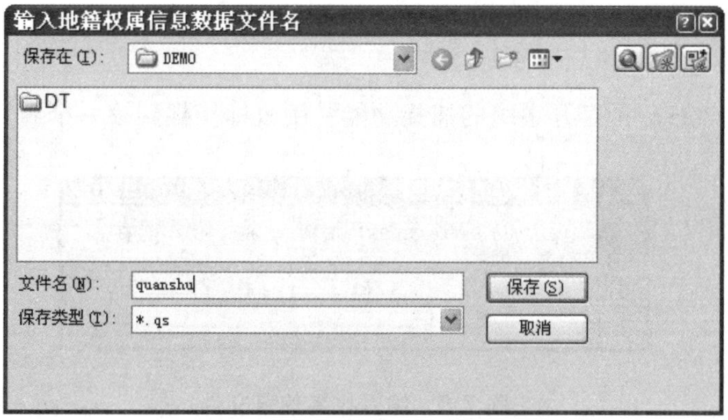

图 7-6　合并成地籍权属信息数据文件

当指令提示区显示"权属合并完毕！"时，表示权属信息数据文件 SOUTHDJ.QS 已自动生成。这时按 F2 键可以看到权属合并的过程，如图 7-7 所示。

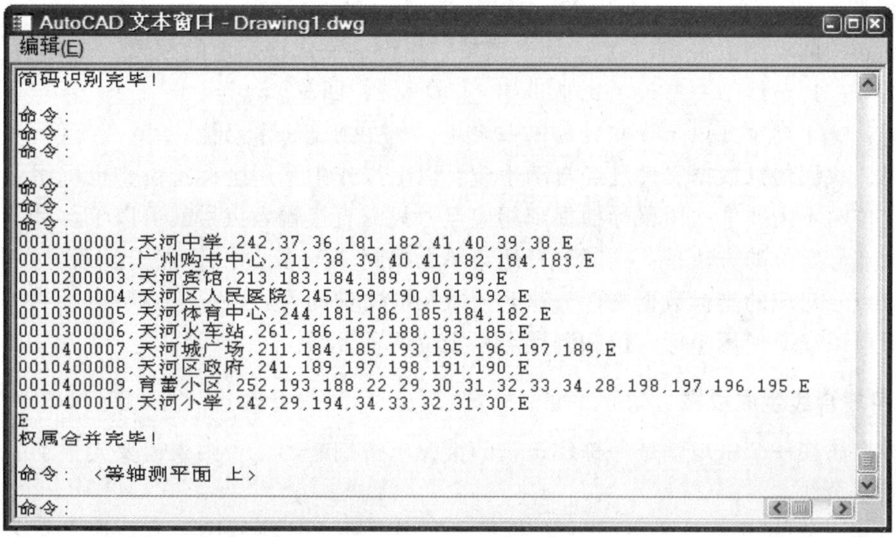

图 7-7　权属文件合并

2. 由图形生成权属

在外业完成地籍调查和测量后，得到界址点坐标数据文件和宗地的权属信息，在内业，可以用此功能完成权属信息文件的生成工作。

先用"绘图处理"下的"展野外测点点号"功能展出外业数据的点号，再选择"地籍\权属文件生成\由图形生成"项，命令区提示：

请选择：（1）界址点号按序号累加（2）手工输入界址点号<1>：按要求选择，默认选1。

下面弹出对话框，要求输入地籍权属信息数据文件名，保存在合适的路径下。如果此文件已存在，则提示：文件已存在，请选择（1）追加该文件（2）覆盖该文件<1>：按实际情况选择，如图7-8所示。

输入宗地号：输入0010100001。

输入权属主：输入"天河中学"。

输入地类号：输入242。

指定点（回车结束）：打开系统的捕捉功能，用鼠标捕捉到第一个界址点37。

图7-8 输入权属信息文件

接着，命令行继续提示：

指定点（回车结束）：等待指定下一点。

⋮

依次选择38，39，40，41，182，181，36点。

指定点（回车结束）：输入点，回车或按空格键，完成该宗地的编辑。

请选择：1. 继续下一宗地   2. 退出<1>：输入2，回车。

说明： 选1则重复以上步骤继续下一宗地，选2则退出本功能。

这时，权属信息数据文件已经自动生成。以上操作中采用坐标定位，也可用点号定位。用点号定位时不需要依次用鼠标捕捉到相应点，只需直接输入点号就可以了。

进入点号定位的方法是：在屏幕右侧菜单上找到"测点点号"，点击，系统弹出对话框，要求输入点号对应的坐标数据文件，这时输入相应文件即可。

一般可以交叉使用坐标定位和测点点号定位两种方法。

3. 用复合线生成权属

这种方法在一个宗地就是一栋建筑物的情况下特别好用，否则就需要先手工沿着权属线画出封闭复合线。

选择"地籍\权属文件生成\由复合线生成"项，输入地籍权属信息数据文件名后，命令区提示：

选择复合线（回车结束）：用鼠标点取一栋封闭建筑物。

输入宗地号：输入"0010100001"，回车。

输入权属主：输入"天河中学"，回车。

输入地类号：输入"242"，回车。

该宗地已写入权属信息文件！

选择复合线（回车结束）：回车。

4. 用界址线生成权属

如果图上没有界址线，可用"地籍"子菜单下的"绘制权属线"生成，如图 7-9 所示。

注意：在 CASS 中，"界址线"和"权属线"是同一个概念。

使用此功能时，系统会提示输入宗地边界的各个点。当宗地闭合时，系统将认为宗地已绘制完成，弹出对话框，要求输入宗地号、权属主、地类号等。输入完成后点"确定"按钮，系统会将对话框中的信息写入权属线。

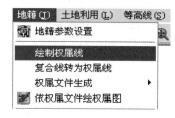

图 7-9 绘制权属线菜单

权属线里的信息可以被读出来，写入权属信息文件，这就是由权属线生成权属信息文件的原理。操作步骤如下：

（1）执行"地籍\权属文件生成\由界址线生成"命令后，直接用鼠标在图上批量选取权属线，然后系统弹出对话框，要求输入权属信息文件名。这个文件将用来保存下一步要生成的权属信息。

（2）输入文件名后，点保存，权属信息将被自动写入权属信息文件。

（3）已有权属线再生成权属信息文件一般用在统计地籍报表的时候。

（4）得到带属性权属线后，可以通过"地籍\依权属文件绘权属图"作权属图。

5. 权属信息文件合并

权属信息文件合并的作用只是将多个权属信息文件合并成一个文件，即将多宗地的信息合并到一个权属信息文件中。这个功能常在需要将多宗地信息汇总时使用。

7.1.3 绘权属地籍图

生成平面图之后，可以用手工绘制权属线的方法绘制权属地籍图，也可以通过权属信息文件来自动绘制。

1. 手工绘制

使用"地籍"子菜单下"绘制权属线"功能生成，可以手工绘出权属线。这种方法最直观，权属线绘出来后系统立即弹出对话框，要求输入属性，点"确定"按钮后，系统将宗地号、权属主、地类编号等信息加到权属线里，如图 7-10 所示。

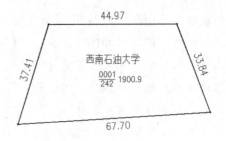

图 7-10　加入权属线属性

2．通过权属信息数据文件绘制

（1）首先可以利用"地籍\地籍参数设置"功能对成图参数进行设置。

（2）根据实际情况选择适合的注记方式。绘权属线时需要做的那些权属注记，如要将宗地号、地类、界址点间距离、权利人等全部注记，则在这些选项前的方格中打上钩，如图 7-11 所示。

特别要说明的是"宗地图内图形"是否满幅的设置。CASS 5.0 以前的版本没有此项设置，默认均为满幅绘图，根据图框大小对所选宗地图进行缩放，所以，有时会出现诸如 1 : 1 215 这样的比例尺。有些单位在出地籍图时不希望这样的情况出现，他们需要整百或整五十的比例尺。这时，可将"宗地图内图形"选项设为"不满幅"，再将其上的"宗地图内比例尺分母的倍数"设为需要的值。比如设为 50，成图时出现的比例尺只可能是 1 :（50 N），N 为自然数。

（3）参数设置完成后，选择"地籍\依权属文件绘权属图"，如图 7-12 所示。

图 7-11　地籍参数设置　　　　图 7-12　地籍下拉菜单

（4）CASS 界面弹出要求输入权属信息数据文件名的对话框，这时输入权属信息数据文件。

命令区提示：

输入范围（宗地号、街坊号或街道号）<全部>：根据绘图需要，输入要绘制地籍图的范围，默认值为全部。

说明： 可通过输入"街道号×××"，或输入"街道号×××街坊号××"，或输入"街道号×××街坊号××宗地号××××××"，输入绘图范围后程序即自动绘出指定范围的权属图。如：输入 0010100001 只绘出该宗地的权属图，输入 00102 将绘出街道号为 001 街坊号为 02 的所有宗地权属图，输入 001 将绘出街道号为 001 的所有宗地权属图。

（5）最后得到如图 7-13 所示的图形，存盘为 C：\CASS 7.0\DEMO\SOUTHDJ.DWG。

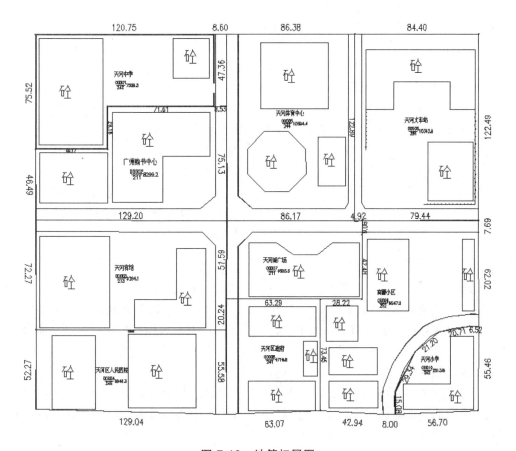

图 7-13　地籍权属图

7.1.4　图形编辑

1. 修改界址点点号

选取"地籍"菜单下"修改界址点号"功能。

屏幕提示：

选择界址点圆圈：点取要修改的界址点圆圈，也可按住鼠标左键，拖框批量选择。

对话框的左上角就是要修改点的位置，提示的是它的当前点号，将它修改成所需求的数值，回车。

系统会自动在当前宗地中寻找输入的点号。如果当前宗地中已有该点号，系统将弹出对话框，说明该点已存在，如图 7-14 所示。

如果输入的点号有效，系统将其写入界址点圆圈的属性中。

当选择了多个界址点时，在下一个点的位置将出现如图 7-14 所示对话框，当然，点号变成当前点点号。

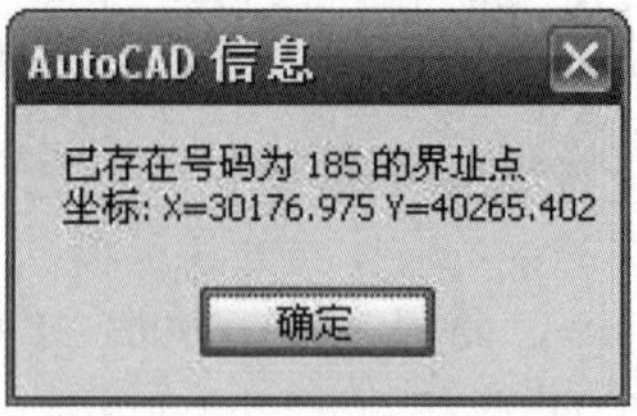

图 7-14　提示已存在该点

2. 重排界址点号

用此功能可批量修改界址点点号。

选取"地籍"菜单下"重排界址点号"功能。

屏幕提示：

（1）手工选择按生成顺序重排（2）区域内按生成顺序重排（3）区域内按从上到下、从左到右顺序重排<1>：系统默认选项（1）。

如果选择（1）屏幕提示选择对象：手工逐个选择需要进行重排的界址点，然后屏幕提示输入界址点号起始值：<1>，系统会将选定的点数按生成的顺序重排。

如果选择（2）屏幕提示指定区域边界：手工选择封闭区域，然后屏幕提示输入界址点号起始值：<1>，系统会将封闭区域通过的点按生成顺序重排。

如果选择（3）屏幕提示指定区域边界：手工选择封闭区域，然后屏幕提示输入界址点号起始值：<1>，系统会将封闭区域通过的点按从上到下、从左到右的顺序重排。

重排结束，屏幕提示排列结束，最大界址点号为××。

3. 界址点圆圈修饰（剪切\消隐）

用此功能可一次性将全部界址点圆圈内的权属线切断或消隐。

（1）选取"地籍\界址点圆圈修饰\圆圈剪切"功能。屏幕在闪烁片刻后即可发现所有的界址点圆圈内的界址线都被剪切，由于执行本功能后所有权属线被打断，所以其他操作可能无法正常进行，因此建议此步操作在成图的最后一步进行，而且执行本操作后将图形另存为其他文件名或不存盘。一般来说，在出图前执行此功能。

（2）选取"地籍\界址点圆圈修饰\生成消隐"功能。屏幕在闪烁片刻后即可发现所有的界址点圆圈内的界址线都被消隐，消隐后所有界址线仍然是一个整体，移屏时可以看到圆圈内的界址线。

4. 界址点生成数据文件

用此功能可一次性将全部界址点的坐标读出来，写入坐标数据文件中。

选取"地籍"菜单下"界址点生成数据文件"功能。

屏幕弹出对话框，提示输入生成的坐标数据文件名。输入文件名后点"确定"，命令行提示：

（1）手工选择界址点（2）指定区域边界 <1>

如果选1，回车后拖框选择所有要生成坐标文件的界址点。

如果只想生成一定区域内界址点的坐标数据文件，可先用复合线画出区域边界。先选 2，然后点取所画复合线，这时生成的坐标数据文件中只包含区域内的点。

5. 查找指定宗地和界址点

选取"地籍"菜单下"查找宗地"功能，弹出如图 7-15 所示对话框。根据已知条件选择查找的内容后，查找到符合条件的宗地居中显示。

图 7-15　查找宗地对话框

选取"地籍"菜单下"查找界址点"功能，弹出如图 7-16 所示对话框。根据已知条件选择查找的内容后，查找到符合条件的界址点居中显示。

6. 修改界址线属性

CASS 5.1 版之后，增加了界址线、界址点的属性管理功能，界址线属性中包含本宗地号、邻宗地号，本条界址线的起止界址点编号、图上边长和勘丈边长，界线性质、类别、位置属性，还包括宗地指界人及指界日期等属性。

图 7-16　查找界址点对话框

点取"地籍\修改界址线属性"，屏幕提示选择界址线所在宗地，选取宗地后屏幕提示指定界址线所在边<直接回车处理所有界址线>，选取界址线后弹出如图 7-17 所示对话框。除了可以查看该线当前的性质，还可以按调查的情况添加界址线信息。

图 7-17　修改界址线属性

7. 修改界址点属性

界址点圆圈中存放着界址点号、界标类型和界址点类型等界址点属性。点取"地籍/修改界址点属性"，屏幕提示请拉框选择要处理的界址点，选择界址点后弹出如图 7-18 所示对话框。

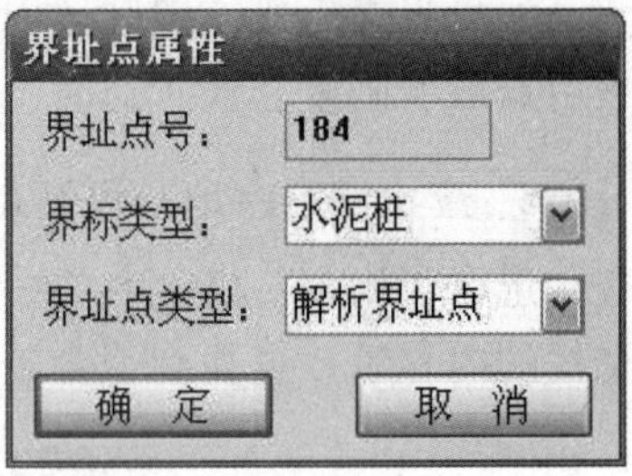

界址点属性

界址点号：	**184**
界标类型：	水泥桩
界址点类型：	解析界址点

确　定　　　取　消

图 7-18　修改界址点属性

7.2　宗地属性处理

7.2.1　宗地合并

宗地合并每次将两宗地合为一宗地。

选取"地籍"菜单下"宗地合并"功能。

屏幕提示：

选择第一宗地：点取第一宗地的权属线。

选择第二宗地：点取第二宗地的权属线。

完成后发现，两宗地的公共边被删除，宗地属性为第一宗地的属性。

7.2.2　宗地分割

宗地分割每次将一宗地分割为两宗地。执行此项工作前必须先将分割线用复合线画出来。

选取"地籍"菜单下"宗地分割"功能。

屏幕提示：

选择要分割的宗地：选择要分割宗地的权属线。

选择分割线：选择用复合线画出的分割线。

回车后原来的一宗地自动分为两宗地，但此时属性与原宗地相同，需要进一步修改其属性。

7.2.3　修改宗地属性

选取"地籍"菜单下"修改宗地属性"功能。

屏幕提示：

选择宗地：用鼠标点取宗地权属线或注记均可。

点中后系统弹出如图 7-19 所示对话框。

这个对话框是宗地的全部属性，一目了然。

7.2.4　输出宗地属性

输出宗地属性功能可以将图 7-19 所示的宗地信息输出到 ACCESS 数据库。选取"地籍"菜单下"输出宗地属性"功能。屏幕弹出对话框，提示输入 ACCESS 数据库文件名后输入文件名。请选择要输出的宗地：选取要输出到 ACCESS 数据库的宗地，选完后回车，系统将宗地属性写入给定的 ACCESS 数据库文件。用户可自行将此文件用微软的 ACCESS 打开来看。

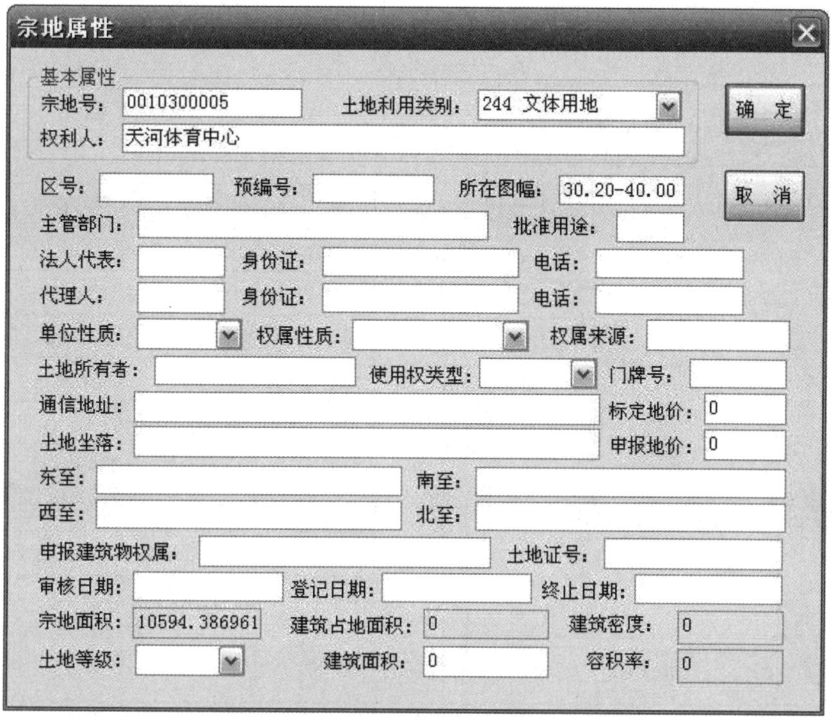

图 7-19　宗地属性对话框

7.3　绘制宗地图

在完成上节操作绘制地籍图以后，便可制作宗地图了。具体有单块宗地和批量处理两种方法，两种都是基于带属性的权属线。

7.3.1　单块宗地

该方法可用鼠标画出切割范围。打开图形 C：\CASS 9.0\DEMO\SOUTHDJ.DWG，选择"地籍\绘制宗地图框\A4 竖\单块宗地"。弹出如图 7-20所示对话框，根据需要选择宗地图的各种参数后点击"确定"。命令区提示如下：

用鼠标指定宗地图范围的第一角：用鼠标指定要处理宗地的左下方。

另一角：用鼠标指定要处理宗地的右上方。

用鼠标指定宗地图框的定位点：屏幕上任意指定一点。

一幅完整的宗地图就画好了，如图 7-21 所示。

图 7-20　宗地图参数设置

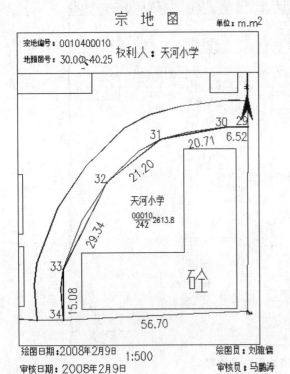

宗 地 图　　单位：m.m²

宗地编号：0010400010
地籍图号：30.00-40.25　权利人：天河小学

天河小学

$\frac{00010}{242}$ 2613.8

砼

绘图日期：2008年2月9日　　1:500　　绘图员：刘雅儒
审核日期：2008年2月9日　　　　　　　审核员：马鹏涛

界址点坐标表

点 号			边 长
29	30107.679	40350.059	
			55.46
194	30052.219	40349.630	
			56.70
34	30049.824	40292.980	
			15.08
33	30064.899	40292.980	
			29.34
32	30090.975	40306.434	
			21.20
31	30104.013	40323.150	
			20.71
30	30107.679	40343.536	
			6.52
29	30107.679	40350.059	
S=2613.8 平方米　合3.9207亩			

图 7-21　单块宗地图

7.3.2　批量处理

　　该方法可以批量绘制出多宗宗地图。打开 SOUTHDJ.DWG 图形，选择"地籍\绘制宗地图框\A4 竖\批量处理"。

　　弹出如图 7-20 所示对话框，根据需要选择宗地图的各种参数后点击"确定"。命令区提示如下：

　　选择对象：选择需要绘出宗地图的宗地，也可窗选。

　　选择对象：回车。

　　用鼠标指定宗地图框的定位点：指定任一位置。

　　是否批量打印（Y/N）？<N>：回车默认不批量打印。

　　若干幅宗地图画好后，如图 7-22 所示。

　　另外，用户可以自己定制宗地图框。首先需要新建一幅图，按自己的要求绘制一个合适的宗地图框，并在 C：\CASS 9.0\BLOCKS 目录下保存为合适的图名。然后在"地籍"下拉菜单下的"地籍参数设置"里更改自定义宗地图框里的内容。将图框文件名改为所定义的文件名，设置文字大小和图幅尺寸，输入宗地号、权利人、图幅号各种注记相对于图框左下角的坐标。地籍权属的参数设置如图 7-11 所示。将地籍权属的参数配置设置好后，就可以使用"地籍"下拉菜单中的"绘制宗地图框\自定义尺寸"功能，此菜单下又分为单块宗地和批量处理两种。依此操作即可加入自定义的宗地图框。

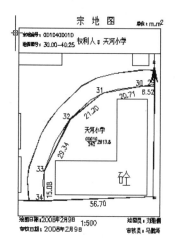

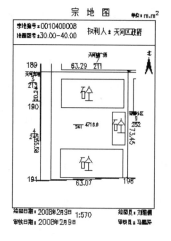

点 号	X	Y	边 长
29	30107.679	40350.059	
194	30052.219	40349.630	55.46
34	30049.824	40292.980	56.70
33	30064.899	40292.980	15.08
32	30080.975	40306.434	29.34
31	30104.013	40323.150	21.20
30	30107.679	40343.536	20.71
29	30107.679	40350.059	6.52
S=2613.8 平方米 合3.9207亩			

界址点坐标表

点 号	X	Y	边 长
189	30125.671	40178.789	
197	30125.669	40242.080	63.29
198	30052.219	40242.103	73.45
191	30049.854	40179.074	63.07
190	30105.434	40178.789	55.58
189	30125.671	40178.789	20.24
S=4716.9 平方米 合7.0754亩			

界址点坐标表

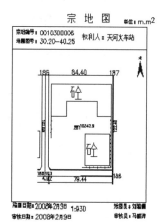

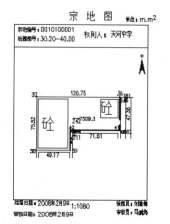

点 号	X	Y	边 长
186	30299.860	40265.398	
187	30299.874	40349.797	84.40
188	30177.383	40349.756	122.49
193	30177.215	40270.317	79.44
185	30176.975	40265.402	4.92
186	30299.860	40265.398	122.89
S=10342.9 平方米 合15.5143亩			

界址点坐标表

点 号	X	Y	边 长
37	30299.733	40049.668	
36	30299.733	40170.414	120.75
181	30299.747	40179.014	8.60
182	30252.385	40178.947	47.36
41	30252.358	40170.419	8.53
40	30252.379	40098.812	71.61
39	30224.219	40098.812	28.16
38	30224.210	40049.646	49.17
37	30299.733	40049.668	75.52
S=7509.3 平方米 合11.2639亩			

界址点坐标表

图 7-22　批量作宗地图

287

7.4　绘制地籍表格

7.4.1　界址点成果表

选择"地籍\绘制地籍表格\界址点成果表"项。

命令区提示：

用鼠标指定界址点成果表的点：用鼠标指定界址点成果表放置的位置。

手工选择宗地（2）输入宗地号 <1>：回车默认选 1。

选择对象：拉框选择需要输出界址点表的宗地。

是否批量打印（Y/N）？<N>：回车默认不批量打印。

根据绘图需要，输入要绘制界址点成果表的宗地范围，可以输入"街道号×××"，或输入"街道号×××街坊号××"，或输入"街道号×××街坊号××宗地号×××××"，程序默认值为绘全部宗地的界址点成果表。如：输入 0010100001 只绘出该宗地的界址点成果表，输入 00102 将绘出街道号为 001 街坊号为 02 内所有宗地的界址点成果表，输入 001 将绘出街道号为 001 内所有宗地的界址点成果表。

用鼠标指定界址点成果表的定位位置，移动鼠标到所需的位置（鼠标点取的位置即是界址点成果表表格的左下角位置），按左键，符合范围宗地的界址点成果表随即自动生成，如表 7-1 所示，表格的大小正好为 A4 尺寸。

表 7-1　0010100001 宗地的界址点成果表

界 址 点 成 果 表				第 1 页
				共 1 页
宗地号：0010100001				
宗地名：天河中学				
宗地面积（平方米）：7 509.3				
建筑占地（平方米）：3 689.8				
界 址 点 坐 标				
序　号	点　号	坐　标		边　长
		x（m）	y（m）	
1	37	30 299.733	40 049.668	
				120.75
2	36	30 299.733	40 170.414	
				8.60
3	181	30 299.747	40 179.014	
				47.36
4	182	30 252.386	40 178.947	
				8.53
5	41	30 252.358	40 170.419	
				71.61
6	40	30 252.379	40 098.812	
				28.16
7	39	30 224.219	40 098.812	
				49.17
8	38	30 224.210	40 049.646	
				75.52
1	37	30 299.733	40 049.668	

制表：姜金霞　　审校：马鹏涛　　2015 年 2 月 8 日

7.4.2　界址点坐标表

选择"地籍\绘制地籍表格\界址点坐标表"命令，命令区提示：

请指定表格左上角点：用鼠标点取屏幕空白处一点。

请选择定点方法：（1）选取封闭复合线（2）逐点定位 <1>，回车默认选 1。

选择复合线或宗地：<ESC 键退出>：用鼠标选取图形上一代表权属线的封闭复合线。

表格如表 7-2 所示。

表 7-2　界址点坐标表

点　号	X	Y	边　长
J1	30 299.747	40 179.014	
J2	30 299.860	40 265.398	86.38
			122.89
J3	30 176.975	40 265.402	86.17
J4	30 177.260	40 179.228	
			75.13
J5	30 252.386	40 178.947	47.36
J1	30 299.747	40 179.014	
S = 10 594.4 m²			

7.4.3　以街坊为单位界址点坐标表

选择"地籍\绘制地籍表格\以街坊为单位界址点坐标表"命令，则命令区提示：

（1）手工选择界址点（2）指定街坊边界 <1>：回车默认选 1。

选择对象：鼠标拉框选择界址点。

请指定表格左上角点：屏幕上指定生成坐标表位置。

输入每页行数：（20）默认为 20 行/页。

表格如表 7-3 所示。

表 7-3　以街坊为单位界址点坐标表

序　号	点　名	X 坐标	Y 坐标
21	J187	30 299.874	40 349.797
22	J188	30 177.383	40 349.756
23	J189	30 125.671	40 178.789
24	J190	30 105.434	40 178.789
25	J191	30 049.854	40 179.074
26	J192	30 053.183	40 050.074
27	J193	30 177.215	40 270.317
28	J194	30 052.219	40 349.630
29	J195	30 168.152	40 270.296
30	J196	30 125.669	40 270.296
31	J197	30 125.669	40 242.080
32	J198	30 052.219	40 242.103
33	J199	30 105.453	40 050.144

7.4.4 以街道为单位宗地面积汇总表

选择"地籍\绘制地籍表格\以街道为单位宗地面积汇总表"项，弹出对话框要求输入权属信息数据文件名，输入 C：\CASS9.0\DEMO\SOUTHDJ.QS，命令区提示：

输入街道号：输入 001，将该街道所有宗地全部列出。

输入每页行数：（20）默认为 20 行/页。

输入面积汇总表左上角坐标：用鼠标点取要插入表格的左上角点。

表格如表 7-4 所示。

表 7-4　以街道为单位宗地面积汇总表

_____市_____区__01__街道

地籍号	地 类 名 称 （有二级类的列二级类）	地类代号	面 积 （m²）	备 注
0010100001	教育用地	242	7 509.3	
0010100002	商业用地	211	8 299.2	
0010200003	餐饮旅馆业用地	213	9 284.1	
0010200004	医疗卫生用地	245	6 946.3	
0010300005	文体用地	244	10 594.4	
0010300006	铁路用地	261	10 342.9	
0010400007	商业用地	211	4 696.6	
0010400008	机关团体用地	241	4 716.9	
0010400009	城镇混合住宅用地	252	9 547.9	
0010400010	教育用地	242	2 613.8	

7.4.5 城镇土地分类面积统计表

选择"地籍\绘制地籍表格\城镇土地分类面积统计表"项，弹出对话框要求输入权属信息数据文件名，输入 C：\CASS9.0\DEMO\SOUTHDJ.QS，命令区提示：

请输入最小统计单位：（1）文件（2）街道（3）街坊（4）宗地<3>：输入 3。

输入要统计的街道名<全部>：回车。

输入分类面积统计表左上角坐标：用鼠标点取要插入表格的左上角点。

表格如表 7-5 所示。

表 7-5 城镇土地分类面积统计表

填表单位：　　　　　　　　　　　　　　统计年度：　　　　　　　　　　面积单位：m²

行政单位	城镇土地总面积	农用地						建设用地									未利用地			备注
		合计	耕地	园地	林地	牧草地	其他农用地	合计	商服用地	工矿仓储用地	公用设施用地	公共建筑用地	住宅用地	交通运输用地	水利设施用地	特殊用地	合计	未利用土地	其他土地	
		小计	小计	小计	小计	小计	小计	小计	小计	小计	小计	小计	小计	小计	小计	小计	小计	小计	
		1	11	12	13	14	15	2	21	22	23	24	25	26	27	28	3	31	32	
0010100001	7 509.3	0.0	0.0	0.0	0.0	0.0	0.0	7 509.3	0.0	0.0	0.0	7 509.3	0.0	0.0	0.0	0.0	0.0	0.0	0.0	
0010100002	8 299.2	0.0	0.0	0.0	0.0	0.0	0.0	8 299.2	8 299.2	0.0	0.0	0.0	0.0	0.0	0.0	0.0	0.0	0.0	0.0	
001020003	9 284.1	0.0	0.0	0.0	0.0	0.0	0.0	9 284.1	9 284.1	0.0	0.0	0.0	0.0	0.0	0.0	0.0	0.0	0.0	0.0	
001020004	6 946.3	0.0	0.0	0.0	0.0	0.0	0.0	6 946.3	0.0	0.0	0.0	6 946.3	0.0	0.0	0.0	0.0	0.0	0.0	0.0	
0010300005	10 594.4	0.0	0.0	0.0	0.0	0.0	0.0	10 594.4	0.0	0.0	0.0	1 0594.4	0.0	0.0	0.0	0.0	0.0	0.0	0.0	
0010130006	10 342.9	0.0	0.0	0.0	0.0	0.0	0.0	10 342.9	0.0	0.0	0.0	0.0	0.0	10 342.9	0.0	0.0	0.0	0.0	0.0	
0010400007	4 696.6	0.0	0.0	0.0	0.0	0.0	0.0	4 696.6	4 696.6	0.0	0.0	0.0	0.0	0.0	0.0	0.0	0.0	0.0	0.0	
0010400008	4 716.9	0.0	0.0	0.0	0.0	0.0	0.0	4 716.9	0.0	0.0	0.0	4 716.9	0.0	0.0	0.0	0.0	0.0	0.0	0.0	
0010400009	9 547.9	0.0	0.0	0.0	0.0	0.0	0.0	9 547.9	0.0	0.0	0.0	0.0	9 547.9	0.0	0.0	0.0	0.0	0.0	0.0	
0010400010	2 613.8	0.0	0.0	0.0	0.0	0.0	0.0	2 613.8	0.0	0.0	0.0	2 613.8	0.0	0.0	0.0	0.0	0.0	0.0	0.0	

7.4.6　街道面积统计表

选择"地籍\绘制地籍表格\街道面积统计表"项，弹出对话框要求输入权属信息数据文件名，输入 C：\CASS9.0\DEMO\SOUTHDJ.QS，命令区提示：

输入面积统计表左上角坐标：用鼠标点取要插入表格的左上角点。

表格如表 7-6 所示，由于本例使用的权属信息数据文件只有一个街道，故表中只有一行，街道名栏可手工添入。

表 7-6　街道面积统计表

街道号	街道名	总面积（m²）
010		74 551.25

7.4.7　街坊面积统计表

选择"地籍\绘制地籍表格\街坊面积统计表"项，命令区提示：

输入街道号：输入 001。

弹出对话框要求输入权属信息数据文件名，输入 C：\CASS9.0\DEMO\SOUTHDJ.QS，命令区提示：

输入面积统计表左上角坐标：用鼠标点取要插入表格的左上角点。

表格如表 7-7 所示。

表 7-7　001 街道街坊面积统计表

街坊号	街坊名	总面积（m²）
00104		21 575.22
00103		20 937.31
00102		16 230.27
00101		15 808.26

7.4.8　面积分类统计表

选择"地籍\绘制地籍表格\面积分类统计表"项，弹出对话框要求输入权属信息数据文件名，输入 C：\CASS9.0\DEMO\SOUTHDJ.QS，命令区提示：

输入面积分类表左上角坐标：用鼠标点取要插入表格的左上角点。

表格如表 7-8 所示，对权属信息数据文件 SOUTHDJ.QS 中所有的宗地都进行了统计。

表 7-8　面积分类统计表

土地类别		面积（m²）
代　码	用　途	
242	教育用地	10 123.06
211	商业用地	12 995.80
213	餐饮旅馆业用地	9 284.08
245	医疗卫生用地	6 946.25
244	文体用地	10 594.39
261	铁路用地	10 342.86
241	机关团体用地	4 716.92
252	城镇混合住宅用地	9 547.89

7.4.9　街道面积分类统计表

选择"地籍\绘制地籍表格\街道面积分类统计表"项，命令区提示：

输入街道号：输入 001。

弹出对话框要求输入权属信息数据文件名，输入 C：\CASS 9.0\DEMO\SOUTHDJ.QS，命令区提示：

输入面积统计表左上角坐标：用鼠标点取要插入表格的左上角点。

由于 SOUTHDJ.QS 中只有"001"一个街道，故生成的表格和表 7-8 一样。

7.4.10　街坊面积分类统计表

选择"地籍\绘制地籍表格\街坊面积分类统计表"项，命令区提示：

输入街道街坊号：输入 00101。

弹出对话框要求输入权属信息数据文件名，输入 C：\CASS9.0\DEMO\SOUTHDJ.QS，命令区提示：

输入面积统计表左上角坐标：用鼠标点取要插入表格的左上角点。

表格如表 7-9 所示。

表 7-9　001 街道 01 街坊面积分类统计表

土地类别		面积（m²）
代　码	用　途	
242	教育用地	7 059.28
211	商业用地	8 299.25

第8章 数字地图管理

图纸管理是数字化成图工作结束后需要面临的另一项重要工作。没有一个好的管理软件就不可能更好地发挥电子地图的优越性，CASS 成图系统可以使成图单位和用图单位都非常方便地查找和显示任一测区的任一图幅。

8.1 数字地图管理概述

数字地图管理使得 CASS 由单一的图形系统具有信息管理功能，特别适合于中、小城市测绘部门对数字地图的管理。

数字地图的管理包括地名信息库操作、图纸信息库操作和图纸显示三大部分。信息库的操作包括插入（添加）、删除、查找、编辑等，它可以理解成档案室的图纸档案；信息库的操作就是给图纸建立档案；图纸显示的操作就相当于从信息库（图纸档案室）查找（显示）图纸。

CASS 提供了地名信息库样板文件 PLACE.DBF 和图纸信息库样板文件 MAPINFO.DBF。该文件位于 CASS 主目录下的 System 子目录内，它是一个 FoxPro 格式的数据库文件，可以用 FoxPro 关系型数据库软件进行操作。

注意：请不要修改库文件 PLACE.DBF 和 MAPINFO.DBF 的库结构和文件名，可在"参数设置"中修改库文件的路径。

8.2 图幅管理（M）

图幅管理用来建立地形图数据库，对数字地形图进行管理。图幅管理菜单内容如图 8-1 所示。

1. 图幅信息操作

打开地名库、图形库、宗地图库，对地名、图幅、宗地图的相关信息进行操作。

左键点取本菜单，则出现如图 8-2 所示对话框，可在此对话框内进行如下操作：

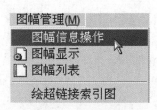

图 8-1 图幅管理菜单

图 8-2 地名库管理

（1）地名库管理。

"添加"按钮：想要输入新的地名时，用鼠标单击"添加"按钮，在记录里就增加一条与最后一条记录相同的记录，然后用鼠标右键点击该记录修改成要添加的地名及左下角的 X 值和 Y 值、右下角的 X 值和 Y 值。或者用左键在坐标处双击回到图形界面，用鼠标框出要添加的区域，用鼠标单击"确定"按钮将输入的地名自动记录到地名库中，如果取消操作则按"取消"按钮。

"删除"按钮：想要删除已有地名时，用鼠标选中要删除的对象，点击删除按钮，则选中的对象就被删除掉。

"查找"按钮：当地名比较多时（为了查找的方便），在地名文本框中输入要查找的地名后单击"确定"按钮，否则单击"取消"按钮，则查找到的对象以高亮显示，否则提示未找到。

（2）图形库管理。左键点取图形库标签，可在如图 8-3 所示对话框中进行下列操作：

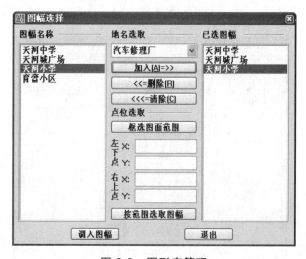

图 8-3 图形库管理

"添加"按钮：想要增加新图幅信息时使用。

"删除"按钮：想要删除已有图幅信息时使用。

"查找"按钮：当图幅信息比较多时使用（为了查找的方便，CASS 系统提供了图名和图号两种查询方法）。

（3）宗地图库管理。左键点取宗地图库标签，弹出如图 8-4 所示的对话框，可进行如下操作：

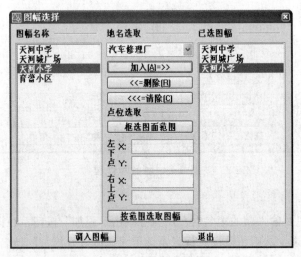

图 8-4　宗地图库管理

"添加"按钮：想要增加宗地信息时使用。

"删除"按钮：想要删除宗地信息时使用。

"查找"按钮：当宗地信息比较多时使用，系统可根据用户输入的宗地号搜索整个图库内的宗地图。

2. 图幅显示

功能：在图形库中选择一幅或几幅图在屏幕上显示，如图 8-5 所示。

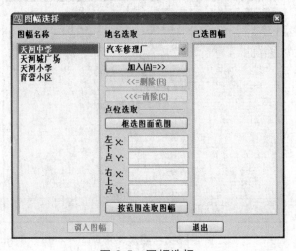

图 8-5　图幅选择

（1）按地名选择图幅。在地名选取下拉框中选择你要调出的地名，则在已选图幅中就会显示调出的图幅和地名，点击调入图幅就可以将图在 CASS 中打开，如图 8-6 所示。

图 8-6　按地名选取

（2）按点位选取图幅。在点位选取的文本框中输入用户需求范围的左下点及右下点的 X 和 Y 坐标值，也可以点击框选图面范围按钮在图上直接点取，然后点击按范围选取图幅按钮，在已选图幅框中显示需要的图幅，点击调入图幅按钮系统打开该图，如图 8-7 所示。

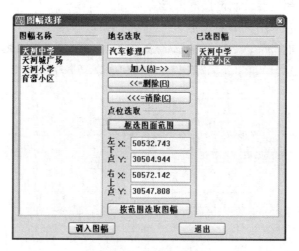

图 8-7　按点位选取

（3）手工选取图幅。如果对图幅的连接情况比较熟悉则可以采用这种方式。

先在图幅名框中选择所要的第一幅图的图幅名，用鼠标单击"加入"按钮，在已选取图幅框中就会出现该图的图幅名，表示第一幅图已经成功选取；再加入第二、第三幅图。如果图幅选取错误，则可以在已选取图幅框中选择该图幅名，再用鼠标单击"删除"按钮即可。用鼠标单击"清除"按钮，则可以把已选取图幅框中所有的图幅名清除，如图 8-8 所示。

用鼠标单击"调入图幅"按钮，就可以把已选取图幅框中所有的图幅调入。用鼠标单击"退出"按钮，退出图纸显示对话框，取消所有操作。

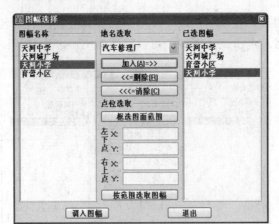

图 8-8　手工选择

3. 图幅列表

功能：以树结构的形式在表中显示图名库和宗地图库。

操作：执行图幅列表，系统在界面左边打开表，点击十字就可以看到图名库或宗地图库下的所有图形列表，双击所需图幅，系统就打开该图。

4. 绘超链接索引图

功能：直接根据超链接绘制链接的图形。

操作：左键点击本菜单，图面显示如图 8-9 所示的界面。

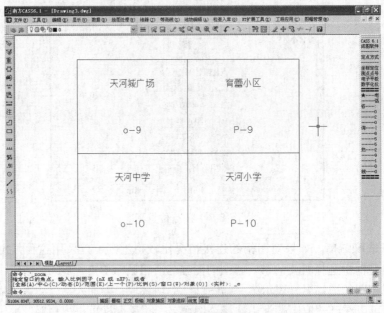

8-9　绘超链接索引图

按下"Ctrl"并左键点击要绘制的图形的图名，在图面上会自动绘制出图形。

说明：将绘制出的图形放在\CASS90\DEMO\DT 文件夹内，即可通过此方法直接显示出图形。

第9章 数字化地形图的打印

9.1 CASS 9.0 打印出图的操作

选择"文件（F）"菜单下的"绘图输出"子菜单下的"打印..."项，进入"打印—模型"对话框，如图 9-1 所示。

图 9-1 打印—模型对话框

1."打印机/绘图仪"设置

先在"打印机/绘图仪"框中的"名称（N）:"一栏中选择相应的打印机，然后单击"特性"按钮，进入"绘图仪配置编辑器"。

在"端口"选项卡中选取"打印到下列端口（P）"单选按钮并选择相应的端口，如图 9-2 所示。

在"设备和文档设置"选项卡中（见图 9-3），选择"用户定义图纸尺寸与校准"分支选项下的"自定义图纸尺寸"。在下方的"自定义图纸尺寸"框中单击"添加"按钮，添加一个自定义图纸尺寸。图纸的尺寸要根据实际距离和比例尺进行换算，然后进行设置，如图 9-4 所示。

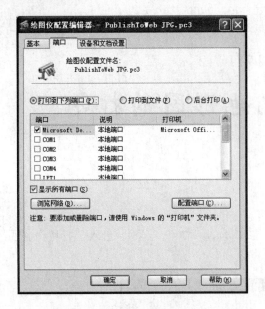

图 9-2 选择打印端口

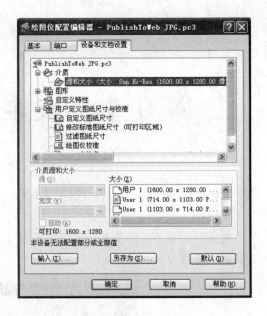

图 9-3 设备和文档设置

图 9-4 选择自定义图纸尺寸

（1）进入"自定义图纸尺寸—开始"窗口，如图 9-5 所示，点选"创建新图纸"单选框，单击"下一步"按钮。

（2）进入"自定义图纸尺寸—介质边界"窗口，设置单位和相应的图纸尺寸，单击"下一步"按钮。

（3）进入"自定义图纸尺寸—可打印区域"窗口，设置相应的图纸边距，单击"下一步"按钮。

图 9-5　开始自定义图纸尺寸

（4）进入"自定义图纸尺寸—图纸尺寸名"窗口，输入一个图纸名，单击"下一步"按钮。

（5）进入"自定义图纸尺寸—完成"，单击"打印测试页"按钮，打印一张测试页，检查是否合格，然后单击"完成"按钮。

选择"介质"分支选项下的"源和大小<…>"。在下方的"介质源和大小"框中的"大小（Z）"栏中选择已定义过的图纸尺寸。

选择"图形"分支选项下的"矢量图形<…><…>"。在"分辨率和颜色深度"框中，把"颜色深度"框里的单选按钮框设置为"单色（M）"，然后把下拉列表的值设置为"256 级灰度"，单击最下面的"确定"按钮。这时出现"修改打印机配置文件"窗口，在窗口中选择"将修改保存到下列文件"单选钮，最后单击"确定"完成。

2. 打印设置

（1）把"图形尺寸（Z）"框中的下拉列表的值设置为先前创建的图纸尺寸设置。

（2）把"打印区域"框中的"打印范围（W）"下拉列表的值设置为"窗口"，单击右边的"窗口"按钮，选择要打印的区域。

（3）把"打印比例"框中的"比例（S）:"下拉列表选项设置为"自定义"，在"自定义:"文本框中输入"1"毫米 ="0.5"图形单位（1:500 的图为"0.5"图形单位；1:1 000 的图为"1"图形单位，以此类推），如图 9-6 所示。打印比例十分重要，因为它和比例尺有着直接的关系，初学者往往忽略这一点。

（4）选择"打印偏移"框中的"居中打印（C）"。

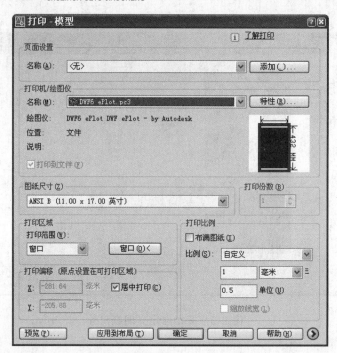

图 9-6 设置打印比例

9.2 打 印

单击"预览（P）…"按钮对打印效果进行预览，最后单击"确定"进行打印出图。

第 10 章　土地利用

土地是不可再生的珍贵资源，土地关系到国家的兴旺和发展。尽管我们国家的土地面积很大，但是耕地却不多，尤其是人均占有的耕地数量不及世界平均水平的三分之一。为了更加合理地保护和利用土地，切实保护耕地，国家实行了一系列的政策和措施。在这种背景下，CASS 9.0 为适应土地管理应用而新增加了一些功能。通过这些功能可绘制行政区界，生成图斑等地类要素，对土地利用情况进行统计计算，其功能菜单如图 10-1 所示，这里对其菜单功能进行简单介绍。

图 10-1　土地利用菜单栏

10.1　行 政 区

功能：主要用于绘制行政区划线，包括村界、乡镇界、县区界。属性修改用来修改行政区的属性。

操作：选择区划线种类，比如村界。系统会有如下提示：

第一点

曲线 Q/边长交会 B/<指定点>：指定第一点。

曲线 Q/边长交会 B/隔一点 J/微导线 A/延伸 E/插点 I/回退 U/换向 H<指定点>：指定第二点。

曲线 Q/边长交会 B/闭合 C/隔一闭合 G/隔一点 J/微导线 A/延伸 E/插点 I/回退 U/换向 H<指定点>C：最后键入 C 让行政区划线闭合。

之后系统会弹出一个"行政区属性"对话框，如图 10-2 所示。在其中输入区划代码和行政区名，"确定"之后，系统提示：

行政区域注记位置：选择注记的位置，完成绘制。

若要对行政区做属性修改，选择地类要素属性修改后，系统有如下提示：

选择行政区：选择需要修改的行政区边线。

系统弹出如图 10-2 所示的对话框，修改后按"确定"完成属性修改。

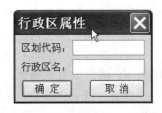

图 10-2　行政区属性对话框

内部点生成，在一个封闭的区域里点取一点，于是将这个封闭的区域生成一个行政区。

10.2 村民小组

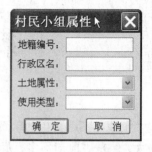

功能：主要用于绘制小组界。

操作：绘图方法同绘制行政区界，完成后弹出如图 10-3 所示的属性对话框，即可进行输入和选择。

村民小组属性
地籍编号：
行政区名：
土地属性：
使用类型：
确 定
取 消

图 10-3　村民小组属性对话框

10.3 图　斑

功能：主要用于绘制土地利用图斑、生成图斑并赋予图斑基本属性、统计图上图斑面积，方法同绘制行政区界。

操作：选择绘图生成，操作方法与画多功能复合线的方法相同。之后系统弹出对话框，如图 10-4 所示。

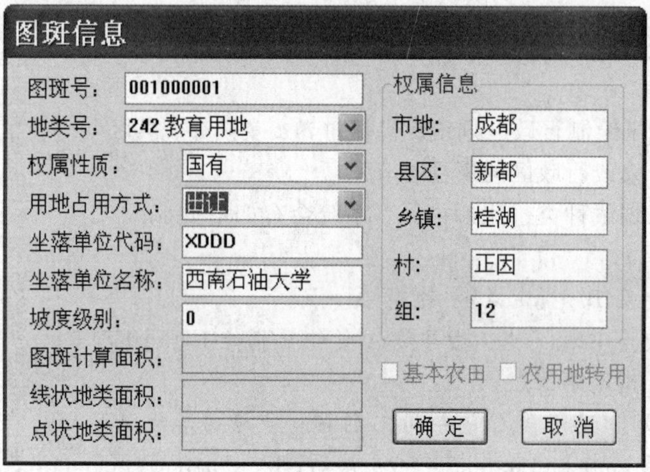
图斑信息
图斑号：
001000001
地类号：
242 教育用地
权属性质：
国有
用地占用方式：
坐落单位代码：
XDDD
坐落单位名称：
西南石油大学
坡度级别：
0
图斑计算面积：
线状地类面积：
点状地类面积：
权属信息
市地：
成都
县区：
新都
乡镇：
桂湖
村：
正因
组：
12
基本农田
农用地转用
确 定
取 消

图 10-4　图斑信息对话框

录入基本信息之后按“确定”即可，面积会根据选择自动进行计算填充。属性修改对话框与图 10-2 相同，主要用于后期对图斑信息的更改。还有一种生成图斑的方法就是内部点生成，使用该方法系统会有相应的提示：

输入地类内部一点：在所需区域内点击一下。

是否正确？（Y/N）<Y>：系统会覆盖所选区域，若与所需区域相同则回车确定，否则键入 N，退出并重新操作。

说明：图斑计算面积、线状地类面积和点状地类面积的计算值都是由系统在图形上直接读取的，线状地类面积和点状地类面积的实际值是丈量面积。

10.4　线状地类

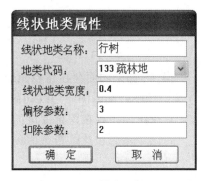

功能：绘制线形地类并赋予相关的属性数据。

操作：绘图方法与绘复合线的方法相同。绘制完成后弹出"线状地类属性"对话框，录入相关属性值，点击"确定"完成操作。属性修改，按提示选中某线状地类，在如图 10-5 所示对话框中修改。

说明：线状地类宽度指的是丈量宽度。

图 10-5　线状地类属性对话框

10.5　零星地类

功能：绘制零星地类并赋予相关的属性数据，如图 10-6 所示。

操作：执行命令之后系统提示：

输入零星地类位置：鼠标点击图面或者是输入坐标值（格式：X，Y，高程）。

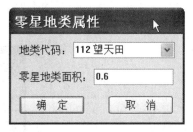

完成后弹出"零星地类属性"对话框，录入相关属性值，点击"确定"完成操作。属性修改，按提示选中某点状地类，在如图 10-6 所示对话框中修改属性值即可。

图 10-6　零星地类属性对话框

10.6　地类要素属性修改

功能：修改已有图斑的属性内容。

操作：选择该命令后，点取图斑或线状地类实体，"确定"后弹出相应的"地类属性"对话框，对图斑属性进行编辑。

10.7　线状地类扩面

功能：将已有的线状地类，按照它的宽度属性数据进行扩面，生成面状图斑实体。

操作：选择该命令后，点取线状图斑实体，"确定"后即完成线状地类扩面。通过地类要素属性修改，可以将新生成的面状图斑赋予属性。

10.8　线状地类检查

功能：检查图面上是否有跨越图斑的线状地类，并提示是否纠正，如图 10-7 所示。

图 10-7　线状地类检查提示

操作：如果图面存在跨越图斑的线状地类，则屏幕弹出如图 10-7 所示的对话框，点击"是（**Y**）"，程序自动以图斑边线切割所有跨越图斑的线状地类；点击"否（**N**）"，则取消本次操作。如果图面不存在跨越图斑的线状地类，命令行提示：

图形中不存在跨越图斑的线状地类

10.9　图斑叠盖检查

功能：检查图面上是否有相互叠盖的面状图斑，并提示叠盖的位置。

操作：选择"土地利用\图斑叠盖检查"命令，命令行提示：

选择边界线：选择图上要进行图斑叠盖检查的范围（边界）。

如果图面上存在图斑叠盖，则会弹出如图 10-8 所示的 CheckTuban 文本窗口。

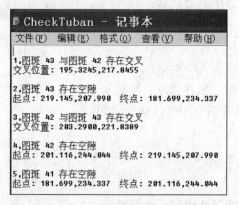

图 10-8　图斑叠盖检查提示

10.10　分级面积控制

功能：检查上下级行政区的面积统计情况。

操作：选择该命令后，点取上一级行政区线。

如果各级行政区与其下一级的各子面积之和都不相等，则屏幕弹出如图 10-9 所示的对话框。

图 10-9　分级面积控制提示

10.11　统计土地利用面积

功能：统计图面上的土地利用情况。

1. 统计图斑面积

操作：选择"土地利用\图斑\统计面积"命令，命令行提示：

输入统计表左上角位置：在图面空白处点取一点，确定统计表左上角的位置。

（1）选目标（2）选边界 <1>：第一种方式是直接选取要统计的图斑，第二种方式是选取要统计图斑的边界，默认选项是直接框选统计图斑。

执行完上一步操作后，按回车或右键（"确定"），程序自动在刚才点取的位置输出土地分类面积统计表。

2. 统计土地利用面积

操作：选择"土地利用\统计土地利用面积"命令，命令行提示：

选择行政区或权属区：在图面上选取要统计土地利用面积的行政区或权属区。

输入每页行数：<20>：输入每页的行数，默认为 20。

输入分类面积统计表左上角坐标：在图面空白处点取统计表的左上角坐标。

执行完上一步操作后，程序自动在刚才点取的位置输出城镇土地分类面积统计表。

10.12　绘制境界线

功能：绘制各种境界线。

操作：选择境界线种类，比如省界，系统会有如下提示：

第一点

曲线 Q/边长交会 B/<指定点>：指定第一点。

曲线 Q/边长交会 B/隔一点 J/微导线 A/延伸 E/插点 I/回退 U/换向 H<指定点>

曲线 Q/边长交会 B/闭合 C/隔一闭合 G/隔一点 J/微导线 A/延伸 E/插点 I/回退 U/换向 H<指定点> C：最后键入 C 让行政区划线闭合。

10.13　设置图斑边界

功能：将各种复合线实体设置为图斑边界。

操作：操作该命令后选择需要设置为图斑边界的复合线实体即可。

10.14　取消图斑边界设置

功能：将已经设置为图斑边界的线实体的图斑边界设置取消。

操作：操作该命令后选择需要取消设置为图斑边界的复合线实体即可。

10.15　图斑自动生成

功能：按照境界线、行政区界和图斑边界围成的封闭区域生成用地地界及用地界址点，并将相应小区块生成面状图斑，如图 10-10 所示。

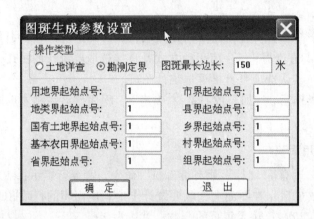

图 10-10　图斑生成参数设置

10.16　用地界址点名

功能：修改、注记、取消用地界址点注记。

10.17　图斑加属性

功能：给生成的图斑加属性。

操作：选择该命令后，点取图斑内部一点，弹出"图斑属性"对话框，如图 10-11 所示。该对话框与图 10-4 基本一样。

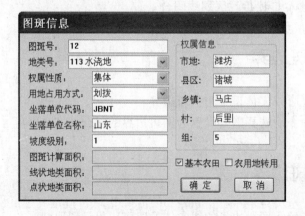

图 10-11　图斑属性对话框

10.18　搜索无属性图斑

功能：搜索并定位到没有赋予属性的图斑。

操作：操作后直接定位到图斑，图斑居中放大，然后可以通过图斑加属性，对该图斑赋予属性内容。

10.19　图斑颜色填充

功能：对图斑进行颜色填充。

操作：操作该命令后，选择需要填充的图斑，确定后即对图斑进行填充。

10.20　删除图斑颜色填充

功能：删除图斑的颜色填充。

操作：操作该命令后，直接删除图斑的颜色填充。

10.21　图斑符号填充

功能：对图斑进行颜色填充。

操作：操作该命令后，直接对图斑进行符号填充。

10.22　删除图斑符号填充

功能：删除图斑的颜色填充。

操作：操作该命令后，直接删除图斑的符号填充。

10.23　绘制公路征地边线

功能：绘制公路征地边线。

操作：首先要在工程应用菜单栏里的公路曲线设计中，设计出一条道路中心线，然后操作该命令后，弹出如图 10-12 的对话框。

1. 逐个绘制

如图 10-12 所示，填入相关的参数，如桩间隔、桩号、边框等，点击"绘制"，程序绘完一个桩，桩号自动累加，准备下一个桩的绘制；其中在拐弯的地方可适当减小桩间隔，保证边线尽量逼近实际位置；点击"回退"，撤销最后绘制的桩；点击"关闭"，退出对话框，结束征地边线绘制。

2. 批量绘制

如图 10-13 所示，同样填入相关参数，必须要填"起点桩号"和"终点桩号"，点击"绘制"，程序根据用户所填的参数，批量绘制出涉及的所有的桩；点击"回退"，撤销上一次批量绘制的桩；点击"关闭"，退出对话框，结束征地边线绘制。

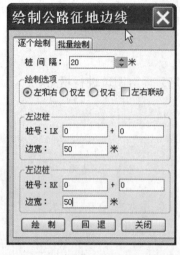

图 10-12　逐个绘制公路征地边线对话框

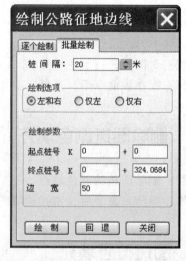

图 10-13　批量绘制公路征地边线对话框

如果没有设计出道路来，操作此命令后会弹出"图形里没有公路设计中线"对话框。

10.24　线状用地图框

线状用地图框的菜单如图 10-14 所示。

图 10-14　线状用地图框的菜单

1. 单个加入图框

操作：选择"土地利用\线状用地图框\单个加入图框"命令，命令行提示：

请输入图框左下角位置：沿公路设计中线，点取图框的左下角位置，屏幕显示要加入的图框，并确定图框的旋转方向，如图 10-15 所示。

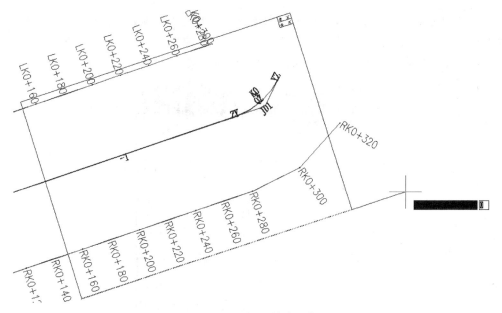

图 10-15　加入单个图框

2. 单个剪切图框

操作：选择"土地利用\线状用地图框\单个剪切图框"命令，命令行提示：

请输入图框左下角位置：沿公路设计中线，点取图框的左下角位置，屏幕显示要加入的图框，并确定图框的旋转方向，如图 10-16 所示。

选择图框：选择要剪切的图框。

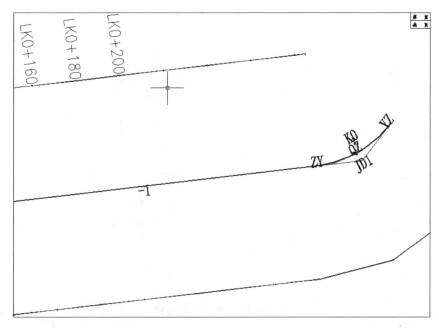

图 10-16　单个剪切图框

请指定图框定位点：在图面空白处点取图框的绘制位置，屏幕弹出如图 10-17 所示图框保存路径对话框，选择图框文件的保存路径，点击"确定"，如果不保存，则点击"取消"；接着程序在刚才指定的图框定位点，绘出完整的图框内容。

图 10-17　图框保存路径对话框

3. 批量加入图框

操作： 选择"土地利用\线状用地图框\批量加入图框"命令，命令行提示：

选择道路中线：选择要批量加入图框的公路设计中线，点取图框的左下角位置，屏幕显示要加入的图框，并确定图框的旋转方向，如图 10-18 所示。

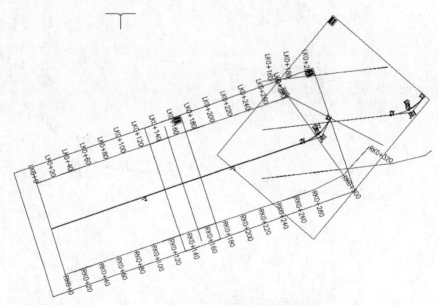

图 10-18　批量加入图框

选择道路中线：

请输入分幅间距（米）：<800>150：输入分幅的间距，默认是 800。

在这个例子中，输入 150。程序根据相关参数，沿公路设计中线批量加入图框。

4. 批量剪切图框

功能： 能批量进行图框剪切。

操作： 同单个剪切图框。

12.25　用地项目信息输入

功能： 输入当前图的用地信息情况。

操作： 选择该命令后，弹出对话框，如图 10-19 所示。

图 10-19　项目信息对话框

将用地项目的信息情况填写到相应栏目里，保存这幅图后，这幅图将永远保存该项目信息。

10.26　输出勘测定界报告书

功能： 生成勘测定界报告。

操作： 选择"土地利用\输出勘测定界报告书"命令，屏幕弹出"土地勘测定界报告书"对话框，如图 10-20 所示。填写相关参数，点击"确定"，程序生成勘测定界报告书，并保存在对话框填写的报告书保存路径中。

接着，屏幕弹出"土地勘测定界报告书"对话框，点击选项"是"，程序打开上一步骤生成的勘测定界报告书；点击"否"，退出对话框。

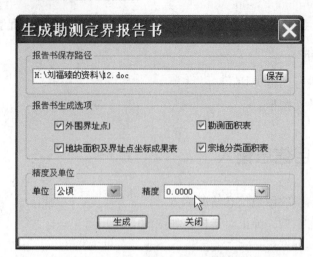

图 10-20　土地勘测定界报告书对话框

生成的报告书，如图 10-21 所示。

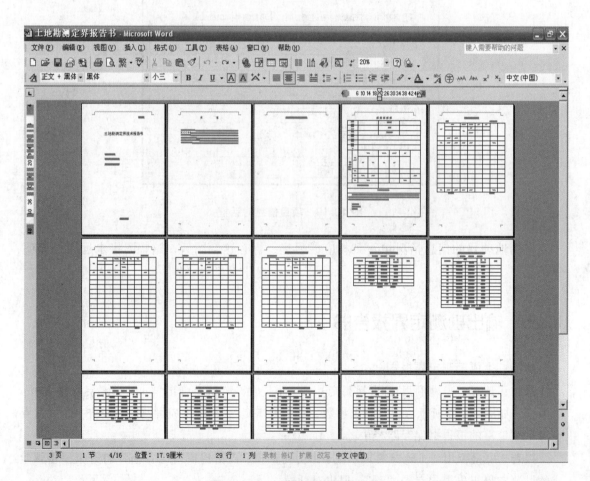

图 10-21　土地勘测定界报告书

10.27　输出电子报盘系统

选择"土地利用\输出电子报盘系统"命令，屏幕弹出"选择报盘系统数据库文件"的对话框，如图 10-22 所示。选择目标文件，点击"打开"，程序将把当前图面上的土地勘测定界信息导入报盘系统数据库文件中；点击"取消"，放弃本次操作，退出对话框。

图 10-22　选择报盘系统数据库文件对话框

附录A 地形图编辑时的常见问题
及解决方法

1. 图形文件不能存盘。

分析： ① 文件属性是只读；

② 系统错误造成。

解决方法： 对于第一种问题，可去掉只读属性，或者采用别的文件名存盘；对于第二种情况，可以采取将整幅图形制作图块的方法保存下来。

2. 在 CASS 9.0 中绘制的图形无法保存，弹出对话框：写入/关闭文件时出错。

解决方法： ① 选取有用的图纸内容；

② 用 CASS 9.0 的"地物编辑（A）"菜单栏下的"局部存盘"下的窗口内的图形"存盘"或"多边形内的图形存盘"功能将图纸另存为另一文件。

3. 断面图文字不能修改，表格也无法修改，整个断面及表格、文字就像一个块，且不能打断。

解决方法： 把"编辑"里的"编组选择"关闭。

4. CASS 9.0 制图时，高程注记和高程点（如.350）是一个块，不能对其进行编辑，如想移动"350"，而又不移动"."，利用软件如何实现？

解决方法： 在"绘图处理"下拉菜单中的"初程点处理"项下选择"打散高程注记"。

5. 在 CASS 9.0 中怎样实现三角网的合并和利用修补测的高程点重新组网？

分析： 在 CASS 9.0 中增加了"三角网存取"和"图面 DTM 完善"功能，即修补测中增加的高程点，可以在原有三角网的基础上重新构网而不破坏原有的 DTM 模型。

解决方法： 在 CASS 9.0 中增加的"三角网存取"功能，可以将已经建立好的三角网 DTM 模型保存到文件中，随时调用，将增加的高程点展出后用"图面 DTM 完善"，则将新增点自动插入到原有的 DTM 模型中去，节约了大量时间。若是两个或两个以上小组共同作业，可以在各自的图形文件中分别建立 DTM 模型并保存三角网，待各自完成后合并图形，利用"图面 DTM 完善"即可将各个独立的 DTM 模型自动重组在一起，而不必进行数据的合并后再重新建立 DTM 模型。

6. 如何在图形里手工添加一个高程点？

解决方法： ① 快捷键法：在命令行输入"G"然后按提示进行操作；

② 工程应用，指定点生成数据文件，按提示进行操作，包括数据处理、展高程点。

7. CASS 9.0 地形图下的各种点、线、地物等无属性，如何转换为 CASS 图形？

解决方法：用"地物编辑"里的"图形属性转换"下的相应功能。

8. 在 CASS 9.0 里，使用三维动态显示把图形转了一下，怎么恢复为平视图？

解决方法：在命令行输入"plan"，再选"世界（W）"坐标系。

9. AutoCAD 2010 把 CASS 卸载后，所有的命令都不见了，而且提示加载 CASS 错误（找不到文件），怎样使 AutoCAD 菜单恢复，怎样彻底卸载掉 CASS？

分析：CASS 没有卸载前 AutoCAD 是不是不能单独运行（运行 AutoCAD 启动的是 CASS）？

解决方法：如果属于上述情况，右键点桌面上的 AutoCAD 的图标，选"属性"将光标放到"目标"框内移到最后，加空格再加上/p 再加一空格再加上"acad"。具体操作如附图 1 所示。

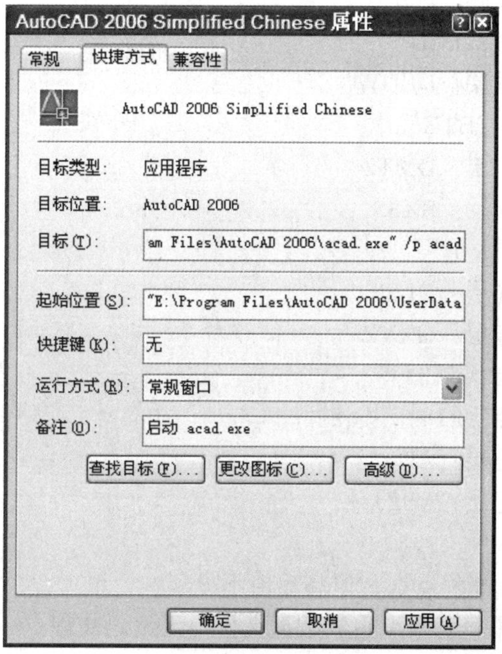

附图 1

10. 为什么 CASS 9.0 安装好后，光标找不到，而所有命令都有效？

解决方法：右键→选项→显示→颜色，再在弹出的"颜色选择项"中的"窗口元素（W：）"下拉项中选择"模型空间光标"改为与背景颜色相反的颜色，单击"应用并关闭"按钮即可，再回到 CASS 9.0 界面，光标就可以显示了。

11. 用全站仪采集数据，CASS 9.0 成图后，工程要求把所有的点高程降低 0.15 m，逐个修改很麻烦，有没有较好的解决办法？

解决方法：数据→批量修改坐标数据→在高程框中填入 – 0.15，选择保存路径，确定。

12. 多个数据文件（DAT 文件）能不能编辑为一个文件？

解决方法：数据→数据合并→添加。

13. 外业采集坐标，把测站坐标弄错了，用 CASS 成图后才发现，有什么好的解决办法？

解决方法：① 地物编辑→测站改正。

② 用 AutoCAD 的旋转、移动功能解决。

14. 在 CASS 9.0 中绘图比例为 1∶2 000，输出打印比例为 1∶1，打印出来的图纸比例却是 1∶1 000，请问是什么原因？

解决方法：输出比例应设为 1∶2。

15. CASS 9.0 图层中的英文字母各代表什么意思？

解决方法：控制点层：KZD

　　　　　　界址点层：JZD

　　　　　　三角网层：SJW

　　　　　　等高线层：DGX

　　　　　　等深线层：DSX

　　　　　　图框层：TK

　　　　　　居民地层：JMD

　　　　　　独立符号层：DLDW

　　　　　　植被层：ZBTZ

　　　　　　地貌土质层：DMTZ

　　　　　　水系设施层：SXSS

　　　　　　境界线层：JJ

　　　　　　交通设施层：DLSS

　　　　　　管线设施层：GXYZ

　　　　　　高程点层：GCD

　　　　　　展点号层：ZDH

　　　　　　汉字注记层：ZJ

　　　　　　面积注记层：MJZJ

　　　　　　用户层：0

16. 在拼接图之后，高程点在，但高程值不见了？

解决方法：工程应用→高程点生成数据文件→无编码高程点→输入文件要保存的文件名之后，输入高程点所在的层名。

17. 如何拼接地形图？

解决方法：① 选中要拼接的图形→复制（Copyclip）→粘贴（Pasteclip）。

② 插入图块，注意一定要分解。

18. 数据传输时不能进行，显示"数据格式错误"。

分析：① 数据线没有插好。

② 全站仪通信参数设置不当。

③ 全站仪型号设置错误。

④ 数据线不通。

解决方法：参照上述几种情况对应检查处理。

19. 图形显示不正确（如围墙或陡坎只显示出单线，曲线被显示为折线等）。

分析：若绘制时没有问题，应该是屏幕显示问题。

解决方法：在命令区输入重绘命令"regen"，回车。

20. 碎部点坐标和高程出现系统性偏差。

分析：测站设置错误，分三种情况：

① 测站或定向点设置错误。

② 定向错误。

③ 坐标 X 和 Y 输反了。

解决方法：

① 对于第一种错误，可以根据公共点，用"地物编辑"菜单下的"测站改正"功能经平移、旋转处理纠正。

② 纠正以后，若测站点坐标设置错误，还要利用"数据"菜单下的"批量修改坐标数据"功能对数据高程进行改正；若是定向错误，则不需改正高程数据。纠正前面已经展绘的高程注记，不能批量修改，只能重新展绘。

③ 若公共点数量多，要求有较高的纠正质量时，可以采用"地物编辑"菜单下"坐标转换"功能完成同样工作，"坐标转换"是采用多点最小二乘转换，整体转换效果优于"测站改正"。

④ 若测站或定向错误只出现了一次，则出错后的全部数据，包括由此测站布设的支导线点观测的数据，均可经一次处理完成纠正。但要注意：出现第一和第二两种错误的测站布设的支导线测站，若定向点是一个坐标正确的点，那么该测站所测点的错误与其余点不是同一系统，处理时需要单独进行。由于纠正处理时要分清哪些点是正确的，哪些点是错误的，较为困难，所以测站上应记录开始的点号和结束的点号，以便在出现问题时方便处理，对于有数字键的全站仪，可以通过不同测站数据在点号前冠以不同字母加以区分。

⑤ 对于测站或定向点坐标输反了，情况比较复杂，若仅是其中一点输反了，则与第一、第二两种情况处理方法相同；若全部输反了，除非两站相互定向，两站数据可用"测站改正"功能一次改正，否则只能逐站改正。

21. 拼接图形时，图形插不上去，系统显示"插入失败"。

分析：图形文件在插入操作过程中，会引入被插入图的一些"环境"设定，当删除所插入的图块后，引入的环境被保留。当图形编辑时反复插入、删除操作后，AutoCAD 系统出现错误导致图块无法插入。

解决方法：对打开的图和已插入的图进行"文件"菜单下的"清理图形"操作。

22. 在"工程应用"的"高程点生成数据文件"命令下生成的数据文件高程和图面显示的高程不符。

分析：在 CASS 里面，高程注记由高程注记文本信息和高程注记点属性信息两部分构成，而 CASS 的各项与高程点相关的操作，却都是与高程注记点属性信息相关的，与高程注记文本信息无关。因此出现上述问题可能有两种原因：

① 编图人员在修改高程点时，只修改了高程注记文本信息，而没有修改高程点位注记的高程信息。

② 在使用移动、图形插入功能时，选择的基点或目标点（或之一）是带有高程属性的点，而高程属性值不匹配，从而使移动或插入部分的图形高程属性被错误改动。

解决方法：

① 高程属性值与注记不符需要重新展绘，若点位高程属性不对，则使用"批量修改坐标

数据"功能对数据进行改正后，将高程点层内容删除重新展绘；若高程注记不对，则删除高程点层内容后，直接重新展绘。

② 若只是部分区域高程点属性与注记不符，则可采用"工程应用"菜单下的"高程点生成数据文件"功能提出高程点文件加以处理，再利用"地物编辑\批量删剪"功能，从图上删除错误高程后，重新展绘高程点及注记。

23. 陡坡、陡坎线拟合或剪断后，示坡线左右交错。

分析：这可能是 CASS 的线型发生混乱，主要是拟合点少而产生的。

解决方法：在连接陡坡、陡坎时多点几个节点，特别是在坎拐弯和坎角，这样就能很好地控制示坡线的方向。

24. 电线杆与电线是一个整体，不能删除电线。

分析：这是一个有关软件设置的问题，可以通过对象编组设定来控制这些分组图形的可编辑性。

解决方法：在"编辑/编组"选择中设定"OFF"。

25. 不能进行"非二值图像"的纠正。

分析：CASS 中只能处理二值图像，包括*.BMP，*.GIF，*.JPG 等，如果是 JPEG 图像格式的图片，则无法纠正。但现在 CASS 的新版本已经支持了。

解决方法：把 JPEG 图像格式的图片通过 Photoshop 转换为上面的图像文件格式即可。

26. 在 AutoCAD 中打开 CASS 图，地形、地物符号显示不全。

分析：CASS 系统中使用专用地形、地物符号，AutoCAD 中没有这些符号或文字，所以显示不全。

解决方法：

① 将 CASS 下的 SYSTEM 文件下的所有 *.shx 文件拷贝到 AutoCAD 文件下的 Fonts 文件中即可。

② 用"地物编辑"菜单下的"打散复杂线型"或"打散图块"命令，将会丢失的实体打散后存盘。此时再将此图其他系统打开，就不会再有图形丢失的问题了。

27. CASS 图形输入到 MAPINFO 时符号丢失。

分析：原因是 MAPINFO 打开 CASS 图时，地形、地物符号显示不完全相同。

解决方法：由于 MAPINFO 与 AutoCAD 不是同一系统，所以只能采用"地物编辑"里的"打散复杂线型"命令，将 CASS 的复杂线型全部打散，再将图形输出成 AutoCAD 的 DXF 格式，在 MAPINFO 里导入 DXF 文件即可。

28. 用"工具"菜单下的绘图工具绘制的闭合多边形不能进行植被填充。

分析："工具"菜单下的绘图工具绘制的多边形是不闭合的，所以不能进行填充。

解决方法：采用复合线绘制闭合多边形边界。

29. CASS 9.0 生成的文件在 AutoCAD 2004 和 CASS 6.1 下打不开，显示"致命错误"提示。

分析：这是 AutoCAD 系统出现的问题。

解决方案：在原来的 CASS 6.1 下打开图，用制作图块的方式把它另存为图块文件，然后，在 CASS 9.0 下新建一个空白图，通过插入图块的方式打开文件。

30. 图形面积不大，容量却很大。

分析：图形环境中有大量没有使用的层、块，或者图中等高线较多，前一种情况多出现在曾经插入较大图形文件后。

解决方法：

① 使用"文件\清理图形（purge 命令）"清理文件，并存为 AutoCAD 格式；也可以通过屏幕选择全图，制作图块的方法另存文件。

② 工具栏→等高线→等高线过滤。

31. CASS 9.0 转化成 AutoCAD 时，部分菜单或工具无法显示。

解决方法： 选项→配置→未命名配置→重置。

32. 坎毛、围墙朝向反了。

解决方法： 点击地物编辑下的线型换向或者命令行输入 H 回车，按提示处理。

注意： 实际实习操作中，所遇到的问题可能是多种多样的，笔者只是罗列出自己在工程中所遇到的一些常见问题，未尽之处，还请读者包涵。

附录 B CASS 9.0 中经常使用的命令

DD——通用绘图命令

V——查看实体属性

S——加入实体属性

F——图形复制

RR——符号重新生成

H——线型换向

KK——查询坎高

X——多功能复合线

B——自由连接

AA——给实体加地物名

T——注记文字

FF——绘制多点房屋

SS——绘制四点房屋

W——绘制围墙

K——绘制陡坎

XP——绘制自然斜坡

G——绘制高程点

D——绘制电力线

I——绘制道路

N——批量拟合复合线

O——批量修改复合线高

WW——批量改变复合线宽

Y——复合线上加点

J——复合线连接

Q——直角纠正

参考文献

[1]　潘正风，杨正尧，成枢，等. 数字化测图原理与方法[M]. 2 版. 武汉：武汉大学出版社，2014.

[2]　杨德麟，等. 大比例尺数字化测图的原理、方法与应用[M]. 北京：清华大学出版社，1998.